介电泳及其在水污染治理中的应用

陈慧英　等著

U0379967

机 械 工 业 出 版 社

介电泳是近年来发展起来的一门跨学科、具有强大生命力的新技术，正被广泛地应用于生物工程、医药、环境以及纳米科学等领域。本书共分9章，首先概述了介电泳概念、原理及其发展，然后在介绍介电泳在水环境治理方面的显微静态和动态研究的基础上，详细论述了介电泳技术治理水中重金属离子、氨氮和带负电荷的离子态污染物以及水中生物污染物的工艺研究，最后介绍了用介电泳可控制备环境治理纳米材料的初步探索。

本书适合从事环境治理、电化学研究的科研技术人员阅读和参考，也可作为环境科学和环境工程专业的研究生或高年级本科生的教材。

图书在版编目（CIP）数据

介电泳及其在水污染治理中的应用/陈慧英等著 . —北京：机械工业出版社，2021. 12

ISBN 978-7-111-69230-0

Ⅰ. ①介… Ⅱ. ①陈… Ⅲ. ①电泳 – 应用 – 水污染防治 Ⅳ. ①X52

中国版本图书馆 CIP 数据核字（2021）第 199078 号

机械工业出版社（北京市百万庄大街22号 邮政编码 100037）

策划编辑：顾 谦 责任编辑：闫洪庆
责任校对：李 杉 封面设计：马精明
责任印制：邰 敏
北京富资园科技发展有限公司印刷
2022 年 1 月第 1 版第 1 次印刷
169mm×239mm · 15.5 印张 · 301 千字
标准书号：ISBN 978-7-111-69230-0
定价：89.00 元

电话服务　　　　　　　　网络服务

客服电话：010 – 88361066　　机 工 官 网：www. cmpbook. com
　　　　　010 – 88379833　　机 工 官 博：weibo. com/cmp1952
　　　　　010 – 68326294　　金 书 网：www. golden – book. com
封底无防伪标均为盗版　　机工教育服务网：www. cmpedu. com

前　　言

经过十几年在介电泳研究中的探索，怀着忐忑的心情，写完了这部专著。

介电泳是一个古老的现象，又是一门跨学科的新技术。公元前 600 年发现的琥珀棒吸起纸屑的现象，就是介电泳现象的一个实例。这一现象的研究被人们忽略了 2000 多年，直到 20 世纪中叶，A. Pohl 等学者才开始进行系统研究。1956 年美国教授 A. Pohl 正式将其命名为 Dielectrophoresis，意为介电泳。1978 年 A. Pohl 撰写了著作 Dielectrophoresis，详细论述了介电泳的起源、理论及应用。

此后，各国学者积极开展有关介电泳的研究，但由于电极制作技术的限制，前 40~50 年研究发展缓慢。20 世纪末，随着微制造技术的发展，微米级的电极研发制备成功，极大地促进了介电泳的研究发展。在材料的研究中，介电泳在微/纳米粒子的操控、分离、提纯，特别是在微/纳米器件的研制方面有了长足的进展。在生物粒子的操控方面，介电泳具有独特的优势，人们可以利用介电泳监控细胞的活性，进行细胞的无损伤分离，监测细胞的形貌和结构变化。特别值得注意的是，介电泳可以高特异性地分离细胞，这样，使人们在细胞的研究方面走得更远，如从稀的血液样品中连续分选人的白血病细胞，从健康的乳腺细胞中分离出恶性的人体乳腺癌上皮细胞。

介电泳由于其操控粒子的种类和尺寸广泛，一方面可用于微观粒子的研究，在应用方面发展为微/纳米传感器、床头诊断方法、快速食品检测、环境检测手段；另一方面可用于大型的处理设备，在选矿、贵金属粒子回收，特别是在环境治理方面具有广阔的应用前景。

到目前为止，介电泳在微观领域的研究较多，近几十年，关于介电泳的工艺和大型应用研究甚少。实际上，在控制粒子的各种技术中，介电泳可以控制大量粒子，将介电泳用于大型装置治理环境污染，有着广阔的应用前景。作者根据自己课题组在显微条件下的研究基础，进一步将介电泳技术发展到用于水环境治理。不仅进行了显微静态和显微动态的研究，而且设计加工了介电泳工艺装置，在介电泳水治理方面进行了初步探索。我们的实践证明，将介电泳与吸附法结合，可以将水中带正电荷的多种重金属离子、带负电荷的多种离子态污染物高效去除。而且介电泳可将水中的生物污染粒子直接捕获，达到快速高效治理的效果。

作者自师从朱岳麟教授攻读博士学位开始接触介电泳，此后一直从事这方面的研究。作者总结了自己有关介电泳十几年的研究积累，撰写了本专著。第 1 章概括介绍了水中污染物的来源、危害，及已有的水污染治理技术。第 2 章详细介绍了介电泳的起源、概念、理论公式、主要影响因素、特点及优势。第 3 章概述了介电泳在生物微粒、电极设计和无机微粒操控方面的研究进展。第 4、5 章分别论述了吸附 – 介电泳去除水中重金属离子的显微静态和动态研究。第 6、7 章分别阐述了带正电荷及带负电荷的水中污染物的吸附 – 介电泳法去除工艺研究。第 8 章介绍了利用介电泳直接捕获水中生物污染物的治理工艺。第 9 章讲述了利用介电泳可控制备水中污染物的催化降解材料的研究。本书第 3 章由李华撰写，其他各章均由陈慧英撰写。

本书中研究内容来自课题组多年在介电泳研究和应用领域的辛勤努力，特此感谢中央民族大学 211、985 和双一流项目的支持。感谢研究生韩萍、张鹤腾、于乐、张璐、吴晶、蓝碧浩、胡婧、崔晨阳、金庆豪和刘东阳同学为介电泳研究所做的贡献。感谢吴燕红、李华老师带领研究生参加课题组的实验研究。感谢本科生王彦、李子文、李桂杰、初亦周、黎捷炜、董宇、马剑飞和王京浩等同学参加有关介电泳的实验研究。

由于时间仓促，加上作者的水平有限，书中难免存在不妥或错误之处，敬请读者批评指正。

陈慧英

中央民族大学生命与环境科学学院教授

2021 年 7 月于北京

目　　录

第 1 章　引　　言

1.1　水污染的现状

河流、湖泊是人类生活用水的主要来源，随着工农业的飞速发展和人类物质生活水平的提高，水体中的重金属、氨氮等污染问题日趋严重，直接或间接地威胁着人类的健康，甚至可能造成死亡。废水处理，已成为迫在眉睫的问题。

大量未经处理的城市垃圾、被污染的土壤、工业废水和生活污水以及大气沉降物不断排入水中[1]，导致水污染日趋严重。虽然国家通过出台各种政策和技术措施来控制和治理水污染，但从《2010 中国环境状况公报》来看，全国地表水污染依然较重，长江、黄河、珠江、松花江、淮河、海河和辽河七大水系总体为轻度污染。其中，长江、珠江总体水质良好，松花江、淮河为轻度污染，黄河、辽河为中度污染，海河为重度污染。根据《2016 中国环境状况公报》的数据，全国地表水 1940 个评价、考核、排名断面中，Ⅰ类 47 个，占 2.4%；Ⅱ类 728 个，占 37.5%；Ⅲ类 541 个，占 27.9%；Ⅳ类 325 个，占 16.8%；Ⅴ类 133 个，占 6.9%；劣 Ⅴ类 166 个，占 8.6%。

在水体众多污染物中，随着人类对资源需求水平的不断提高以及工业的快速发展，含有重金属的废弃物质不断排入环境，生态环境中的重金属污染不断加剧，造成的病变绝大部分不可逆且难以医治。该类病变需经高精确度的仪器才能检测出来，因而受到人们的广泛关注和国内外专家学者的重视。在国外，震惊世界的"水俣病"和"痛痛病"事件分别是由重金属汞和镉污染而引起的。因此，如何有效地处理重金属废水、回收贵重金属已成为当今环保领域中的一个突出问题。

我国环境保护部在 2010 年协调有关部门设立了重金属污染防治专项资金，2010 年该专项资金共有 10 亿元，重点支持铅、汞、镉、铬、砷等重金属污染企业综合整治、清洁生产工艺改造、污染防治新技术示范和推广等项目。2011 年 2 月公布了《重金属污染综合防治"十二五"规划》（以下简称《规划》），可查资料显示，《规划》是我国第一个"十二五"专项规划，也是有据可查的首个针对"重金属污染综合防治"的五年规划。《规划》要求，到 2015 年，重点区域铅、汞、铬、镉和类金属砷等重金属污染物的排放，比 2007 年削减 15%，非重点区域重点重金属污染物排放量不超过 2007 年水平。所谓重点区域，主要是指内蒙古、江苏、浙江等 14 个重点防治省份和 138 个重点防治区域。《规划》明确，我国将建设完善的重金属污染防治体系、事故应急体系和环境与健康风险评估体系，以更好应对重金属污染，到 2015 年重金属污染防治体系将基本形成完善体系。

面对资源趋紧、环境污染严重、生态系统退化的严峻形势，必须树立尊重自然、顺应自然、保护自然的生态文明理念，走可持续发展道路。国家对企业的排放要求越来越严。2012 年正式实行了 GB 25466—2010《铅、锌工业污染物排放标准》。这对企业外排水中重金属离子等含量提出了更高的要求，外排废水达标排放关系着企业的生存。随着环保要求的提高，目前的低浓度重金属废水处理技术根本不能满足企业的需求。因此，开发新的低浓度废水治理技术，并且新技术要满足快速、低成本的要求，可为企业解决这一难题。

除了重金属污染，氨氮、磷、有害微生物、藻类等的污染也不容小觑。河流水体氮、磷严重污染，会造成水体富营养化。水体富营养化的结果会导致以藻类为主体的水生植物大量地繁殖。藻类的呼吸、死亡都需要氧气，导致水体中的溶解氧含量大大降低，以致水质恶化，造成鱼类等水生生物的死亡，破坏湖泊生态系统，而且还会严重影响周边居民饮用水安全。水体的富营养化是当今社会面临的重大环境问题之一。

1.2　水中重金属危害及其治理技术

1.2.1　水中重金属的来源及危害

1.2.1.1　重金属及其来源

重金属有许多种不同的定义，常见的一种定义是密度大于 $5g/cm^3$ 的金属。大多数金属都是重金属，重金属的化学性质一般较为稳定。在环境污染领域中，对重金属的定义并不十分严格，主要是指对生物有明显毒性的重金属元素，如汞、镉、铅、铬、锌、铜、钴、镍、锡、钡等，有时会将一些有明显毒性的轻金属元素及非金属元素列入，如砷、铍、锂等。

水体中重金属污染源为矿山坑内排水、废石场淋溶水、选矿厂尾矿排水、有色金属冶炼厂除尘排水、有色金属加工厂酸洗水、电镀厂镀件洗涤水、钢铁厂酸洗排水，以及电解、农药、医药、烟草、油漆、颜料等工业排放的废水[2]。表 1-1 列出了一些使用金属元素的主要工业部门，这些部门排放的废水中可能含有金属离子，需要特别关注，并进行适当处理[3]。

表 1-1　使用重金属的主要工业部门

工业部门	金属离子	可能含有的其他干扰物
采矿	阳离子：Cu、Zn、Pb、Mn、U 等 阴离子：Cr、As、Se、V 等	Fe、Al 硫酸根、磷酸根
电镀	Cr、Ni、Cd、Zn	Fe、表面活性剂
金属加工	Cu、Zn、Mn	Fe、Al、表面活性剂
燃煤发电	Cu、Cd、Mn、Zn 等	Fe、Al
核工业	U、Th、Ra、Sr、Eu、Am 等	Fe
特殊部门	Hg、Au 及其他贵金属	

1.2.1.2　水体重金属污染的危害

重金属一旦排入水体，对水生动物而言，重金属会影响动物生长发育及其代谢过程等。对水生植物而言，重金属会影响水生植物细胞膜透性、物质代谢、光合作用和呼吸作用，改变器官的细微结构，降低光合速率和酶的活性，使核酸组成发生变化，细胞体积缩小和生长受到抑制等。

水体的重金属污染可通过饮用水和生活用水直接危害到人体。更多地，重金属可通过鱼虾等水产品的富集作用，通过饮食作用进入人体。另外重金属还可通过呼吸、遗传、母乳等多种方式进入人体，侵害人体的各大系统，如呼吸系统、神经系统、心血管系统等[4]。重金属污染直接或间接地威胁着人类的健康，甚至可能造成死亡。水体重金属污染已成为世界上最严重的环境问题之一。

重金属中，对人体毒性最大的是汞，其次是镉和铅，然后是其他金属。重金属在人体中的作用，有两种不同性质的结果。一方面，对其有营养需求的金属来说，数量不足会引起各种疾病。例如，锰对人体骨骼生长发育具有重要作用，缺锰则表现为骨骼生长失调，生殖机能和神经功能紊乱。又如铜，具有多方面的生理功能，不仅在血红蛋白的生成和血红球的成熟过程中起促进作用，而且还参与细胞内的氧化代谢过程。铬元素能参与人体正常糖代谢过程，促进胰岛素的功能。人体缺乏铬，容易表现出糖代谢失调，如不及时补充这种元素，就会患糖尿病。

另一方面，在高浓度重金属环境下，通过饮食摄取过量的重金属将会引起中毒，严重威胁人的健康。水俣病，就是由于汞中毒引起的中枢神经系统损伤。轻者表现为口腔炎、震颤、急躁、易怒和情绪不稳定，重者则精神紊乱、行为支配能力降低。痛痛病的元凶是金属元素镉，对人体的危害主要是造成肾、骨和肝的病变，导致贫血和神经痛。另外，镉还可通过影响钙的代谢，危及骨骼系统，典型症状表现为能力减退，骨盆、脊柱、四肢关节刺痛、步履艰难，甚至出现贫血。铅的危害主要表现在神经系统、消化系统和血液系统中毒。血铅超标发生铅中毒，主要症状表现为贫血、末梢神经炎、运动和感觉异常、头痛、头晕、疲乏、食欲不振、便秘、腹痛、失眠、易惊醒等。此外，铅还容易通过母体胎盘侵入胎儿脑组织而危害后代。铬的毒害有全身中毒及对皮肤黏膜的刺激作用，引起皮炎、湿疹、气管炎和鼻炎，引发变态反应并有致癌作用，如六价铬可以诱发肺癌和鼻咽癌。

砷元素虽然不是金属，但其进入生物体内，导致的病理及毒性与重金属非常相似，在环境污染控制中常把砷当作重金属来看。砷的化合物中，主要是三价砷具有毒性。其与人体细胞中酶系统的巯基相结合，致使酶的功能发生障碍，影响细胞的正常代谢，引起神经系统、毛细血管和其他系统的功能性和器质性病变。

1.2.1.3　重金属污染的特点

重金属污染具有范围广、持续时间长、污染隐蔽性、无法被生物降解，并可能通过食物链不断地在生物体内富集等特点。在环境中重金属甚至可转化为毒害性更大的甲基化合物，对食物链中某些生物产生毒害，或最终在人体内蓄积而危害健康。

重金属元素在自然界的分布，普遍存在于岩石、土壤、大气、水体和生物体内，并不断地进行自然环境中的迁移循环，其含量虽然均低于0.1%，但污染危害在局部地区却相当明显。重金属污染具有以下特点：

1）重金属变价多、配位能力强：从化学性质上看，重金属大多属于元素周期表中的过渡性元素，因此其在水环境中的行为具有价态变化较多、配位络合能力强的特点，表现出对生物的毒性效应明显。重金属能被生物吸收，并与生物体内的蛋白质和酶等相互作用而致突变。

2）重金属含量少、危害大：水体中只要有微量重金属存在即可产生毒性效应。某些重金属有可能在微生物作用下转化为金属有机化合物，产生更大的毒性。

3）重金属不易降解、易于富集：重金属在水体中相当稳定和不易降解。水中的重金属可以通过食物链富集，达到相当高的浓度，并通过多种途径（食物、饮水、呼吸）进入人体。

4）重金属迁移转化受环境条件影响：金属离子在水体中的转移和转化与水体的pH值、Eh（氧化还原电位）等条件有关。重金属离子可被吸附，但当水体pH值、Eh等条件发生变化时，吸附的重金属又会释放出来，导致二次污染。

1.2.2　水中重金属治理技术

治理重金属污染废水的方法包括物理、化学和物理化学的各种方法。例如，膜分离技术、离子交换法、化学沉淀法、电解法、吸附法及新发展的介电泳技术等，其中应用最广泛的是金属的氢氧化物沉淀法、离子交换法和吸附法。

1.2.2.1　膜分离技术

膜是以一定的形式限制或传递组分，用来分开两相的一薄层物质，它可以是固态的，也可以是液态的[5]。膜分离技术是 20 世纪 60 年代后迅速崛起的一门分离新技术，作为一种高新技术应用于工业废水处理领域已有广泛的研究和探索。膜的基本分离原理主要有反渗透、纳滤、液膜、超滤等几种。

反渗透法通过对含有重金属离子的废水施以一定的压力，使水透过半透膜而金属离子被捕获。Hafez 等[6]用反渗透膜装置对污水中的铬进行处理，对铬的平均回收率超过 99.8%。反渗透法可确保废水中的重金属离子完全去除，处理后的水质优良，并可完全循环再利用。但传统反渗透法成本较高，装置投资较大，限制了其在废水处理方面的应用。采用超低压反渗透膜（ULPROM），不仅可以克服传统反渗透膜所面临的经济方面的压力，而且还能获得高的重金属离子截留率。钟常明[7]采用超低压反渗透膜 RE4040 – BL 对矿山酸性废水进行处理与回收利用，在最佳的操作条件下，对重金属离子的截留率可达到 97% 以上。此工艺尚处于实验室研究阶段，还需做大量的研究开发工作[7]。

超滤膜是由一层极薄（通常为 $0.1 \sim 1 \mu m$）具有一定孔径的表皮层和一层较厚（通常为 $125 \mu m$）具有海绵状结构的多孔层组成，可分离液相中直径在 $0.05 \sim 0.2 \mu m$ 的分子和大分子[5]。通过微孔的“筛分”作用，水溶液中体积大于微孔的细菌、有机大分子、悬浮液等组分被超滤膜截留后，成为浓缩液；而小分子溶质和溶剂则透过超滤膜，成为净化水或称为超滤液。Ahmadi 等[8]使用天然表面活性剂卵磷脂与超滤膜耦合技术处理 5 种重金属的混合体系。超滤的优点是操作简便，成本低廉，不需增加任何化学试剂。超滤操作的条件温和，没有相变化，而且不引起温度、pH 值的变化，因而可以防止生物大分子的变性、失活和自溶，避免了生物活性物质的活力损失和变性。但在超滤过程中，被截留的杂质在膜表面上不断积累，会产生浓差极化现象。当膜面溶质浓度达到某一极限时即生成凝胶层，引起膜的透水量急剧下降。

纳滤（Nanofiltration，NF）是一种介于反渗透和超滤之间的压力驱动膜分离过程，以压力差为推动力，用表面孔径为纳米级的半透膜脱除以二价离子为主的盐类和相对分子质量 300 以上的大多数有机物。纳滤又称为低压反渗透，是膜分离技术的一个新兴领域。Qdais 等[9]采用纳滤技术回收水样中的铜和镉离子，对 Cu^{2+} 和 Cd^{2+} 的最佳截留率分别为 96% 和 97%。对含有多种重金属离子的废水进行了处理，结果表明纳滤膜对重金属离子的平均截留率达 97%。纳滤技术的优点是可在高温、酸、碱等苛刻条件下运行，耐污染；运行压力低，膜通量高，装置运行费用低；可以与其他污水处理过程相结合，以进一步降低费用和提高处理效果。

液膜是以浓度差或 pH 值差为推动力的膜，由萃取与反萃取两个步骤构成。

液膜过程的萃取与反萃取分别发生在膜的两侧界面，溶质从料液相被萃取进入膜相并扩散到膜相的另一侧，再被反萃入接收相，由此实现萃取与反萃取的"内耦合"（Inner – coupling）。液膜过程实际上是一种非平衡传质过程[7]。张仲甫[10]利用乳状液膜技术处理南昌五金厂电镀车间121.86mg/L 的含铬废水，采用 TBP（磷酸三丁酯）作流动载体，NaOH 溶液作内相解吸剂，Span80 作表面活性剂，只经一级处理便可满足排放要求。

液膜分离技术具有传质速度快、选择性好、分离效率高、操作简便和易于实现自动化等特点，可以实现资源回收与环境保护的双重功效。但在水处理过程中膜分离技术也存在一些问题，比如膜的成本相对较高，膜易发生污染等，都直接影响膜分离过程的效率和经济性。

1.2.2.2　离子交换法

离子交换法（ion exchange process）是液相中的离子和固相中离子间所进行的一种可逆性化学反应，是一种固液分离方法，离子交换剂作固相。当离子交换剂对液相中的某些离子结合力较强时，便会将其吸附。为了维持水溶液的电中性，所以离子交换剂必须释出等价离子回溶液中。离子交换法是以圆球形树脂（离子交换树脂）过滤原水，水中的离子会与固定在树脂上的离子交换。离子交换树脂是一种具有活性交换基团的不溶性有机高分子聚合物，功能团是决定树脂化学活性的主要组成部分。功能团是由固定基团（如 $-SO_3H$、$-COO-$ 等）和带相反电荷的活动离子（即可交换离子，也称反离子，如 H^+ 等）组成的。固定基团牢牢地固定于惰性骨架上，不能移动，活动离子使树脂本身呈电中性，在发生离子交换时，可进行定向移动[11]。当树脂与水中带电荷的杂质交换完树脂上的氢离子及（或）氢氧根离子时，就必须进行"再生"，再生是交换反应的逆过程，即借助较高浓度的再生液流过树脂层，把已吸附的离子置换出来，使树脂恢复交换能力[12]。例如，离子交换树脂吸附和再生 Mn^{2+} 的过程如下[13]：

$$2R - M^+ + Mn^{2+} \rightleftharpoons R_2 - Mn^{2+} + 2M^+$$

式中，R 为树脂母体；M^+ 为树脂上可交换的离子。

魏健等[13]采用离子交换法处理含 Mn^{2+} 的废水，所选的离子交换树脂对废水中的 Mn^{2+} 有较强的交换吸附能力，可以处理浓度为 500mg/L 的含 Mn^{2+} 废水，单柱处理水量可达 80BV（床体积），吸附饱和的离子交换树脂可使用 10% 的硫酸再生，使用 30 次以上树脂的交换容量也没有明显降低，再生后的树脂可以重复使用。沈秋仙等[14]通过利用 D201 ×4 树脂吸附去除六价铬，室温下该树脂对六价铬有良好的吸附能力。在 pH 值为 2.63 ~ 3.66 的 HAc – NaAc 缓冲液中，其对六价铬均有较好的吸附性，但硫酸根离子的存在对吸附不利，随着硫酸根离子浓度增大，该树脂对六价铬的吸附率降低。研究结果表明，该树脂吸附容量较大且易解吸，对含有六价铬的废水的处理有实际应用价值。红外光谱分析表明，离子交换过程形成了配位化合物。经过三次吸附、解吸试验，树脂吸附率几乎未变，说明该树脂的再生能力较强。

除了离子交换树脂外，还有其他的离子交换剂也能应用于离子交换技术，如沸石、腐殖酸物质、黄原酸酯、离子交换纤维等各种离子交换材料。离子交换技术在治理重金属工业废水的同时可实现金属的回收利用，具有较高的经济合理性，对增加可利用资源和改善环境质量具有十分重要的意义。但要扩大该技术在废水处理方面的应用领域，应提高树脂的强度和耐用性，使之连续使用较长时间。加强交换设备和树脂的规范化工作，为该技术的普及应用创造条件[15]。

1.2.2.3　化学沉淀法

许多重金属在水体溶液中主要以阳离子存在，加入碱性物质，使水体 pH 值升高，能使大多数重金属生成相应的氢氧化物沉淀。另外，其他众多的阴离子也可以使相应的重金属离子形成沉淀。所以，向重金属污染的水体施加石灰、NaOH、Na_2S 等物质，能使很多重金属形成沉淀去除，降低重金属对水体的危害程度。比如，在废水中加入 $FeCl_2$、消石灰和高分子凝聚剂，可与 Ca、Mg、Fe、Pb 等形成氢氧化物沉淀，从而去除。而采用氢氧化物聚集沉淀法可去除废水中的 Cd 和 Pb。

在实际废水处理工艺中，化学沉淀法需要与混凝、沉淀、过滤工艺结合运行，通过控制反应条件，使污染物形成沉淀，然后投加混凝剂，进行共沉淀[16]。付忠田等[17]采用化学沉淀法，对葫芦岛锌厂含镉废水进行了处理。结果表明，控制 pH 值为 11，采用浓度为 5% 的 $FeSO_4$ 作为絮凝剂，浓度为 10% 的 Ca（OH）$_2$ 作为沉淀剂，对含镉浓度高达 1200mg/L 的实际废水处理后，废水中镉离子浓度平均值为 0.086mg/L，可以实现达标排放。巢猛等[18]采用化学沉淀和强化混凝联用技术对水中的镍进行处理，结果表明，该法可以有效去除水源水中的镍，调节原水 pH 值至 9.0，投加 1.8mg/L 聚合氯化铝，可以将限值浓度 2 倍的镍去除至达到排放标准，而要使得限值浓度 5 倍的镍去除至达标，需要调节原水 pH 值至 10.0，并投加 2.4mg/L 聚合氯化铝。

化学沉淀法具有工艺简单、操作方便、经济实用等特点，在重金属废水的处理中应用最为广泛[17]。但由于化学沉淀法普遍要加入大量的化学药剂，并以沉淀物的形式沉淀出来，这就决定了化学沉淀法处理后会存在大量的二次污染，如废渣，而这些废渣的处理目前仍然是个问题，不符合可持续发展要求，因此化学沉淀法在工程上的应用受到制约。

1.2.2.4　电解法

电解法作为一种较成熟的水处理技术，以往多用于处理含氰、含铬的电镀废水。近年来，为了减少污泥的生成量，槽边电解回收铜、银、镉等金属的技术逐渐发展起来。电解法的基本原理是利用电极与重金属离子发生电化学作用而消除其毒性的方法,使废水中重金属离子通过电解过程在阳、阴两极上分别发生氧化和还原反应使重金属富集,然后进行处理[19]。叶春雨等[20]采用电解法回收化学镀镍废液中的重金属镍,实验结果表明,直流电解时,控制废液 pH 值为 7、反应温度为 60℃、搅拌、电流密度为 8.0mA/cm²、电解 2h,可以使废液中镍的浓度从 4.47g/L 降到 0.048g/L,回收率达到 98.93%,电流效率为 40.40%,能耗为 5.88kWh/kg Ni^{2+}。袁绍军[21]用电解法处理含 Cu^{2+}、Cr^{3+} 混合污染废水,在优化了 pH 值、电解时间、电解溶液初始浓度等条件后,发现在中性条件下,重金属离子的去除率较高,而酸性条件下,电解去除率下降;反应开始阶段 Cu^{2+} 和 Cr^{3+} 的质量浓度迅速下降,随着时间的延长,Cu^{2+} 和 Cr^{3+} 的质量浓度变化趋于平缓;对于 Cu^{2+} 和 Cr^{3+} 混合液,随着初始质量浓度的增加,其电解去除率降低。电解法具有设备简单、占地小、易于操作、能回收有价金属的优点,但耗能高、处理水量小。

1.2.2.5 吸附法

吸附法处理重金属废水是利用多孔性固体物质吸着分离水中污染物的水处理过程。吸附有很多种类型,归纳起来主要包括以下几种:①物理吸附(固体通过范德华引力的作用吸附周围分子)和化学吸附(固体通过化学键力的作用吸附周围分子);②选择吸附(固体从溶液中选择吸附某种离子)、分子吸附(固体在溶液中等当量地吸附正离子和负离子)和交换吸附(固体从溶液中吸附了一种离子,同时又放出一种离子);③专性吸附(吸附剂和吸附质的结合力较强)和非专性吸附(吸附剂和吸附质的结合力较弱);④表面吸附(又称物理吸附)、离子交换吸附(固体对各种离子的吸附)和专属吸附(吸附过程中既有化学键的作用,也有加强的憎水键和范德华力作用)[22]。

不同的吸附材料对废水中的重金属吸附机理、效果等不同,常用的吸附材料主要有活性炭、沸石、壳聚糖等。除了这些常用的吸附剂外,国内外还在开展对于天然废弃物作为吸附剂的研究,如咖啡渣、粉煤灰、橘子皮、花生壳、板栗内皮、蛋壳膜等。吸附法处理重金属废水有以下几个优点:①储量丰富,价格低廉;②制备方法简单;③具有较高的化学和生物稳定性;④容易再生。

活性炭是多孔性的非极性吸附剂,具有发达的孔隙结构、巨大的比表面积、较多的表面化合物和良好的机械强度。其对重金属去除的有效性已经被广泛论证,成为吸附重金属的常用吸附剂之一[23]。活性炭的吸附机理尚未得出定论,目前人们认为活性炭对金属离子的吸附机理,主要是金属离子在活性炭表面的离子交换吸附,同时还有重金属离子与活性炭表面的含氧官能团之间的化学吸附、金属离子在活性炭表面沉积而发生的物理吸附。Mohan 等[23]认为如果活性炭对金属离子的吸附中离子交换占主导作用,被吸附与被解吸附的金属离子之比应约等于 1。而目前的研究结果则与此严重背离,因此认为活性炭对重金属的吸附不仅仅是一个简单的离子交换过程，活性炭上各种活性位点对重金属的吸附也是一个重要的因素。张瑶等[24]在探索了活性炭对铅镉镍钴离子的吸附机理后，指出活性炭对重金属的吸附表现为一种表面络合作用。活性炭颗粒表面各种含羟基的基团与溶液中的各种离子形成络合作用而将其吸附。

人们纷纷探索各种高效吸附材料去除离子态污染物的效果和机理。李英杰等[25]利用活性炭吸附法处理含铬废水，对处理的工艺条件进行系统研究，确定吸附平衡时间为7h，给出吸附等温方程式$q = 0.161c^{1.6661}$及穿透曲线，吸附剂采用20%硫酸溶液浸泡后，Cr（Ⅵ）去除率达到91.6%。周勤等[26]采用浓HNO_3对活性炭纤维（ACF）进行了氧化改性，氧化改性后的ACF对低浓度铅离子吸附效果很好，吸附速率也非常快，吸附平衡时间仅需要5min。

沸石由于其结构中含有很多均匀的孔道并具有排列整齐的孔穴，因此具有独特的选择吸附性，也是处理重金属废水中理想的吸附剂。但天然沸石的吸附性和离子交换性并不很突出，改性活化后能显著提高处理效果。胡艳海等[27]利用NaOH对沸石进行活化，然后用其对废水中的Pb^{2+}、Cd^{2+}、Cr^{2+}进行去除，效率达到97.90%以上。天然沸石的开采受到沸石含量和选矿方法的限制，近年来许多学者致力于人工沸石制备并将其成功运用于废水去除重金属技术中。郭永龙等[28]利用粉煤灰合成的沸石，处理含Cu^{2+}、Pd^{2+}、Cd^{2+}的废水，其去除效果与天然沸石相当，0.5h左右即可使废水中的重金属离子去除率达到97%以上。

壳聚糖是甲壳素脱乙酰基的产物，吸附金属容量很大，将其应用于工业水处理中，不会造成二次污染，具有广阔的工业应用前景和良好的经济效益。甲壳素/壳聚糖含有大量氨基和羟基，这两种基团能与Pb^{2+}、Cu^{2+}、Cr^{3+}等重金属离子形成稳定的环状螯合物，能有效地去除水中的重金属离子。张树强[29]用甲壳素去除水体中重金属的实验表明，甲壳素去除Cu^{2+}、Pb^{2+}、Zn^{2+}、Cd^{2+}等有毒有害离子的最佳pH值分别为7.30、7.00、9.50、9.45；最佳吸附时间分别为10min、10min、20min、20min；最佳吸附剂量为0.67mg/mL、0.67mg/mL、0.33mg/mL、0.33mg/mL。H. K. AN等[30]用蟹甲处理含Pb^{2+}、Cd^{2+}、Cr^{3+}、Cu^{2+}废水，与其他材料处理同种废水进行对比，发现蟹甲的吸附效果高于阳离子交换树脂、沸石和活性炭。

1.2.3　重金属废水处理技术展望

按照处理方式，重金属废水的处理方法可分为三类：①将废水中的重金属在不改变其化学形态的条件下进行浓缩和分离。具体方法有：反渗透法、电渗析法、蒸发浓缩法、扩散渗析法和超滤法等膜分离法。②使废水中呈溶解状态的重金属转变为不溶的重金属化合物或元素，经沉淀和上浮从废水中除去，即化学沉淀法、离子交换法、吸附法等。③借助微生物或植物的吸收、积累、富集等作用去除废水中重金属的方法，具体方法有生物絮凝法、生物吸附法、植物修复法。

　　在重金属废水处理中，第二类方法最为常用，适宜处理重金属浓度高、水量大的工业废水，其缺点是很难处理大流域、低浓度的废水，且若固定下来的污染物没有得到及时有效的无害化处理，还会导致二次污染。第一类方法回收较好，但运作成本高，一般在特殊情况下才使用。第三类生物方法是自 20 世纪 90 年代以后新兴的一种重金属处理方法，具有投资少、见效快、易于管理、不易发生二次污染等优点，但去除效果受生物自身因素及环境因素的限制。除上述三类方法外，目前还有利用光催化还原将重金属分解的方法[31]，以及电吸附去除重金属离子[32]和利用吸附/介电泳法去除重金属[33]的方法，这三种方法是近年来发展起来的水处理研究方法。

1.2.3.1　向着低成本、低能耗、高效益的方向发展

　　从经济和社会发展的角度来看，低成本、低能耗、操作简便的水处理技术将成为发展趋势。在降低成本方面，采用天然的或废置的材料，如黏土矿物、矿物废料等作为重金属吸附物，实现"以废治废"，已经成为现在的研究热点之一。

　　虽然重金属不能被微生物降解并且对它们有毒害作用，但是微生物对重金属又有一定的抗性和解毒作用，可以吸附和转化重金属。并且由于微生物广泛存在于环境中，生物吸附剂来源广泛，其处理成本大大降低。而且目前正在研究的生物强化技术可增强微生物对特定污染物的降解能力，从而改善整个污水处理体系的处理效果[34]。在降低能耗方面，目前在对光化学降解重金属的研究中，多采用的是紫外光，可见光方面研究还很少。由于太阳光作为一种取之不竭的能源，因此研究并发展利用可见光降解水体中重金属的方法具有很高的研究价值和应用前景。在操作方面，电吸附法和介电泳法有明显的优势。它们具有处理过程不需要添加酸、碱、盐等化学药品，操作简单，能耗低，易于维护等特点。

1.2.3.2　向着无害化、资源化方向发展

　　目前普遍采用的处理方法，一般是将污染物从一相转移到另一相，并没有使污染物无害化，通常会带来废料或二次污染，许多重金属比较昂贵，若能将其回收再利用是最理想的。在无害化方面，通过对现有的研究结果分析，可知生物絮凝法和光催化法可以使重金属废水达到无毒化，无二次污染。从环境保护的角度，生物方法、光化学方法、电吸附法，特别是最近发展起来的吸附 - 介电泳法具有很好的研究及发展前景。在资源化方面，微生物对重金属有解毒作用，介电泳法可直接从低品位矿中回收贵金属单质，两种方法均可回收有经济价值的重金属，实现资源的循环利用。

1.3　水中氨氮污染的危害及其治理技术

　　近年来，我国水体氨氮污染问题日益突出。根据《2012 中国环境状况公

报》[35]，我国河流、湖泊及农村地区地表水普遍存在氨氮污染的问题，尤其在长江、黄河、海河和辽河流域中更为突出。2012 年全国废水氨氮排放量高达253.6 万吨，远远超过受纳水体的环境容量。我国氨氮排放量超标是造成目前地表水体氨氮污染的主要原因。至 2017 年，劣 V 类水质仍占地表水的 8.3%。直排海污染源中氨氮为 10759 吨。

1.3.1 水中氨氮的来源

水体中的氨氮是指以游离态的氨（NH_3）和离子态铵（NH_4^+）形式存在于水中的氮[36]，可写成 NH_3-N 或 NH_4^+-N。氨氮的来源十分广泛，其产生有自然因素，也有人为因素。人为因素主要有工农业生产中产生的，也有生活中产生的。例如，在工业上产生氨氮废水的有选矿厂、稀土冶炼厂、化工行业及饲料加工行业等[35]。这些行业排放废水的氨氮浓度很高，例如稀土冶炼废水中氨氮浓度可高达 30g/L 或更高。

生活污水中氨氮主要来源为含氮洗涤剂及人的排泄物的排放，这些污水排入生活污水处理厂，在常规二级处理厂中总氮一般去除 30%。目前生活污水处理率不到 80%，而且几乎没有脱氮工序[37]。因此污水处理厂所排放的废水也是氨氮污染的一个重要来源。

农业氮肥流失进入水体，也是导致水体富营养化的主要原因。氮肥的大量施放，由于不能完全被植物所吸收，大部分氮肥流失于河道、湖泊和近海，成为富营养化的暗流。而在养殖业中，由于没有污染防治措施，大量含氮有机排泄物的污水流入水体，也是重要污染源。以农业面源排放量来初步估计，农村污染总氮、总磷富营养化负荷占 60% 左右[38]。

鉴于氨氮污染的普遍性及严重性，2011 年 12 月，国务院发布了《国家环境保护"十二五"规划》，在规划中，明确提出了将氨氮纳入"十二五"环境保护主要指标，对造纸、印染、和化工行业进行排放总量控制，加大污染物减排力度，同时提升城镇污水处理水平，推动规模化畜禽养殖污染防治，到 2015 年，氨氮排放减少 10%，降低至 238 万吨。据《2013 中国环境状况公报》显示，全国十大流域劣 V 类水质占 9%，25% 以上的湖库出现富营养化。

随着各个行业对稀土元素需求的增加，我国稀土产业的规模也在逐渐扩大，稀土行业产生的废水量为 2000 多万吨/年，其中包头市每年排放稀土生产废水中含 6~8 万吨的氨氮。根据黄河流域水资源保护局对黄河包头段昭君坟、画匠营子和磴口 3 处重要城市供水水源地水资源质量状况的调查统计，在 2011 年之前3 处供水水源地年均水质为 Ⅳ~劣 V 类。2012 年年均水质达 Ⅲ~Ⅳ 类，达标率分别为 58.3%、33.3% 和 41.7%，距离目标水质 Ⅲ 类，还有一定差距。

1.3.2　水中氨氮的危害

氨氮作为营养盐污染物，是造成水体富营养化的重要污染物质。过量氨氮排入水体后，造成水体中营养物质过剩，容易引起水中藻类微生物大量繁殖，造成富营养化污染[36]。因此引起的水体富营养化及水体环境污染可能给人类生产生活带来一定的危害。近年来，太湖、巢湖和滇池等水域均多次发生藻类暴涨现象。例如，2015 年 7 月初，在气温高于 35℃时，滇池部分水域蓝藻富集，水体变成绿色，过量的营养也是蓝藻暴涨的原因。

富营养化现象发生于湖泊、河流时称为水华，发生于海洋时称为赤潮或绿潮。当水中藻类大量繁殖时，由于藻类生长需要会过度消耗水中的溶解氧，一旦水体复氧速率小于耗氧效率，水中溶解氧含量便会急剧下降，将导致鱼类大量的死亡，严重破坏水体生态环境，甚至出现湖泊的干涸消亡。氨氮浓度超过 50mg/L 时，自然硝化过程会被高浓度氨氮所抑制，引发水体缺氧，水体自净能力降低。当氨浓度超过 0.04mg/L 时，其毒性将会危害水中的鱼类，因此我国地表水环境质量标准规定，地表水中非离子氨浓度不得大于 0.02mg/L。

对给水工程而言，过量的氨氮也会造成一定危害。如在给水中进行加氯消毒时，若水中存在氨氮，水中存在的氨易与氯发生反应生成氯氨，既降低了消毒效率，又增大了氯的消耗量，还会影响消毒效果。另外氨氮对某些金属具有一定腐蚀性，危害给水设备。在污水回收利用中，再生水若存在氨氮，设备及管道中微生物的繁殖会形成生物污垢堵塞管道和设备，影响污水再生效率[39]。

氨氮对人体健康也会造成一定的危害。氨氮转化为亚硝基化合物后与蛋白质结合形成亚硝胺，可诱发癌变；水中的氨氮在一定条件下可转化为硝酸氮，当饮用水中硝酸氮超过一定浓度时饮用后会引起胃肠障碍，诱发婴儿的高铁血红蛋白症，当硝酸盐转化为亚硝胺后则具有强烈的致癌作用，极度危害人类健康。

1.3.3　水中氨氮的治理技术

1.3.3.1　吹脱法

吹脱法是基于氨氮在水体中的实际浓度高于其平衡时所应该存在的浓度，用空气在碱性条件下将水体中多余的氨氮，从液相中吹脱出去，逸散到空气中，从而达到将污水中氨氮污染物去除的目的[41]。吹脱是一个传质的过程，氨的吹脱应满足如下平衡：

$$NH_4^+ + OH^- \longrightarrow NH_3 + H_2O \tag{1-1}$$

由式（1-1）可知，氨氮在废水中以离子铵（NH_4^+）和非离子氨（NH_3）存在保持平衡，为了去除离子态铵（NH_4^+），则要使平衡向右进行。吹脱法适用于高浓度氨氮废水处理。影响吹脱法处理效果的主要因素有气液比、pH 值、气体流速、温度等[42]。吹脱法去除氨氮效果稳定，工艺操作简单[43]。但是，吹脱法还存在一些缺点，如受环境温度影响大、吹脱效率有限、塔板易堵塞、运行成本高以及调整 pH 值时药剂消耗量大等[37]。

1.3.3.2 吸附法

吸附法治理水污染是利用多孔性固体物质吸着分离水中污染物的水处理过程。吸附的基本类型有化学吸附和物理吸附[38]。化学吸附是由吸附剂与吸附质之间的化学键引起的化学作用，化学吸附具有选择性，由于化学吸附是靠吸附剂和吸附质之间的化学键进行的，所以吸附只能形成单分子吸附层；物理吸附是指吸附剂与吸附质之间通过分子间引力（即范德华力）而产生的吸附，其选择性较差，吸附的牢固程度不如化学吸附，可形成单分子吸附层或多分子吸附层。目前国内用于吸附氨氮的吸附剂有 4A 分子筛、沸石、膨润土、粉煤灰以及炭化等天然废弃物产物[44-47]，吸附法具有去除效率高、操作方便、选择性高、成本低、污泥产量少和吸附剂可再生等优点，但吸附后易造成悬浮微粒污染及吸附解吸造成二次污染。

1.3.3.3 离子交换法

离子交换法是指在离子交换柱内借助于离子交换剂上的离子和废水中的铵离子进行交换反应，从而达到废水脱氮的目的[37]。如吸附剂 RB 在溶液中吸附 NH_4^+ 时，

$$RB + NH_4^+ \longrightarrow R - NH_4 + B^+ \tag{1-2}$$

研究较多的交换剂包括沸石、粉煤灰、膨润土等，其中最常用的是沸石[48]。用钠或钙可以使沸石再生，从而进行重复利用。离子交换法较适宜使用于浓度较低的氨氮废水，同时需消耗大量的沸石[49]，且存在交换剂交换容量有限，再生过程复杂，改性过程会产生废水等问题。

1.3.3.4 折点氯化法

折点氯化法是将氯气或次氯酸钠加入废水中使其浓度达到某一点，在该点时水中游离氯含量较低，而氨的浓度降为零，其反应表示为

$$NH_4^+ + 1.5HClO \longrightarrow 0.5N_2 \uparrow + 1.5H_2O + 2.5H^+ + 1.5Cl^- \tag{1-3}$$

当氯气通入量超过该点时，水中的游离氯就会增多。因此该点称为折点。该状态下的氯化则称为折点氯化[50]。折点氯化法去除水中氨氮的机理为氯气或次氯酸盐与 NH_4^+ 反应生成氮气。折点氯化法加氯量大，费用高，因此该方法一般用于饮用水处理，将其用作深度脱氮，不适合处理水量大、浓度高的氨氮废水[51]。

1.3.3.5 化学沉淀法

化学沉淀法是通过化学反应，使水中的某种物质与投加的化学药品发生化学反应，生成不溶性的沉淀物，从而达到去除该种溶解物的目的[52]。在对氨氮废

水的处理中，化学沉淀法是指向氨氮废水中投加一定比例的磷酸盐和镁盐，使氨氮与磷酸盐和镁盐生成一种难溶性的磷酸铵镁沉淀，从而达到去除废水中氨氮的目的，也称磷酸铵镁沉淀法[53,54]，其反应式如下：

$$Mg^{2+} + HPO_4^{2-} + NH_4^+ + 6H_2O \longrightarrow MgNH_4PO_4 \cdot 6H_2O\downarrow + H^+ \qquad (1-4)$$

化学沉淀法工艺简单、效率高，经处理后产生的沉淀物磷酸铵镁经过进一步加工处理后，能成为性能优良的农家复合肥料[55]，但是，废水中的氨氮残留浓度较高，试剂的投加量大，投药造成的磷和氯的污染均为其不足之处[37]。

1.3.3.6　生物法

生物脱氮是利用细菌对氨氮传统生物脱氮，一般包括硝化和反硝化两个阶段，其脱氮过程为

$$硝化：NH_4^+ + 2O_2 \longrightarrow NO_3^- + 2H^+ + H_2O \qquad (1-5)$$

$$反硝化（以甲醇为碳源）：6NO_3^- + 5CH_3OH \longrightarrow 5CO_2 + 3N_2 + 7H_2O + 6OH^-$$
$$(1-6)$$

生物法普遍用于中低浓度氨氮废水，如生活污水。传统生物脱氮工艺，如SBR法、氧化沟、A^2/O工艺等活性污泥处理方法，对于高浓度氨氮废水处理会出现缓冲能力差，增大供氧量，需投入大量碳源等问题[56]，另外还存在占地多、能耗大、成本高等缺点。近年来生物脱氮的发展迅速，如同时硝化反硝化、短程硝化反硝化和厌氧氨氧化[57,58]等，这些新工艺占地面积较少、投药量较少、运行成本低，但同时也存在着菌群驯化周期长，菌群培养控制要求高，脱氮后微生物难处理的问题[49]。

我们注意到，水中的重金属离子和氨氮都可用吸附法去除。但吸附完成后若不能及时去除吸附了污染物的吸附剂，则会产生两个问题：一方面，吸附完成后吸附剂造成的悬浮微粒污染；另一方面，经过一定时间后吸附剂上的重金属离子或氨氮可能重新释放，造成水体的二次污染。这就急需一种技术，在吸附完成后及时将吸附剂粒子从水中去除。而我们采用介电泳技术与吸附法结合，不仅显著提高了污染物的去除效率，而且能将吸附剂粒子从水中清除。我们的研究结果证明，介电泳技术是操控微/纳米粒子的强大工具，能捕获吸附重金属离子或氨氮的吸附剂粒子，解决了吸附完成后所带来的困难。

1.4　水中悬浮微粒的危害及治理

水中悬浮物是指悬浮在水中的固体物质，包括不溶于水的无机物、有机物及泥沙、黏土、微生物等。一般来源于外界环境中的灰尘、泥沙、腐蚀产物、微生物以及微生物的排泄物等[59]。它们是由生活污水、垃圾和一些工农业生产活动，如采矿、采石、建筑、食品、造纸等产生的废物泄入水中或农田的水土流失

所引起的。悬浮物质影响水质外观，妨碍水中植物的光合作用，减少氧气的溶入，对水生生物不利。如果悬浮颗粒上吸附一些有毒有害的物质，则更是有害。水中悬浮物含量是衡量水污染程度的指标之一。

水中的悬浮物质是颗粒直径在 $10^{-4}mm$ 以上的微粒，肉眼可见。这些颗粒主要是由泥沙、黏土、原生动物、藻类、细菌、病毒，以及高分子有机物等组成，常常悬浮在水流之中，水产生浑浊现象，也都由此类物质所造成，这些微粒很不稳定，可以通过沉淀和过滤而除去。

1.4.1　水中悬浮微粒的危害

部分火力发电厂锅炉冲渣水存在悬浮物超标问题。选矿废水中的污染物主要有悬浮物、酸碱、重金属、砷和氟等。选矿尾水处理不当，将造成极大的环境破坏和安全隐患[60]。油田采出水是指在原油开采过程中随油井采出液上升到地面集输系统分离出的污水，其中含有大量的固体颗粒，严重影响原油的脱水处理及集输生产[61]。

水中悬浮微粒的增加，首先降低了水体的透明度，影响浮游生物的光合作用，降低了水体中初级生产力的水平。大量悬浮物的存在也是限制鱼类栖息的重要因素。而且悬浮物可导致水体浑浊，影响水体外观，降低水体使用的等级。悬浮微粒还会黏附于浮游生物的表面，影响其运动、摄食等活动。当水中悬浮物浓度过高时，危害水生物的生存繁殖，给渔业生产和作物生长带来致命的威胁。水中悬浮物不仅妨碍鱼卵和幼体的正常发育，而且限制了鱼类的正常洄游、繁殖和觅食。同时，当悬浮物浓度达到80mg/L时，将对水中水生物造成不良影响，当浓度超过400mg/L时，将会直接导致水生物死亡。如果无机悬浮微粒含有重金属，在水体中可能释放出重金属离子，造成重金属的二次污染。

水中的生物粒子，如藻类，会造成水华现象，部分藻类在代谢过程或死亡后释放藻毒素，如微囊藻毒素，对生物体造成毒性和危害，常规的水处理工艺对毒素中常见而且危害较大的肝毒素难于去除。藻类在代谢过程中易产生三卤甲烷的前驱物质，三卤甲烷是对人体具有潜在危害的致癌性物质。藻类所分泌的臭味物质导致饮用水出现异味，当水处理中氧化剂使用量较低时，不仅无法消除臭味的影响，有时还会和一些臭味有机物反应生成新的致臭物质。藻类所产生的有机物质，易造成微生物在水供给系统中重新生长，形成生物膜而造成堵塞。由于存在以上这些问题，饮用水处理中要重视藻类污染物的影响[62]。

水体中的生物污染，还包括病原微生物的污染。生活污水、医院污水和肉类加工的废水含有病毒、病原微生物等生物污染物。水体受病原微生物污染后会传播各种各样的疾病，如痢疾、肝炎、伤寒、霍乱、血吸虫病等，对人类健康构成了巨大的威胁，因此水体中病原微生物污染及其控制关系重大。

1.4.2　水中悬浮微粒的治理

在水中离子态污染物的去除技术中，不外乎使用滤膜、吸附材料等捕获，利用化学反应沉淀，利用氧化还原反应等去除。其中吸附法简便易行，特别是天然及废弃材料的应用，使得处理成本更低。但采用吸附法去除水中离子态污染物时，吸附材料造成的悬浮微粒的污染又成为另一个棘手的问题。故悬浮微粒的去除也是水污染治理的普遍问题。

由于悬浮物的来源不同，颗粒大小的差异，对于废水的治理方法有很大的影响。微/纳米级悬浮颗粒可用混凝沉淀的方法去除，也可用微滤方法去除。

洗煤废水中包含有煤泥颗粒（粗煤泥颗粒 0.5 ~ 1mm，细煤泥颗粒 0 ~ 0.5mm）、矿物质、黏土颗粒等。洗煤废水一般具有悬浮物浓度、化学需氧量高的特点，因此，煤泥水不仅具有悬浊液的性质，还往往带有胶体的性质；细煤泥颗粒和黏土颗粒等粒度非常小，不易静沉。过滤效果不好，单纯絮凝效果也不好。可采用絮凝沉淀 – 固定化微生物组合工艺进行处理[63]。

某石化公司含硫废水和催化剂废水的混合废水中，主要污染物为化学需氧量、氨氮、硫化物、挥发酚和悬浮物。郭云红等[64]采用絮凝沉淀 + 固定化微生物（I – BAF）组合工艺处理，使主要污染物，如化学需氧量、氨氮、硫化物、挥发酚和悬浮物的平均去除率分别达 82.81%、98.44%、98.58%、98.19% 和81.8%，出水达到《污水综合排放标准》（GB 8978—1996）中的一级排放标准。

蓝藻水华已成为世界性的环境问题，我国蓝藻水华问题也日趋严重，若饮用水源出现蓝藻水华，则会影响供水安全。以往所采用的物理、化学和生物等方法，即大规模地杀灭蓝藻，造成大量藻细胞破裂，使细胞内容物释放到水中，部分藻类还会释放藻毒素，导致水体二次污染。这些应急处理方法有效期短，难以彻底清除蓝藻种源，蓝藻水华可能再次发生。

人们探索各种预防性调控方法，通过抑制蓝藻细胞生长，将其生物量始终控制在一定水平之下，以避免蓝藻水华的暴发。日本学者[65]将超声辐射与射流循环综合利用原位控制水华。韩国学者[66]利用超声波和水泵的联合装置对池塘蓝藻进行选择控制。2003 年以后，我国学者陆续发表论文，探讨利用超声技术抑制水体中蓝藻水华的暴发。汤娇雯等[67]采用间歇式、短时间超声辐照，对钝顶螺旋藻（Spirulina Platensis）取得了较好的抑制效果。冯璁[68]以铜绿微囊藻为代表性藻类，采用微电流电解技术对藻类生长进行抑制，治理蓝藻水华污染。在其研究中，需要加入电解质，且 $CaCl_2$ 浓度的增加均有助于提高电解抑藻效率。微电流电解技术的机理是，从电解间接氧化作用产生了具有抑藻效果的活性物质，足量的活性物质对铜绿微囊藻具有良好的抑制效果，可导致已受电解破坏的藻细胞不能进行自身修复而彻底死亡。在这种方法中，Cl^- 浓度的增加均有助于提高微电流电解间接氧化的抑藻效果。但是，这项新技术存在两个问题：一是电解质 $CaCl_2$ 的加入会使水的硬度增加；二是藻细胞破坏后产生的碎片对水质的影响。

蓝藻水华不仅直接对水体造成影响，而且在水华发生时，蓝藻会释放潜在的致命毒素，对动物和人类造成急性与慢性毒害作用。因此探索一种快速、彻底的悬浮微粒和藻类的治理技术迫在眉睫。根据介电泳的特点，介电泳是治理蓝藻污染的最佳选择。

参 考 文 献

[1] 朱映川，刘雯，周遗品，等. 水体重金属污染现状及其治理方法研究进展 [J]. 广东农业科学，2008（8）：143-146.

[2] 梅光泉. 重金属废水的危害及治理 [J]. 微量元素与健康研究，2004，21（4）：54-56.

[3] 王建龙，陈灿. 生物吸附法去除重金属离子的研究进展 [J]. 环境科学学报，2010，30（4）：673-701.

[4] 贾广宁. 重金属污染的危害与防治 [J]. 有色矿冶，2004，20（1）：39-42.

[5] 张建国，罗凯. 膜技术在重金属废水中的应用 [J]. 矿业工程，2004，2（5）：52-55.

[6] HAFEZ A I, EL - MANHARAWY M S, KHEDR M A. RO membrane removal of unreacted chromium from spent tanning effluent. A pilot scale study, Part 2 [J]. Desalination, 2002, 144 (1-3): 237.

[7] 钟常明，方夕辉，许振良. 膜技术及其组合工艺在重金属废水中的应用 [J]. 环境科学与技术，2008，31（8）：44-47.

[8] AHMADI S, TSENG I K, BACTCHELOR B. Micellar enchanced ultrafiltration of heavy metal using lecithin [J]. Separation Science and Technology, 1994, 29 (18): 2435-2450.

[9] HANI ABU QDAIS, HASSAN MOUSSA. Removal of heavy metals from wastewater by membrane processes: a comparative study [J]. Desalination, 2004, 164 (2): 105-110.

[10] 张仲甫，张瑞华，汪德先. 用液膜技术分离铬 [J]. 膜科学与技术，1982，2（1）：25-39.

[11] 李玲，温建康，阮仁满. 离子交换法分离回收溶液中镍的研究进展 [J]. 贵金属，2007，28（S1）：75-79.

[12] 周集体，曲源源. 环境工程原理 [M]. 大连：大连理工大学出版社，2008.

[13] 魏健，王瑶，徐东耀，等. 离子交换法处理含 Mn^{2+} 废水的研究 [J]. 中国锰业，2009，27（4）：25-29.

[14] 沈秋仙，舒增年. D201×4 树脂吸附铬（Ⅵ）的研究 [J]. 化学研究与应用，2002，14（4）：463-466.

[15] 李红艳，李亚新，李尚明. 离子交换技术在重金属工业废水处理中的应用 [J]. 水处理技术，2008，34（2）：12-15.

[16] 谭浩强，吴维，刘志滨，等. 化学沉淀法去除水中镉的特性研究 [J]. 供水技术，

2010, 4 (4): 9 – 11.

[17] 付忠田，黄戊生，郑琳子. 化学沉淀法处理葫芦岛锌厂含镉废水的研究 [J]. 环境保护与循环经济，2010，30 (10)：44 – 46.

[18] 巢猛，胡小芳. 化学沉淀法去除水中镍污染物的试验研究 [J]. 广东化工，2011，38 (216)：81 – 82.

[19] 徐灵，王成端，姚岚. 重金属废水处理技术分析与优选 [J]. 广州化工，2006，34 (6)：44 – 46.

[20] 叶春雨，黄雪莉，刘贵昌，等. 电解法回收化学镀镍废液中镍的研究 [J]. 辽宁化工，2009，38 (8)：512 – 515.

[21] 袁绍军，姜斌，李天成，等. 电解法净化含重金属离子废水的试验研究 [J]. 化学工业与工程，2003，20 (1)：7 – 10.

[22] 张晓松. 吸附法在重金属废水处理中的应用效果及注意问题 [J]. 资源与环境，2008 (4)：153 – 154.

[23] MOHAN D, CHANDER S. Single component and multicomponent adsorption of metal ions by activated carbon [J]. Colloids and Surfaces, 2000, 177 (2): 183 – 196.

[24] 张瑶，张克荣，罗永义，等. 活性炭对铅镉镍钴离子的吸附机理探讨 [J]. 华西医科大学学报，1995，26 (3)：322 – 325.

[25] 李英杰，纪智玲，候凤，等. 活性炭吸附法处理含铬废水的研究 [J]. 沈阳化工学院学报，2005，19 (3)：184 – 187.

[26] 周勤，肖乐勤，陈春. 氧化改性 ACF 对铅离子吸附作用的研究 [J]. 化工时刊，2006，20 (7)：13 – 15.

[27] 胡艳海，等. 活性沸石对重金属离子的吸附及再生性研究 [J]. 无机盐工业，1997 (2)：5 – 6.

[28] 郭永龙，武强，王焰新，等. 利用粉煤灰合成沸石处理中金属污水研究 [J]. 重庆环境科学，2003，25 (9)：26 – 31.

[29] 张树强. 甲壳素去除水体中重金属离子的性能研究 [J]. 广东水利水电，2002 (6)：29 – 30.

[30] H K AN, B U PARK, DS KIM. Crab shell for the removal of heavy metals from aqueous solution [J]. Water Resource, 2001, 35 (15): 3551 – 3556.

[31] 张昊，谭欣，赵林. 废水中重金属离子的光催化还原研究进展 [J]. 天津理工学院学报，2004，20 (3)：28 – 32.

[32] 王秀丽，盛义平，李争. 活性炭纤维电吸附去除 Cr (Ⅵ) 的研究 [J]. 燕山大学学报，2008 (6)：525 – 529.

[33] BATTON J, KADAKSHAM A J, NZIHOU A, et al. Trapping heavy metals by using calcium hydroxyapatite and dielectrophoresis [J]. Journal of Hazardous Materials, 2007, 139 (3): 461 – 466.

[34] ANDRES U. Dielectric separation of minerals [J]. Journal of Electrostatics, 1996, 37 (4): 227 – 248.

[35] 环境保护部. 2012 中国环境状况公报 [R]. 2012.

[36] EDDY METCALF. Wastewater Engineering Treatment and Reuse [M]. New York：McGraw – Hill Companies Inc. , 2003.

[37] 刘亚敏，郝卓莉. 高氨氮废水处理技术及研究现状 [J]. 水处理技术，2012，38 (S1)：7 – 11.

[38] OZDES D, GUNDOGDU A, KEMER B, et al. Removal of Pb (II) ions from aqueous solution by a waste mud from copper mine industry：equilibrium, kinetic and thermodynamic study [J]. Journal of hazardous materials, 2009, 166 (2)：1480 – 1487.

[39] 周彤. 污水零费用脱氮 [J]. 给水排水，2000，26 (2)：37 – 39.

[40] 张成云，孙莉，金立坚，等. 生活饮用水中的氨氮污染问题探讨 [J]. 中华医学研究杂志，2007，7 (6)：495 – 498.

[41] 舒欣. 电化学氧化法处理氨氮废水影响因素的研究 [D]. 沈阳：辽宁大学，2012.

[42] LIAO P H, CHEN A, LO K V. Removal of nitrogen from swine manure wastewaters by ammonia stripping [J]. Bioresource Technology, 1995, 54 (1)：17 – 20.

[43] 马承恩，彭英利. 高浓度难降解有机废水的治理与控制 [M]. 北京：化学工业出版社，2007.

[44] 杨哲，庆承松，陈冬，等. 磁性 4A 分子筛的制备及其对氨氮的吸附动力学研究 [J]. 岩石矿物学杂志，2013，32 (6)：935 – 940.

[45] 佟小薇，朱义年. 沸石改性及其去除水中氨氮的实验研究 [J]. 环境工程学报，2009，3 (4)：635 – 638.

[46] 王雅萍，刘云，董元华，等. 改性膨润土对氨氮废水吸附性能的研究 [J]. 应用化工，2011，7 (40)：1148 – 1152.

[47] 张继义，韩雪，武英香，等. 炭化小麦秸秆对水中氨氮吸附性能的研究 [J]. 安全与环境学报，2012，12 (1)：32 – 36.

[48] 张庆东，赵东风，赵朝成. 吸附法脱氮现状及常用吸附剂介绍 [J]. 新疆环境保护，2002，24 (2)：43 – 46.

[49] 朱冬梅，方夕辉，邱廷省，等. 稀土冶炼氨氮废水的处理技术现状 [J]. 有色金属科学与工程，2013，4 (2)：90 – 95.

[50] 张仁志，褚华宁，韩恩山，等. 氨氮废水处理技术的发展 [J]. 中国环境管理干部学院学报，2005 (3)：91 – 94.

[51] 宋卫锋，骆定法，王孝武，等. 折点氯化法处理高 $NH_3 - N$ 含钴废水试验与工程实践 [J]. 环境工程，2006，24 (5)：12 – 13.

[52] 薛德明，洪功伟，吴国锋，等. 电渗析法浓缩回收稀土矿铵盐废液 [J]. 膜科学与技术，2000，20 (2)：61 – 65.

[53] 王浩，成官文，宋晓薇，等. 鸟粪石沉淀法处理高氨氮稀土废水 [J]. 水处理技术，2013，39 (7)：108 – 111.

[54] 吴立，孙力平，李志伟，等. 化学沉淀法处理高浓度氨氮废水的试验研究 [J]. 四川环境，2009，28 (1)：24 – 26.

[55] 窦艳铭. 吹脱与吸附组合法处理稀土氯铵废水试验研究 [D]. 包头：内蒙古科技大学，2012.

[56] 马承恩，彭英利. 高浓度难降解有机废水的治理与控制 [M]. 北京：化学工业出版社，2007.

[57] 张兰河，伏向宇，杨涛，等. NaCl 盐度对 SBR 工艺短程硝化反硝化的影响 [J]. 北京工业大学学报，2013，39 (2)：280 - 286.

[58] KUYPERS M M M, SLIEKERS A O, LAVIK G, et al. Anaerobic ammonium oxidation by anammox bacteria in the Black Sea [J]. Nature, 2003, 422 (6932)：608 - 611.

[59] 柯起龙. 电吸附水处理技术 (EST) 对污水悬浮物去除效果研究 [J]. 环境与可持续发展，2015，40 (4)：218 - 219.

[60] 杨楚思，阳雨平. 白钨选矿尾水石灰絮凝沉降效果初步探讨 [J]. 环境工程，2016，34 (S1)：291 - 294，298.

[61] 任志鹏，王小琳，祁越，等. 安塞油田长 6 采出水中悬浮物固体颗粒的研究 [J]. 延安大学学报（自然科学版），2016，35 (3)：87 - 90.

[62] 梁文艳，曲久辉. 饮用水处理中藻类去除方法的研究进展 [J]. 应用与环境生物学报，2004，10 (4)：502 - 506.

[63] 季晓艳，主迎春，邓强. 絮凝沉淀和 BAF 组合方法处理洗煤废水技术研究 [J]. 山东煤炭科技，2016 (10)：151 - 153.

[64] 郭云红，叶正芳，赵泉林. 絮凝沉淀 - 固定化微生物组合工艺处理炼油厂含硫废水和催化剂废水 [J]. 环境工程学报，2016，10 (2)：749 - 754.

[65] NAKANO K, LEE T J, MATSUMURA M. In situ algal bloom control by the integration of ultrasonic radiation and jet circulation to flushing [J]. Environmental Science & Technology, 2001, 35 (24)：4941 - 4946.

[66] AHN C Y, JOUNGS H, CHOI A, et al. Selective control of cyanobacteria in eutrophic pond by a combined device of ultrasonication and water pumps [J]. Environ Technol, 2007, 28 (4)：371 - 379.

[67] TANG J, WU Q, HAO H, et al. Growth inhibition of the cyanobacterium spirulina (Arthrospira) platensis by 1.7MHz ultrasonic irradiation [J]. Journal of Applied Phycology, 2003, 15 (1)：37 - 43.

[68] 冯璁. 微电流电解对藻类生长的抑制机理研究 [D]. 武汉：长江科学院，2015.

第2章 介电泳起源、概念及基本理论

精准地控制或操控流体介质中微/纳米级粒子的技术在生物、医学和微电子等领域的应用中十分重要[1]。近几十年，人们研究了许多方法用于液体中粒子的操控（manipulation），其中包括光学、热学、机械学、磁学、化学和电学等方法。在这些方法中，电泳和介电泳是两种主要的电学方法。这两种方法开发得比较早，随着微制造技术的开发，均可采用微流体系统，并具有高度生物相容性。其中，介电泳是可极化粒子在非均匀电场中的迁移。其影响的因素多，因此可通过调节一系列参数，包括电场强度、频率、电极构型等，使粒子的精准操控成为可能[2]。

在微流体系统中使用的介电泳方法，非常适合在环境、生物、临床应用等诸多领域用于粒子的分离、分类、捕获、组装、纯化和表征。因为介电泳是一种非侵入性、非破坏性、价格低廉、操作简单快速的粒子操控技术，在生物粒子的分离、测定研究中的应用尤为广泛。

一提到介电泳（Dielectrophoresis），很多科研工作者都会想到电泳，因为电泳在科研中应用得早，也应用得比较普遍。不仅科研工作者，中学生也接触过电泳的概念，所以电泳的概念深入人心。实际上这两个概念完全不同。电泳（E-lectrophoresis，EP）是指带电颗粒在电场的作用下发生迁移的过程。只要粒子带电，就可在电场中向带相反极性电荷的电极移动。许多生物分子，如氨基酸、多肽、蛋白质、核苷酸、核酸等都具有可电离基团，在一定的 pH 值下可使之带正电或负电，在电场的作用下，这些带电的生物分子会向着与其所带电荷极性相反的电极方向移动。因此电泳可用于生物大分子的分离。

与介电泳现象相比，电泳现象发现得并不早，但其应用开发远比介电泳要早。H. A. Pohl[3] 在 *Dielectrophoresis* 一书中，介绍了电泳的发现和应用的过程。1809 年俄国物理学家 Peйce 首次发现电泳现象，他在湿黏土中插上带玻璃管的正负两个电极，加电压后发现带负电荷的黏土颗粒向正极移动。1909 年 Michae-lis 首次将胶体粒子在电场中的移动称为电泳。1936 年瑞典学者 A. W. K. 蒂塞利乌斯设计制造了移动界面电泳仪，分离了马血清白蛋白的 3 种球蛋白，创建了电泳技术。通过不断改进电泳分离中的介质，使得电泳在生物、环保、工业等各个领域的应用取得了重要的进展。那么，介电泳现象是什么？它与电泳有哪些相似的方面，又有哪些区别呢？

2.1　介电泳的起源

在 21 世纪的今天，介电泳正在广泛地被用于生物工程、医药、环境以及纳米科学领域，是一项具有强大生命力的微/纳米微粒操控的技术。实际上，介电泳有着非常古老而简单的起源，其起源比电泳要早得多。只不过从理论上进行介电泳的研究，尤其是介电泳的应用研究开始得较晚。

介电泳作用的发现远比我们知道的要早，例如我们都熟悉摩擦生电的现象。H. A. Pohl[3] 在他的专著 *Dielectrophoresis* 中追溯了这一大家所熟悉的现象。大约公元前 600 年，当人们摩擦琥珀棒的时候，它能吸引绒毛或其他物质的碎屑。我们小时候都做过这个简单的实验。注意这个时间点，大约 2600 多年前，人们就发现了这一现象。

Pohl[3] 详细分析了这一现象，琥珀棒被摩擦的时候带了电，琥珀棒的端点处不是平板电极，故产生的电场是非均匀的。带有电荷的琥珀棒，能使一些小颗粒极化，极化后的小颗粒，在琥珀棒端点的非均匀电场作用下，发生了迁移，这就是介电泳现象。

其实，在 Pohl 之前，也有一些学者观察到类似的现象。Gilber 在他的著作 *De Magnete* 中也注意到了这个作用。他注意到当带电的琥珀移近水滴时，水滴形状发生变化。18 世纪初，Winckler 和 Priestley 注意到电场对有机物质施加的吸引力。

但是，这一现象，却被人们忽视了很久，没有人对其进行深入的理论和应用研究。在接下来的两个多世纪中，Maxwell 的电磁作用的理论方程有了长足的发展，这一理论的发展阻碍了物质在非均匀场中行为（介电泳）的研究。也许是因为人们感到在空间和物质中场的行为已经研究得很清楚了，需要进一步解释的已经所剩无几了。正如 Pohl 指出的，这个观点是过于自信的[3]。

在科学的发现和发展中，实验往往领先于理论。到了 20 世纪，人们在实践中注意到一些在流体介质中的微粒，如果施加非均匀电场，这些微粒就会移动。Pohl 在他的专著中[3]描述了 1923 年 Hatschek 和 Thorne 的实验，在甲苯流体介质中施加电场，发现流体中的镍溶胶微粒在电场的影响下发生了迁移。出乎意料的是，将电场方向反转后，这些微粒的运动并没有反向移动。这说明微粒在电场中的作用与电场的方向无关，与电泳现象不同，这就是后来被 Pohl 称为的介电泳现象。

1924 年，Hatfield[4] 首次把介电泳应用于矿物加工，其基本原理是使用一种介电常数介于两种组分之间的液体，以便把介电常数低的组分推到弱电场区域（这就是后来人们认识到的负介电泳），同时把介电常数高的组分吸引到电场强的区域（后来称之为正介电泳）。自 Hatfield 的早期实验以来，虽然介电分离装置的设计已经发生了很大变化，但其基本原理没变。Soyenoff 在他的实验中观察到尘土微粒在强电场中的聚集，他解释这是由于电介质的极化，在其研究中具有较高的电导率或介电常数的悬浮固体颗粒比悬浮液更能迁移到较高的场强区域。

　　介电泳现象的系统研究要归功于物理化学家 H. A. Pohl。他在研究中注意到，当把细胞置于非均匀电场中，就会产生一个力，引起细胞沿着一定方向移动。1956 年 H. A. Pohl 发现，悬浮在介质中的微粒在非均匀电场作用下可产生定向运动，并且其运动方向取决于两者介电常数的大小。Pohl 对该现象进行了系统的描述、分类和详细的研究，并且于 1956 年，首先提出了介电泳（Dielectrophoresis，DEP）的概念，并在 1978 年出版了专著 *Dielectrophoresis*[3]，即现在我们公认的介电泳，也有人称其为介电电泳或双向电泳。

　　从介电泳发现一直到 1990 年以前，介电泳的研究发展很慢。主要是由于介电泳电极的加工技术制约了介电泳研究的发展。早期的介电泳电极是由细导线或其他机械加工的金属电极制成，这样的电极尺寸太大，不能产生足够强的电场梯度，限制了对微米级粒子操控的研究。在电压不变的情况下，如果减小电极尺寸到十分之一，场强梯度增加为原来的 1000 倍[5]。1990 年以后，随着微制造技术的发展，人们设计出来大量的微米甚至纳米阵列电极，并将其精准加工、集成为小型介电泳芯片，这使得微/纳米粒子的操控成为可能[6]。

2.2　介电泳的简介

2.2.1　介电泳的概念

　　谈到介电泳，首先要了解粒子在外加电场中的极化现象。悬浮液中的颗粒，由于与悬浮介质的电性能（电导率或介电常数）不同，在外电场作用下会发生界面极化，形成偶极矩。

　　任何电场，不论是均匀的还是非均匀的，都对带电物体施加一个力，这就是所谓的电泳（Electrophoresis，EP）。然而非均匀电场对电中性颗粒（或者说可极化颗粒）也施加一个力，这是非均匀电场的特性。这里特别强调非均匀电场，让我们看看下面在非均匀电场发生的有趣现象，就容易理解了。

　　Pohl[3] 详细地描述了带电的和电中性可极化颗粒在均匀电场和非均匀电场中的响应。在均匀电场中（见图 2-1a），根据同性相斥的电学原理，带正电的粒子将移向与粒子带有相反电荷的电极，即移向负极。同样在均匀电场中，电中性粒子只是被极化，极化后粒子两边所带的电荷相等，由于两个电极的强度相等，两边电极对中性粒子的作用力相等，不产生净的迁移力。因此中性可极化的微粒在均匀电场中不会迁移向任何一个电极。

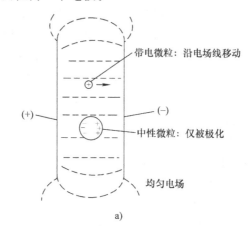

a)

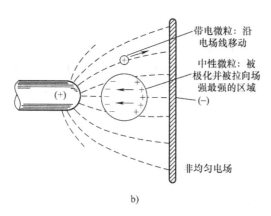

b)

图 2-1　带电和中性微粒在均匀电场和非均匀电场中的响应[3]

　　然而，在图 2-1b 所示的非均匀场中，带正电的微粒，仍然被吸引到具有相反极性的电极（负极），在此种情形下，粒子迁移至平板电极。与前面均匀电场的结果一样，均发生了电泳现象。而此时，电中性粒子发生了极化，将移向针状电极（正极）的一端。这是由于粒子靠近针状电极的表面因极化作用而富集了负电荷；靠近平板电极的一面，因极化感应了正电荷。因为粒子是电中性的，颗粒两边的电荷是相等的。但非均匀电场对粒子两个带电荷的面的作用力不相等。针状电极的电场强度大。如果粒子的极化能力强于周围的流体介质，针状电极对粒子的作用力大于平板电极附近电场的作用力，这就产生了一个净的作用力。此种情况下粒子将向电场强度大的方向移动，即向针状电极方向移动。

　　令人感兴趣的是，如果我们改变电极的电性，使针状电极带负电，粒子的极化与上述情形相反，靠近针状电极的一面感应正电荷，另一面感应负电荷。那么，粒子此时将向哪个方向移动呢？我们分析一下粒子两端的受力情况，同样可以得出，粒子靠近针状电极的一面受到的静电引力较大，净作用力在针状电极一方，故粒子仍然向针状电极的方向移动。正如 H. A. Pohl[3] 指出的，在上述实验中，没有规定哪一个电极是带正电还是带负电。只要是电中性可极化粒子，无论电极的电性如何，在非均匀电场中，对电中性可极化粒子的作用力的方向相同，粒子迁移的方向也相同。更有趣的是，对于该物质，所施加的电场可以完全是交流的。这对熟悉电泳方法的人，总觉得不可思议。这是因为极化能像场的开关一样转换（见图 2-2）。如果粒子带电，在电泳的情形下，施加交流电，带电物体倾向于在它原来的位置附近振动。相反地，在上述的非均匀电场中，电中性可极化微粒会倾向于平稳地移向高场强的区域。这既是介电泳的特点，也是介电泳的优势，利用介电泳技术操控微粒时，我们既可以使用直流电，也可以使用交流电。

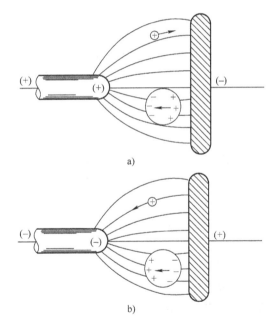

图 2-2　非均匀电场的极性对带电和中性微粒响应的影响[3]

　　总而言之，介电泳是非均匀电场对电中性（可极化）颗粒所引起的迁移运动。产生这种响应的力被称作介电泳力。介电泳这个词部分来源于希腊词 phoresis，其含义是移动。又如，磁泳是 Magnetapheresis。这里我一直在强调粒子的可极化，那么有些带电的粒子如果可极化，是否也可以发生介电泳呢？

　　1978 年 Pohl 出版了关于介电泳的专著 Dielectrophoresis，使介电泳理论和应用得到系统的发展，介电泳技术逐渐被引入化学分析和生物研究领域。人们开始研究利用非均匀电场进行细胞操控，将特定细胞从生物液体中分离出来。

随着人们研究的深入，关于介电泳的概念不断改进。Barbaros Cetin[7]指出，介电泳是在非均匀电场中的粒子，由于粒子的偶极与非均匀电场的空间场强梯度之间的相互作用而引起的移动。美国华盛顿州立大学的 Dutta 教授[8]指出，在介电泳中，外加电场极化电介质粒子或材料，并且由于非均匀电场对粒子两端累积的电荷而产生一个净的作用力。在这里，不论哪个定义，都包含了三个要素：一是非均匀电场，二是可极化的粒子，三是极化了的粒子受到非均匀电场所施加的力。

后来的研究发现，在介电泳操控粒子的研究中，不仅中性粒子，有些带电荷的粒子，只要在非均匀电场中可以被极化，即可发生介电泳。正如 Dutta 教授的研究团队[8]指出的，介电泳力既可以作用于带电的粒子，也可以作用于中性粒子。因此介电泳可操控的粒子范围非常广。

在这里，暴露于外加电场的粒子呈现出电偶极矩的电学性能。此诱导偶极的强度取决于电场的方向和强度以及粒子和周围流体介质的极化能力[9]。电场的强度、流体介质的性质等都可以影响介电泳的方向和介电泳力的大小。故在实际研究中，我们可以通过调节外加电压、频率，调控流体介质的性质，将不同极化能力的粒子移动到特定电场强度的区域。

2.2.2　正介电泳和负介电泳

可极化粒子在非均匀电场中发生迁移时，并不总是向场强较强的方向移动，有时也会移向弱场区域。这主要取决于粒子与其周围流体介质的极化能力的相对大小。在非均匀电场中，若粒子的极化能力强于流体介质，则粒子将向场强强的区域迁移，称为正介电泳（positive dielectrophoresis，pDEP），如图 2-1b 和图 2-2所述的情况。若粒子的极化能力弱于周围流体介质，称为负介电泳（negative dielectrophoresis，nDEP）。在图 2-2 中，如果粒子发生负介电泳作用，粒子不是移向针状电极，而是移向平板电极的区域。

特别需要强调的是，这里正负介电泳与电极的电性正负无关，只与电场梯度的强弱有关。只要粒子发生正介电泳，一定是粒子向场强较强的方向移动，即电力线较密集的区域，而不一定是正极。

电场频率是影响粒子的极化能力的重要因素之一，可以通过调节频率使介电泳方向改变，如从正介电泳转向负介电泳。频率的转换点（或区域）就称为交叉频率。具体公式说明见 2.3 节。

2.2.3　介电泳的分类

按对粒子的操作，可分为操控、分离、纯化、组装、分选等。

2.2.3.1　介电泳操控

粒子的操控，尤其是纳米粒子的操控随着纳米技术的发展成为人们研究的热点，因此，光镊、磁泳以及介电泳等用于微/纳米粒子操控的技术得到迅速发展。在诸多粒子操控技术中，介电泳显示了无与伦比的优势。这里，操控是指把粒子从空间的某一点移到另一点，到达某一特定区域，也可称为操纵。对于无机粒子进行操控，可以制备纳米器件、纳米传感器等。Jianwei Wang 等[10]用介电泳操控氧化石墨烯，使其固定到电极之间，组装了效率高、测定速度快的氢气传感器。Young – Kyo Seo 等[11]用介电泳操控 ZnO，组装成了纳米器件，研究表明该纳米器件灵敏度高。H. Pathangi 等[12]用介电泳组装单壁碳纳米管，制备了用于纳米机电系统的器件。

2.2.3.2　介电泳分离、纯化

介电泳对不同粒子的操控就可以发展为对不同粒子的分离、纯化。任何物质都具有一定的介电特性，在外加电场作用下，它们会受到不同程度的极化，因而会受到不同程度或方向的介电泳力。例如，把混合物中的一种粒子捕获在电极的尖端，即发生正介电泳，另一种粒子发生负介电泳或不发生捕获，就会随流体流出，从而进行分离。与通常的化学分离不同，如化学上用沉淀法分离，一是要加沉淀剂，二是两个待分离组分需要溶解度有一定差异，如果两个组分都是难溶的，就无法分离。采用介电泳技术，即便两个组分都难溶，形成悬浮液，只要两种粒子的介电性能有足够的差异，就可方便地予以分离。

利用介电泳进行微/纳米粒子的分离，可以解决物质分离的难点问题。单壁碳纳米管具有较大的长径比和比表面积、较低的电阻和很高的化学稳定性，同时又可吸附适合其内径的分子，在材料科学、微电子学、电化学领域中都有重要应用。但制备的单壁碳纳米管，有金属型和半导体型，两者常常纠缠成束混合在一起，影响了其使用功能。有效的分离、纯化成为提高其性能的关键。目前采用的提纯过程一般是综合使用氧化、化学处理、物理分离等方法，进行多步分离。也可采用选择性的破坏，如用硝镪离子腐蚀，虽可有效分离，但会破坏单壁碳纳米管。这就迫切需要一种非破坏的分离技术。利用金属和半导体单壁碳纳米管的介电常数和电导率的差异，介电泳技术可有效分离此混合物。Hosung Kang[13]等又进一步优化了微流体芯片，防止单壁碳纳米管因沉积而变短，使分离的单壁碳纳米管的长度达到 2 ~ 2.4μm。

2.2.3.3　介电泳组装

将微/纳米粒子在空间构成一定的图案或结构，形成有序的排列，即组装，可实现不同的应用。纳米粒子的可控自组装是实现其在宏观尺度实际应用的最有效途径。利用纳米粒子制备可应用的纳米器件，就涉及粒子的组装。粒子的组装很难用我们熟悉的物理或化学方法进行。

基于介电泳基础，Masashi Yamamoto 等[14]通过调节频率，使聚苯乙烯乳胶微粒构成了岛型图案。Vera La Ferrara 等[15]利用介电泳技术，通过调节外加频率和电解质浓度，将重要的电子器件材料钯的纳米线构成了不同的纳米线形貌。

2.2.3.4 介电泳分选

如前所述，介电泳的早期应用主要着眼于矿物的分选。随着加工技术的不断改进，介电泳甚至可用于细胞，特别是癌细胞的分选。Michael B. Sano 等研制了非接触式介电泳（contactless dielectrophoresis，cDEP）装置，成功实现了在稀释的血液样本中对白血病细胞的分选[16]。

另外，按照介电泳装置的改进和理论的建立，又可分为传统介电泳、行波介电泳、绝缘介电泳、图像介电泳等。

2.3　介电泳力的计算公式

2.3.1　介电泳基本力学公式

1978 年 Pohl[3]建立了传统介电泳力的模型，其理论是基于 Maxwell 电磁场理论。在介电泳应用中，电极的形状不断变化、改进，但粒子的形状一直以球形为模型。对于一个球形颗粒，若其半径为 R，复合介电常数为 ε_p^*，则这个球形颗粒在非均匀电场中所受到的介电力可表示为

$$F_{DEP} = 2\pi R^3 \varepsilon_m Re[K(\omega)] \nabla(E^2) \qquad (2-1)$$

$$K(\omega) = \frac{\varepsilon_p^* - \varepsilon_m^*}{\varepsilon_p^* + 2\varepsilon_m^*} \qquad (2-2)$$

$$\varepsilon^* = \varepsilon - i\frac{\sigma}{\omega} \qquad (2-3)$$

式中，F_{DEP} 为粒子所受介电泳力；ε_m 为悬浮媒介的介电常数；R 为粒子的半径；$Re[K(\omega)]$ 为克劳修斯 – 莫索提因子的实部；$K(\omega)$ 为克劳修斯 – 莫索提因子；$\nabla(E^2)$ 为电场强度 2 次方的梯度；ε_m^* 为悬浮媒介的复合介电常数；ε_p^* 为粒子的复合介电常数；ε^* 为复合介电常数；ε 为介电常数；ω 为电场角频率；σ 为电导率。

如果 $Re[K(\omega)] > 0$，颗粒的极化率大于介质的极化率，介电力的方向是沿着电场梯度的方向，即颗粒向场强最强的区域迁移，称为正介电泳（pDEP）。若 $Re[K(\omega)] < 0$，颗粒的极化率小于介质的极化率，介电力的作用方向与电场梯度方向相反，颗粒向电场强度最弱的区域移动，则称为负介电泳（nDEP）[17]。

由于 K 是频率 ω 的函数，故调节频率可以使不同的粒子受到不同方向的介电泳力，当 $Re[K(\omega)] = 0$ 时，$F_{DEP} = 0$，粒子不做迁移。因此交叉频率（crossover frequency）定义为使微粒不再运动的外加频率[18]，不同粒子的交叉频率是不一样的。因此交叉频率的测定，可用来表征单个微粒的介电性质。针对这一特性，也可将传统介电泳应用于生物粒子及其他粒子的分离。

后人根据所设计的电极和粒子移动方式不同，建立了不同的数学模型和不同的理论推导。

2.3.2 ROT – DEP 模型

以 Pohl 的理论为基础，Arnold 等[19]于
1988 年建立了基于周向布置电极的电动旋转介
电泳（electrorotation dielectrophoresis，ROT –
DEP）计算模型，原理如图 2-3 所示。电动旋
转介电泳力的计算模型为

$$\Gamma = -4\pi\varepsilon_m R^3 \mathrm{Im}[K(\omega)]E^2 \qquad (2\text{-}4)$$

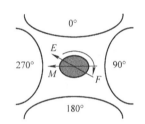

图 2-3 电动旋转介电泳原理示意图

式中，Γ 为电动旋转转矩；$\mathrm{Im}[K(\omega)]$ 为克劳
修斯 – 莫索提因子的虚部；E 为电场强度。

电动旋转介电泳可用于粒子介电特性的测量、粒子的分离与捕获，并且以微粒的旋转来区别不同的微粒[20]等。

2.3.3 行波介电泳

在电动旋转介电泳的基础上，Huang 等[21]把周向布置的电极结构改成平面线性布置方式，建立了行波介电泳，行波介电泳可用于粒子的分离和传输等。计算模型为

$$F_{\mathrm{TWD}} = \frac{-4\pi^2\varepsilon_m R^3 \mathrm{Im}[K(\omega)]E^2}{\lambda} \qquad (2\text{-}5)$$

式中，F_{TWD} 为行波介电泳力；λ 为波长。

在后来的研究中，行波介电泳模型和理论又得到不断改进。

2.4 主要物理参数对于介电泳的影响

在介电泳过程中，影响的因素很多，包括电压、电极形状和排列、粒子的极化能力以及流体介质的组成等。

2.4.1 介电泳时间

介电泳是一个近程力，介电迁移发生的时间很短，只要粒子靠近电极时，若电场达到捕获粒子的强度，介电捕获瞬间完成。因此施加非均匀电场的时间会影

响捕获的物质的多少，因为介电泳处理的粒子一般接近胶体范围，布朗运动明显，随着时间的推移，总有粒子通过布朗运动源源不断地运动到电极附近，从而不断有粒子被捕获。

实验中观察到，增加介电泳时间可使电极间沉积粒子的数量增加。在利用介电泳和流体驱动的碳纳米管组装的研究中，谭苗苗等[22]发现，在对电极间施加一定的频率和电压的交流信号时，增加介电泳时间会使电极间沉积碳管的密度增加。在其他参数相同的情况下，介电泳时间越长，对电极间沉积的碳管就越密集。

2.4.2 电压

电压对粒子迁移速度有一定的影响。在粒子及液滴速度模拟中，F. Du 等[23]发现，对于一个固定尺寸的粒子，粒子的速度 v 是电压 U 的函数。

$$v = mU^2 + nU \tag{2-6}$$

$$m = \frac{d^2 \varepsilon_0 \varepsilon_M \mathrm{Re}[K]}{6\eta_M} \frac{r_0^2 r_i^2}{s^5 (r_0 - r_i)^2} \tag{2-7}$$

$$n = \pm \sqrt{\frac{\partial g r_0^3}{V C_P \eta_M R}} \tag{2-8}$$

式中，$\varepsilon_0 = 8.854 \times 10^{-12} \mathrm{F/m}$，$\varepsilon_M$ 为相对介电常数，Re $[K]$ 为克劳修斯 – 莫索提因子 K 的实数部分，r_i 为球面电容器中心球半径，r_0 为外同心圆壳半径，U 为电源电压，s 为中心电极和被观察粒子之间的距离，η_M 为介质的动态黏滞度，d 为粒子直径，C_P 为热容量，V 为体积，R 为电阻，∂ 为容积扩张系数，g 为重力加速度。发生正介电泳时，速度与电压呈抛物线关系。在正介电泳中，粒子从较低电场向较高电场移动，焦耳热效应导致液体由较高电场向较低电场流动，由于两者移动方向相反，故模型中粒子速度会下降，甚至可使粒子向相反的方向运动。

从介电泳力的基本公式可以看出，电压对介电泳的影响主要表现为对介电泳力大小的影响。为了使所操纵的粒子发生介电泳迁移，必须施加一定的外加电压。只有当外加电压达到一定数值时，粒子才会发生介电迁移。Hee – Won Seod 等[24]在碳纳米管束的控制装配实验中发现，在介电泳条件下，单层碳纳米管束的组装主要受外加电压大小而不是外加电压类型的影响。Hee – Won Seod 等调节电压从 1V 至 10V，观察单层碳纳米管束的排列和数量，结果表明，由于外加交流电压的不断增大，单层碳纳米管束的数量有所增加[24]。当控制电压相同，电场类型不同的条件下，单层碳纳米管数量的变化不大。碳纳米管受到的力中，我们可以忽略布朗运动和重力，而介电泳力可以表示为

$$F_{\text{DEP}} = \frac{1}{4}\nu R_{\text{E}}\left[\frac{\widetilde{\varepsilon}_{\text{p}} - \widetilde{\varepsilon}_{\text{m}}}{\widetilde{\varepsilon}_{\text{p}} + 2\widetilde{\varepsilon}_{\text{m}}}\right]\nabla \mid E\mid^2 \qquad (2\text{-}9)$$

由于介电泳力的大小与电场强度 2 次方的梯度成正比, 而后者在电极一定时与电压呈正相关, 而与电场的类型无关, 因此可以得到上述实验结果。

值得注意的是, 我们通过实验发现, 在一定的实验条件下, 每种粒子都有各自特征的迁移电压, 超过这个迁移电压, 再增加电压反倒不利于微粒的捕获[25]。

也有人用电场强度来考察介电泳捕获的情况。清华大学的罗启仕等[26]在对非均匀土壤中基因工程菌的迁移与机理的研究中, 发现电压梯度为 1V/cm 时, Rm1021 - GFP 细菌在非均匀电场作用下向阳极迁移速率为 8.0cm/天, 比 2V/cm 时低了 6.4cm/天, 同时其累计迁移量也小得多。其结果说明, 当距离一定时外加电压直接决定着电场对细菌作用力的大小, 对土壤中细菌的迁移有重要影响。此外, Zheng Li - feng 等[27,28]的研究表明, 介电泳俘获微粒所受影响因素比较多, 调整电场频率和场强, 可以方便地俘获 DNA、蛋白质、乳胶微粒等。

2.4.3　频率

频率对介电捕获的影响是多方面的。如前所述, 改变频率, 可以改变微粒的极化性质。通过调节频率甚至可以影响介电泳的方向, 使粒子从发生正介电泳向负介电泳转变。即使同样是发生负介电泳, 改变频率也会使粒子在非均匀电场中的分布有所改变。

Zhi - Bin Zhang 等[29]在研究加入离子表面活性剂后碳纳米管溶液的介电泳行为中, 发现在含钠的磺酸盐水溶液中, 对预设定的微电极使用交流电后碳纳米管的沉积主要取决于频率和 SDBS 浓度。碳纳米管的沉积速度随着频率的增加而增加。在恒定的含钠的磺酸盐水溶液浓度中, 在频率为 3MHz 时单层碳纳米管沉积的数量要比在 300kHz 多。

频率对有效极化率的影响是一个重要因素[29]。

在介质中流动的微粒其极化率理论推导如下:

$$K = 3\varepsilon_{\text{m}}\frac{2\pi f(\varepsilon_{\text{p}} - \varepsilon_{\text{m}}) - i(\sigma_{\text{p}} - \sigma_{\text{m}})}{2\pi f(\varepsilon_{\text{p}} + 2\varepsilon_{\text{m}}) - i(\sigma_{\text{p}} + 2\sigma_{\text{m}})} \qquad (2\text{-}10)$$

式中, σ_{p} 为球形微粒的电导率, σ_{m} 为介质的电导率, f 为交流电的频率。

此处 $i = \sqrt{-1}$。由式 (2-10) 可以得到如下结论:

对于低频, 有效极化率主要依赖于电导率。意味着在低频条件下, 若微粒的电导率大于介质的电导率, 有效极化率将为正, 如果介质的电导率大于微粒的电导率, 则为负。在高频条件下, 有效极化率主要依赖于介电常数。意味着对于高频, 若微粒的介电常数大于介质的介电常数, 有效极化率将为正, 如果介质的介电常数大于微粒的介电常数，则为负。

除了对介电泳方向的影响，频率对迁移率也有影响。Fredrik Aldaeus[30]等在研究微粒的多级介电泳分离技术中，发现低频时（<5kHz）粒子的最大介电迁移率为 $1.2 \times 10^{-18} m^4/V^2 s$。因为电导率非常低，易形成反离子云，故较低的频率也可以提高正介电迁移率。高频时将降低迁移率，当高频引起交流电发生器产生电容问题时，一个较低的频率将降低迁移率。

外加电场频率的改变，也将影响粒子在电场中的具体迁移位置。我们在研究空心微球（粉煤灰的副产品，呈球形，主要成分是 SiO_2 和 Al_2O_3）在非均匀电场的介电泳捕获情况时，发现外加频率增加，空心微球在非均匀电场中的分布有明显的变化[31]。由图 2-4 可见，空心微球均发生了负介电泳。在频率较低时，粒子被捕获到电极的表面（见图 2-4a），而在频率较高时，在电极的间隙有大量粒子被捕获（见图 2-4b）。

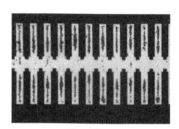

a) 50Hz, 0.5V　　　　　　　　　　b) 10kHz, 6V

图 2-4　频率对介电泳捕获的影响[31]

在我们研究贝壳粉在水介质中的介电响应时[32]，发现同样发生负介电泳，粒子分布在电极间隙，如图 2-5a 所示，随着频率增加，粒子在非均匀电场的分布更清晰，负介电泳现象更明显，如图 2-5b 所示。

频率对迁移电压也有影响。当其他条件不变时，频率越高，迁移电压也越高。因此我们在利用介电泳捕获无机微粒和间接去除水中污染物时，往往采用较低的频率或直流电[31]。

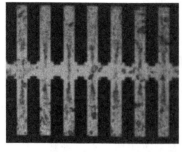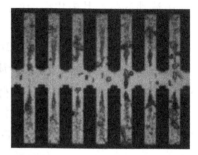

a) 100kHz, 12V　　　　　　　　　　b) 1MHz, 14V

图 2-5　频率对粒子在非均匀电场分布的影响[32]

2.4.4　粒子尺寸

根据上述经典的介电泳力公式，粒子的直径对介电泳力的影响很大，介电泳力与粒子直径的 3 次方成正比。因此，在相同的电场强度下，大的粒子受到的介电泳力比较大，在相同的条件下，大的粒子首先被捕获到电极上。

此外，F. Du 等[23]在实验中发现，在电压一定的情况下，粒子直径 d 的 2 次方值与粒子迁移的速度成正比。

$$\nu = \kappa d^2 + b \tag{2-11}$$

介电泳目前的一个主要用途是对微粒的分离。要想获得较好的分离效果，微粒需要具有不同的介电迁移率。Fredrik Aldaeus 等[30]的实验中，介电迁移率的表达式为

$$v_{\text{DEP,sphere}} = \frac{r^2}{18\mu}\text{Re}(\kappa) \tag{2-12}$$

式中，$\text{Re}(\kappa)$ 为颗粒复合有效极化率 κ 的实数部分，μ 为黏性系数。

由式（2-12）可得，粒径的差异对于介电迁移率 v_{DEP} 有最大的影响。

为了进一步说明粒径对于介电迁移率 v_{DEP} 的影响，再引入介电分离因子 R_{DEP} 这一概念。为了量化所提出方法的分离水平，介于两个颗粒簇之间的一个介电分离因子 R_{DEP} 可以被定义为

$$R_{\text{DEP}} = \frac{3d}{\omega_A + \omega_B} \tag{2-13}$$

式中，d 为两个颗粒簇中心之间的距离，ω 为各自的颗粒簇中离得最远的颗粒之间的距离。

利用这个定义，如果 $R_{\text{DEP}} = 1.5$，两个等宽的颗粒簇可被完全分离。根据参考文献［30］中描述的模型系统计算，表明分离微粒要有 5% 的粒径差异，只需两级捕获和释放足够获得一个完全的分离（$R_{\text{DEP}} > 1.5$）。对于 1% 的粒径差异，需要八级捕获和释放。小于 1% 的粒径差异，分离的次数会显著增加。由于粒子尺寸对介电迁移率有影响，因此可以利用介电泳对同一物质进行粒度分级或不同尺寸的粒子的分离。

考虑到粒子直径对介电泳响应有重要的影响，为了获得相应的介电泳力，电极的尺寸设计也要考虑这一因素。我们知道，在同样外加电压下，电极的尺寸越小，电场梯度越大，所以操控小的粒子，电极尺寸应越小。微米极的电极俘获单粒子的尺度在微米范围，如需捕获纳米级的微粒，则需要更小的电极。但是更小的电极除了考虑布朗运动影响外，还要考虑环境温度、pH 值等因素的影响，而这些限制了介电泳俘获更小的单个微粒[28]。

粒子直径对于交叉频率也有影响，Janko Auerswald[33]等的研究发现，粒

直径对交叉频率会产生一定的影响，对于同种粒子，交叉频率随着粒径的增加而减小。G. Nicolas 等[34]研究相同条件下，交叉频率随着电导率的变化时，胶体球直径分别为 557nm、282nm、216nm 和 93nm，当粒径为 557nm、282nm、216nm时，交叉频率随着电导率的增加而减小；当粒径为 93nm 时，交叉频率随着电导率的增加而增加。

2.4.5　介质

由于介电泳力的方向主要根据粒子与其周围介质的极化能力的差异，故利用介电泳操控或分离微粒时，除了粒子本身的介电性质，液体介质的极化能力也很重要。适当地选择介质，或者通过将不同的液体介质按一定比例混合，或者向流体介质中加电解质调节电导率，都可以通过改变流体介质的性质，而改变粒子的介电泳响应。在我们对空心微球的研究中[35]，采用的介质分别为有机溶剂和水时，空心微球的介电泳方向截然相反。非极性的有机溶剂的相对介电常数约为2.2，空芯微球的约为 4.5，而水的约为 80。显而易见，空心微球比有机溶剂的极化能力强，在有机介质中发生正介电泳（见图 2-6a），而在水中发生负介电泳（见图 2-6b）。

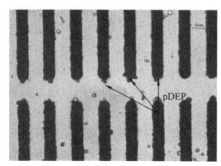

a) 空心微球在航空煤油中发生正介电泳　　　b) 空心微球在水介质中发生负介电泳

图 2-6　介质对介电泳方向的影响[35]

通过向介质中加电解质，调节介质的极化性质，也可改变粒子的介电泳响应。G. Nicolas 等[34]研究的 pH 值为 6.2 ~ 6.6 的 KCl 溶液，当粒子性质相同时，交叉频率与介质电导率呈一定的函数关系。当粒径大小相同时，介质电导率与交叉频率呈正相关，或者负相关。

2.5　介电泳的特点

人们对电泳比较熟悉，在阅读有关介电泳的研究论文时，往往会问，图中为什么没有标电极的正负？因此，弄清介电泳和电泳之间的区别，对于介电泳技术的应用研究十分有益。

2.5.1　介电泳与电泳的区别

电泳起源于电场对带电粒子的直接作用。而介电泳是由于物质在非均匀电场中的极化，因而在偶极两端产生了作用力。由于在非均匀电场区域的场强不同，这种作用驱使极化的粒子进入不同的场强区域。

Pohl 早就将介电泳和电泳进行了对比，总结了两者的差异如下[3]：

1）在介电泳现象中，流体中粒子移动方向不依赖于电场的符号，而与场强梯度有关。因此交流电场和直流电场都能被使用。而发生电泳作用时，粒子的移动方向依赖于粒子电荷的符号，也依赖于电场方向的符号。改变电场方向，粒子运动的方向随之改变。

在实践中必须注意到这一差异，这有助于区分电泳和介电泳。如果存在高强度的交流电场，有时带电粒子的运动可能朝向尖锐的电极。这是由于空间电荷效应和偏置电流或者电荷喷射的出现。

2）介电泳产生了正比于粒子体积的效应，因此粗糙粒子更易观察到其介电泳迁移。只有在特殊情况下，才可以观察到分子水平的。尤其在介电泳应用研究的初期，电极尺寸比较大，不能产生足够强的场强梯度，研究的对象往往是较大的粒子，如选矿中的毫米级的粒子和生物细胞。后来随着微制造技术的发展，人们可以设计加工微米甚至纳米尺寸的电极，产生足够的场强，控制的粒子也发展到纳米微粒和生物大分子。而电泳现象在任何尺寸的粒子都可以观察到，如原子粒子，分子粒子，带电胶体粒子，或者带电的大颗粒。

3）介电泳通常要求非均匀电场，以产生强的效应，而电泳在均匀和非均匀电场都起作用。

4）介电泳要求相对高的电场强度，在低介电常数的介质中，电场强度通常达 10^4 V/m 左右。在高介电常数的介质中（如水为 80），低场强可被成功地使用（500V/m）。值得注意的是，电场强度高，并不意味着电压高。通过减小电极尺寸，可以在较低的电压下，获得较高的电场强度。

对于预先带电的粒子，电泳要求相对低的电场。即使当每单位质量的粒子的自由电荷很小时，电泳也可以是很明显的。电泳依赖于粒子所带的自由电荷。而介电泳通常要求粒子与周围流体介质的相对介电常数有明显的差别。

另外，随着研究的深入，粒子的极化性质可以反映其组成、结构的各个方面，因此介电泳能够使得粒子的差异强化，比电泳更多地揭示粒子的性质，而电泳只反映电荷与流体动力阻力的比值[36]。利用粒子介电性能的差异，可在混合物中对不同粒子施加不同的力，甚至是相反方向的力。在相同条件下，混合物中的不同粒子，可能一种发生正介电泳，另一种发生负介电泳，从而将其分离开来。

在分别对鸡血红细胞和酵母菌细胞的介电泳响应条件探索基础上，韩萍等[37]通过对介质电导率的调控，发现在相同条件下使鸡血红细胞发生正介电泳，而酵母菌细胞发生负介电泳，如图 2-7 所示，鸡血红细胞被捕获到电极的尖端和边缘，而酵母菌细胞被定位到电极的空隙处。

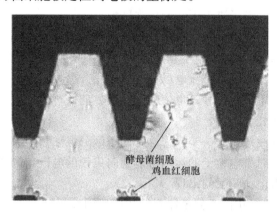

图 2-7　酵母菌细胞和鸡血红细胞的介电泳显微图像[37]

介电泳在相同的沉积时间沉积的粗溶胶的重量正比于外加的电压。这是一个相对缓慢的作用，可在低黏度的气体或者液体中由大颗粒观察到。场强通常高，但要控制，以避免不必要的加温或者空间电荷效应。这通常可被诸如对流、流体扰动或者电泳运动等副作用所掩蔽。

总而言之，电泳是在电极之间输入直流电，颗粒必须为带电颗粒，利用颗粒在电场中同性相斥、异性相吸的原理，因此无论均匀或非均匀电场都会产生电泳（EP）效应。颗粒的移动方向与外加电场极性有关，改变电场方向则粒子运动方向也随之改变，受力与粒子体积大小无关[38]。介电泳一般在电极间外加交流电场，也可外加直流电场，但一定要施加非均匀电场，只有在非均匀电场才会发生介电泳（DEP）效应。其移动方向取决于电场强度的方向，与外加电场极性（polarity）无关。粒子受力方向取决于电场频率、强度、梯度以及粒子和介质的介电常数差异；受力情况不仅与粒子性质有关，而且与粒子大小有关。

2.5.2　介电泳与光镊技术的区别

在非破坏性微粒操控技术中，与介电泳相同，光镊和磁分离、声控等技术均可用于生物粒子的定位和分离等操作中。在无损伤的操控生物大分子和微小的胶体粒子方面，光镊和介电泳技术具有无与伦比的优势。下面主要通过比较光镊与介电泳技术,说明介电泳的特点。

说到光镊,人们会想到机械镊。传统的机械镊子夹持物体时,必须用镊尖接触物体,然后施加一定压力,物体才能被夹住。而光镊则不同,它是基于光的力学效应使物体受到光束的束缚(相当于粒子被钳住或被夹住),然后通过移动光束来迁移或翻转物体。显而易见,光镊夹持和操控颗粒的方式是温和而非机械接触的,能够无损伤地捕获和操作微小的活细胞及纳米级的微粒。光镊俘获微粒很方便,它是通过强聚焦的激光束俘获透明微粒于焦斑附近[39]。激光光镊技术不仅可以用来操控胶体颗粒及生物细胞等透明粒子,还可用来操控微/纳米级金属粒子。

光镊在操纵单粒子、力学量测量和位移测量上有明显的优势。但激光光镊方法也存在着一定的缺点。如操控粒子的粒径范围有限。当微粒很大时,如几十微米甚至更大,阱力很难克服黏滞阻力移动粒子,重力的影响也显现出来了。当粒子很小,如到纳米尺度时,就需要考虑布朗运动对俘获稳定性的影响。故俘获微粒的尺度范围从几十纳米到几十微米[39]。光镊技术操纵粒子的数目也有一定的局限性,光镊俘获单粒子很方便。

介电泳方法不仅可以用于大规模的粒子分离,如早期的矿石分选,而且随着介电泳的发展,一些学者也在介电泳分离操控单一粒子方面做了深入的研究。与光镊技术相比,介电泳技术俘获微粒的尺度范围比较大,可以小到纳米,大到毫米。介电泳操控微粒所受影响的因素比较多,如电极形状、频率、场强等。正因为如此,科学家可以通过设计电极构型,调整电场频率和场强,方便地俘获各种生物和无机微粒,如 DNA、蛋白质、乳胶微粒等。

光镊俘获的微粒一般要求透明,而且折射率要大于溶液的折射率。介电泳对粒子是否透明以及折射率没有要求,俘获微粒的尺度比光镊还宽,操控的粒子范围要比光镊宽[39]。介电泳能够操控的生物微粒范围很广,如细胞、病毒,又如大分子中的蛋白质、DNA。介电泳操控的无机粒子,大到毫米级的矿物分选,小到纳米级的碳纳米管等。

2.6　介电泳的优势

2.6.1　介电泳在处理生物样品时的优势

介电泳因其显著的优势,如抽样消耗低、分离速度快、选择性好、小型化、集成化和非接触式操作,被广泛地用于微/纳米生物粒子,如细胞、病毒、DNA和细菌的操控[40]。芯片介电泳技术可依据样品本身介电性质,在不进行预处理的情况下直接对样品进行介电泳富集,从而最大限度保持了生物样品的生理活性。

介电泳在生物医学应用方面具有独特的优势，可概括为以下几个方面。

（1）能监测细胞活性的变化

因为细胞的活性发生变化，其形貌尤其是介电性能将发生变化。通过介电泳响应的条件，可以分析细胞的活性。细胞的介电性能敏感地反映了其质膜结构。我们在对鸡血红细胞的介电泳研究中发现，当固定电导率为 $910\mu s/cm$、频率为 2kHz、外加电压为 2.5V 时，正常的活细胞发生正介电泳，而收缩的鸡血红细胞发生负介电泳[36]。细胞的活性变化而引起的介电泳响应的变化，也可以成为分离不同活性细胞的基础。Haibo Li 等[41]根据活的和热处理过的英诺克李斯特氏菌的介电性能的差异，利用介电泳进行了高效率的分离。

（2）微创或无损伤分离活细胞或培养细胞

这是介电泳在研究和分离细胞等生物粒子时最大的优势。分离之后还能保持细胞的形貌、活性等性质不发生变化，既可以为细胞的后继测试做保证，也可以保持细胞的原有的功能。这使得介电泳在医学上有着广阔的应用前景。例如，在进行癌细胞与正常细胞分离后，就像做透析一样，好的细胞又可以返回到人体内，继续发挥作用。

这一点对于分离稀有细胞尤为重要。常规的细胞分离方法，不能解决稀有细胞的损失问题。微流体中的介电泳技术是一种精确分离稀有细胞的方法，该技术不用生物标记，仅利用细胞的介电性质捕获或分离稀有细胞。

（3）监测细胞表面形貌和内部结构的变化

细胞的内在性质的变化可以反映到介电泳响应能力上。英国学者 Fatima H. Labeed 等[42]在研究中发现，在细胞凋亡的过程中，人体粒细胞在用星形孢菌素处理的最初 4 小时内，其细胞质电导率明显增加，超过 12 小时之后，保持不变。与其他细胞凋亡的监测技术相比，更能揭示离子流出在细胞凋亡中的作用。

（4）高特异性地分离细胞用以细胞鉴别和计数

在介电泳研究中，不仅可以控制频率等条件，使得两种细胞一种发生正介电泳被捕获到电极上，另一种发生负介电泳随流体流出，而进行分离；也可以通过调节条件，使一种细胞被捕获，另一种不被捕获，而实现分离。而且，某种细胞在一定的条件下发生介电泳捕获，也是一种简便的定性鉴定方法。

Michael B. Sano 等[16]设计了一种非接触的介电泳装置，实现了从稀的血液样品中连续分选人的白血病细胞。Jaemin An 等[43]成功地从健康的乳腺细胞中分离出恶性的人体乳腺癌上皮细胞。加拿大学者[38]将介电泳、行波介电泳和电旋转结合在一起，制成了微电极阵列，该阵列有助于整合几种非均匀电场，可满足哺乳动物细胞的操控、测定和表征。英国学者设计了介电泳系统[44]，可选择性地计算粒子的数目，包括各种细菌、真核细胞等，甚至不同生存状态、不同尺寸的亚群。

此外，在成分混杂的样品中分离稀少靶细胞，由于此过程仅用了一种方法（即介电泳），可避免细胞损失；与流式细胞仪相比，介电泳可高分选率和快速地处理样品。

2.6.2 介电泳在操控微/纳米粒子时的优势

（1）设备便携

介电泳技术是一种不用生物标记，非破坏性的对粒子操控、表征很敏感的方法。随着微制造技术的发展，自从 20 世纪 80 年代末以来，介电泳电极几乎全部都是利用微电子技术制作的。现在的介电泳设备通常是简单的流通室，易与其他方法结合在微型全分析系统（μTAS）中。介电泳具有许多优势，使其适合作为芯片实验室系统的分离技术。

生物样品的分离检测有很多种常规方法，包括光学检测法以及电化学检测法、质谱检测法、间接检测法等。除了电化学检测法，这些方法的共同缺点是设备体积太大、成本太高，不利于微型全分析生物芯片的发展。在细胞分析、检测过程中，利用不同的介电性质，不需要对细胞进行任何标记，介电泳就能获得更高的测量精确度和灵敏度。与传统的细胞分析方法相比，如流式细胞术，介电泳需要较少的样品，这为临床应用提供了潜在的选择。

正因为其设备简单、体积小，可以用于床边诊断（point - of - care diagnostics）、水样筛选，也可用于药物发现的细胞、蛋白质、DNA 的快速分析。加拿大学者 Esther G. Cen 等[38]利用一个组合的介电泳、移动波介电泳和电镀微芯片来操控和识别人类的恶性细胞。Lionel M. Broche 等[45]也证实介电泳技术可以实现利用非侵入方法对口腔鳞片细胞癌做早期的检测，可以提高诊断速度，表明介电泳技术有早期检测癌细胞的潜力。

Mo Yang 等[46]介绍了一种新型的配合介电泳技术，应用于心肌细胞阻抗的化验，可以监测内皮细胞诱发的心肌肥大的动态过程。新加坡微电子研究所的 Shi Yun Ng 等[47]组建了一种新的微流体系统，从少量白血细胞样品中无标记地检测出内皮祖细胞，以获得心血管疾病的床边诊断方法。

（2）影响因素多

从研究的角度，影响的因素多，具有双面性。一方面，因素多不利于问题的简化。但从另一个方面，我们可以固定其他因素，调节其中一个因素，进行粒子的分离、操控等操作。

在其他操作条件相同的情况下，不同的粒子的极化能力不同，即便都能发生正介电泳，发生介电泳捕获所需的电压（电场强度梯度）也不同。如混合的稀土氧化物，在一定电压下，一种稀土氧化物被电极捕获，而其他的氧化物随流体流出，就可以实现不同氧化物的分离。

当两种粒子的交叉频率不同时，在一个特定的频率范围时，两种粒子所受介电泳力的方向不同，其中一种粒子可能发生正介电泳捕获而富集到电极上，另一种粒子可能发生负介电泳作用而远离电极。如果此时流体介质流动，发生负介电泳作用的粒子将随流体介质排出，此时发生正介电泳作用的粒子被捕获留在介电泳分离装置中。

流体介质的性质对介电泳的影响很大。首先是不同介质的性质会直接影响介电泳力的方向和介电泳捕获的条件。在利用介电泳研究无机氧化物的响应时[35]，因氧化物的介电常数一般在 10 左右，在油品介质中，非极性有机溶剂的介电常数一般在 2 ~ 3 之间，因此在有机溶剂中，氧化物颗粒一般发生正介电泳，而且需要的外加电压较高。但以水为分散介质时，水的介电常数是 80，高于氧化物微粒，此种情况下，氧化物微粒发生负介电泳。

为了控制介电泳的方向和介电泳力的大小，有时可以将不同的溶剂以一定比例混合，来改变溶剂的介电性能。另外即使流体介质的导电能力相同，而成分不同时，也会影响微粒的介电泳响应[48]。

（3）易与其他技术联合使用

不仅介电泳技术本身应用灵活，还易于与其他技术结合，不断扩大其应用范围。将介电泳技术与阻抗测定结合起来，可以制备各种传感器。Junya Suehiro 等[49]于 1999 年创建了介电泳阻抗测量（Dielectrophoretic Impedance Measurement, DEPIM）方法。在这种方法中，作者利用正介电泳力将细菌捕获到交叉指状电极上，细胞浓度增加，在电极上间隙很快形成链，增加了电极间的电导。通过监测电极间的电导变化，可以评价细胞的数量。又如，奥地利学者 S. N. Higginbotham 和 D. R. Sweatman[50]将行波介电泳与阻抗测量相结合，创立了一种新的传感技术，利用介电泳将溶液中悬浮的粒子浓缩到电极上，通过测量电极两端的阻抗，即可确定粒子的浓度。

随着应用研究的深入发展，单独使用光镊技术和介电泳技术，难于满足各种不同的需求。光镊与介电泳微操控技术适当结合，可以发挥更大的优势。

（4）应用范围广

首先，介电泳技术所处理的粒子范围广。任何物质都具有一定的极化能力，所以都可以在非均匀电场中定位或组装。从矿物颗粒的筛选到纳米粒子的组装，从生物粒子到无机粒子的分离，从半导体材料到贵金属微粒的富集，几乎无所不能。介电泳方法最早应用于大规模的介电分选矿石。H. S. Hatfield[4]提出介电分选矿石的可能性。H. A. Pohl 及其同事[51]用电泳成功分离锆金石—金红石混合物。苏联也曾将介电泳作为实验室提取单相矿物的专门方法，并进行了精选细粒钽铁矿粗精矿的工业试验。罗马尼亚学者 Mihai Lungu[52]用介电泳的分选法从低品位混合物中回收金和银，其平均粒度为 0.1 ~ 0.2mm。此法对废弃矿物资源的回收再利用以及提高矿石的利用价值有着非常积极的意义。根据金属碳纳米管与半导体碳纳米管性质的差异，利用介电泳即可将金属碳纳米管和半导体碳纳米管分离[53,54]。

其次，介电泳操控的粒子粒径范围大[39]。与光镊技术相比，介电泳可以控制毫米级、微米级甚至纳米级的微粒。在大规模的工业应用中，介电泳可以分离筛选毫米级的微粒。随着电极微型化，加工的电极可以小至纳米级。电极尺寸越小，使得同样外加电压条件下，所产生的电场梯度越大。随着电极尺寸的减小，介电泳可以控制更小的粒子。

此外，介电泳还具有操作简单、易于调节、售价低廉的优势。教育部科技发展中心网 2006 年 8 月 25 日报道，美国宾夕法尼亚大学工程和应用科学学院的研究人员，制造出了一种叫作电镊的装置，可以操作和移动几乎所有显微镜尺度的物体。这项发明将使分离细胞、操作微小颗粒这样的专业操作能够被非专业人士熟练地完成。与之前具有同样功能的光镊相比，光镊装置的售价往往高达 25 万美元以上，电镊装置能够完成光镊同样的功能，而预期售价仅仅相当于一台高端的台式计算机。

参 考 文 献

[1] C ZHANG, K KHOSHMANESH, A MITCHELL, et al. Dielectrophoresis for manipulation of micro/nano particles in microfluidic systems [J]. Anal Bioanal Chem, 2010, 396 (1): 401 - 420.

[2] ORLIN D VELEV, KETAN H BHATT. On - chip micromanipulation and assembly of colloidal particles by electric fields [J]. Soft Matter, 2006, 2 (9): 738 - 750.

[3] POHL H. Dielectrophoresis [M]. New York: Cambridge University Press, 1978.

[4] HATFIELD H S. Dielectric separation: a new method for treatment of ores [J]. Mining and Metallurge, 1924, 33: 335 - 370.

[5] R Hölzel. Dielectric and dielectrophoretic properties of DNA [J]. IET Nanobiotechnology, 2009, 3 (2): 28 - 45.

[6] FRANCIS E H TAY, LIMING YU, CIPRIAN ILIESCU. Particle Manipulation by Miniaturised Dielectrophoretic Devices [J]. Defence Science Journal, 2009, 59 (6): 595 - 604.

[7] BARBAROS CETIN, DONGQING LI. Dielectrophoresis in microfluidics technology [J]. Electrophoresis, 2011, 32 (18): 2410 - 2427.

[8] MOHAMMAD ROBIUL HOSSAN, ROBERT DILLON, AJIT K ROY, et al. Modeling and simulation of dielectrophoretic particle - particle interactions and assembly [J]. Journal of Colloid and Interface Science, 2013, 39 (1): 619 - 629.

[9] RONALD PETHIG. Dielectrophoresis: An assessment of its potential to aid the research and practice of drug discovery and delivery [J]. Advanced Drug Delivery Reviews, 2013, 65 (11 -

12）：1589 - 1599.

[10] WANG JIANWEI, SINGH BUDHI, PARK JIN - HYUNG, et al. Dielectrophoresis of gra-
phene oxide nanostructures for hydrogen gas sensor at room temperature [J]. Sensors and Ac-
tuators, B: Chemical, 2014, 194: 296 - 302

[11] YOUNG - KYO SEO, SANJEEV KUMAR, GIL - HO KIM. Photoconductivity characteristics
of ZnO nanoparticles assembled in nanogap electrodes for portable photodetector applications
[J]. Physica E, 2010, 42 (4): 1163 - 1166.

[12] H PATHANGI, G GROESENEKEN, A WITVROUW. Dielectrophoretic assembly of suspended
single - walled carbon nanotubes [J]. Microelectronic Engineering, 2012, 98: 218 - 221.

[13] HOSUNG KANG, BEIBEI WANG, SEUNGHYUN HONG, et al. Dielectrophoretic separation of
metallic arc - discharge single - walled carbon nanotubes in a microfluidic channel [J]. Syn-
thetic Metals, 2013, 184: 23 - 28.

[14] MASASHI YAMAMOTO, TOMOYUKI YASUKAWA, MASATO SUZUKI, et al. Patterning
with particles using three - dimensional interdigitated array electrodes with negative dielectro-
phoresis and its application to simple immunosensing [J]. Electrochimica Acta, 2012, 82:
35 - 42.

[15] VERA LA FERRARA, BRIGIDA ALFANO, GIUSEPPE FIORENTINO, et al. Nanopatterned
platinum electrodes by focused ion beam in single palladium nanowire based devices [J]. Mi-
croelectronic Engineering, 2011, 88 (11): 3261 - 3266.

[16] MICHAEL B SANO, JOHN L CALDWELL, RAFAEL V DAVALOS. Modeling and development
of a low frequency contactless dielectrophoresis (cDEP) platform to sort cancer cells from dilute
whole blood samples [J]. Biosensors and Bioelectronics, 2011, 30 (1): 13 - 20.

[17] FRENEA M, FAURE S P, PIOUFLE B L, et al. Positioning living cells on a high - density
electrode array by negative dielectrophoresis [J]. Materials Science & Engineering, 2003, 23
(5): 597 - 603.

[18] IRINA ERMOLINA, HYWEL MORGAN. The electrokinetic properties of latex particles: com-
parison of electrophoresis and dielectrophoresis [J]. Journal of Colloid and Interface Science,
2005, 285 (1): 419 - 428.

[19] ARNOLD W M, ZIMMERMANN U. Development of a technique for dielectric measurements on
individual cells and particles [J]. Electrostatics, 1988, 21 (2): 151 - 191.

[20] HUGHESM P, MORGAN H. Measurement of Bacterial Flagellar Thrust by Negative Dielectro-
phoresis [J]. Biotechnol Prog, 1999, 15 (2): 245 - 249.

[21] HUANG Y, WANG X B, TAME J, et al. Electrokinetic Behaviour of Colloidal Particles in
Travelling Electric Fields: Studies Using Yeast Cells [J]. Journal of Physics D: Applied Phys-
ics, 1993, 26 (9): 312 - 322.

[22] 谭苗苗, 叶雄英, 王晓浩, 等. 利用 DEP 和流体驱动的碳纳米管组装研究 [J]. 传感技
术学报, 2006, 19 (5): 2030 - 2033.

[23] F DU, M BAUNE, J THOMING. Insulator - based dielectrophoresis in viscous media - Simula-

tion of particle and droplet velocity [J]. Journal of Electrostatics, 2007, 65 (7): 452 – 458.

[24] HEE – WON SEO, C – S HAN, DAE – GEUN CHOI, et al. Controlled assembly of single SWNTs bundle using dielectrophoresis [J]. Microelectronic Engineering, 2005, 81 (1): 83 – 89.

[25] 陈慧英, 黄华倩, 朱岳麟, 等. 影响加氢柴油介电精制效率的因素 [J]. 石油炼制与化工, 2009, 40 (7): 51 – 54.

[26] 罗启仕, 张锡辉, 王慧, 等. 非均匀电场对土壤中基因工程菌的迁移与机理 [J]. 中国环境科学, 2004 (3): 30 – 34.

[27] L ZHENG, P J BURKE, J P BRODY. Electronic Manipulation of DNA and Proteins for Potential Nano – bio Circuit Assembly [J]. Biosensors and Bioelectronics, 2004, 20 (3): 606 – 619.

[28] CHARTIER I, C BORY, FUCHS A, et al. Fabrication of Hybrid Plastic – silicon Microfluidic Devices for Individual Cell Manipulation by Dielectrophoresis [J]. Proc of SP IE, 2004, 5345 (7): 7 – 16.

[29] ZHI – BIN ZHANG, S – L ZHENG, ELEANOR E B. Dielectrophoretic behavior of ionic surfactant – solubilized carbon nanotubes [J]. Chemical Physics Letters, 2006, 421 (1 – 3): 11 – 15.

[30] FREDRIK ALDAEUS, Y LIN, GUSTAV AMBERG, et al. Multi – step dielectrophoresis for separation of particles [J]. Journal of Chromatography A, 2006, 1131 (1 – 2): 261 – 266.

[31] 张鹤腾. 介电泳研究系统的建立及利用介电泳技术去除水体中重金属的研究 [D]. 北京: 中央民族大学, 2009.

[32] 蓝碧浩. 吸附 – 介电泳法去除水中重金属工艺及机理研究 [D]. 北京: 中央民族大学, 2014.

[33] JANKO AUERSWALD, H F KNAPP. Quantitative assessment of dielectrophoresis as a micro fluidic retention and separation technique for beads and human blood erythrocytes [J]. Microelectronic Engineering, 2003, 67 – 68 (1): 879 – 886.

[34] NICOLAS G G, HYWEL MORGAN. Dielectrophoresis of Submicrometer Latex Spheres. 1. Experimental Results [J]. Journal of Physical Chemistry B, 1999, 103 (1): 41 – 50.

[35] 陈慧英. 油品中氧化物微粒的介电泳分离与操控研究 [D]. 北京: 北京航空航天大学, 2011.

[36] PETER R C GASCOYNE, JODY VYKOUKAL. Particle separation by dielectrophoresis [J]. Electrophoresis, 2002, 23, 1973 – 1983.

[37] CHEN HUI – YING, HAN PING, WANG BIN, et al. Preparation of Chips for Dielectrophoresis (DEP) and Application in Separation of Different Cell Types by DEP [J]. Chinese Journal of Sensors and Actuators, 2010, 23 (6): 757 – 763.

[38] CEN ESTHER G, DALTON COLIN, LI YOULAN, et al. A combined dielectrophoresis, traveling wave dielectrophoresis and electrorotation microchip for the manipulation and characteriza-

tion of human malignant cells [J]. Journal of Microbiological Methods, 2004, 58 (3): 387 – 401.

[39] 周金华, 等. 光镊与介电泳微操纵技术 [J]. 激光生物学报, 2007, 16 (1): 119 – 127.

[40] NAOKI SASAKI. Recent Applications of AC Electrokinetics in Biomolecular Analysis on Microfluidic Devices [J]. Analytical Sciences January, 2012, 28 (1): 3 – 8.

[41] HAIBO LI, RASHID BASHIR. Dielectrophoretic Separation and Manipulation of Live and heat – treated cells of Listeria on microfabricated devices with interdigitated electrodes [J]. Sensors and Actuators B: Chemical, 2002, 86 (2 – 3): 215 – 221.

[42] FATIMA H LABEED, HELEN M COLEY, MICHAEL P Hughes. Differences in the biophysical properties of membrane and cytoplasm of apoptotic cells revealed using dielectrophoresis [J]. Biochimica et Biophysica Acta, 2006, 1760 : 922 – 929.

[43] JAEMIN AN, JANGWON LEE, SANG HO LEE, et al. Separation of malignant human breast cancer epithelial cells from healthy epithelial cells using an advanced dielectrophoresis – activated cell sorter (DACS) [J]. Analytical & Bioanalytical Chemistry, 2009, 394 (3): 801 – 809.

[44] A P BROWN, W B BETTS, A B HARRISON, et al. Evaluation of a dielectrophoretic bacterial counting technique [J]. Biosensors & Bioelectronics, 1999, 14 (3): 341 – 351.

[45] LIIONEL M BROCHE, NAVNEET BHADAL, MARK P LEWIS. Early detection of oral cancer – Is dielectrophoresis the answer? [J]. Oral Oncology, 2007, 43 (2): 199 – 203.

[46] MO YANG, CHEE CHEW LIM, LIAO RONGLIH, et al. A novel micro fluidic impedance assay for monitoring endothelin – induced cardiomyocyte hypertrophy [J]. Biosensors and Bioelectronics, 2007, 22 (8): 1688 – 1693.

[47] SHI YUN NG, JULIEN REBOUD, KAREN Y P WANG, et al. Label – free impedance detection of low levels of circulating endothelial progenitor cells for point – of – care diagnosis [J]. Biosensors and Bioelectronics, 2010, 25 (5): 1095 – 1101.

[48] 许静, 等. 缓冲液成分对介电泳力的影响 [J]. 仪表技术与传感器, 2009 (S1): 78 – 81.

[49] J SUEHIRO, R YATSUNAMI, R HAMADA, et al. Quantitative estimation of biological cell concentration suspended in aqueous medium by using dielectrophoretic impedance measurement method [J]. Journal of Physics D: Applied Physics, 1999, 32 (21) : 2814 – 2820.

[50] S N HIGGINBOTHAM, D R SWEATMAN. A combined travelling wave dielectrophoresis and impedance sensing device for sensing biological cell suspensions [J]. Journal of Physics D: Applied Physics, 2008, 41 (17): 22 – 27.

[51] POHL H A, PLYMALE C E. Continuous Separations of Suspensions by Nonuniform Electric Fields in Liquid Dielectrics [J]. Electrochemical Society, 1960, 107 (5): 390 – 396.

[52] LUNGU M. Separation of small metallic nonferrous particles in low concentration from mineral

wastes using dielectrophoresis [J]. International Journal of Mineral Processing, 2006, 78 (4): 215 – 219.

[53] KRUPKE R, HENNRICH F, LOHNEYSEN H, et al. Separation of Metallic from Semiconducting Single – Walled Carbon Nanotubes [J]. Science, 2003, 301 (5631): 344 – 347.

[54] LUTZ T, DONOVAN K J. Macroscopic scale separation of metallic and semiconducting nanotubes by dielectrophoresis [J]. Carbon, 2005, 43 (12): 2508 – 2513.

第3章 介电泳研究的进展

介电泳在微电子机械系统（MEMS）及生物领域具有广泛的应用前景。自1991 年 Fodor 等[1]提出生物芯片（DNA 芯片）的概念后，近几年来以 DNA 芯片为代表的生物芯片技术得到了迅猛发展，目前已有多种不同功能的芯片问世，而且有的已经在生命科学研究中开始发挥重要作用。基于生物芯片的设备制造业被认为是 21 世纪最有发展前景的工业之一。在生物芯片的制备、使用，尤其在芯片检测方法上，介电泳方法发挥着越来越大的作用。介电泳分离方法的研究涉及物理、化学、生物及流体领域，已经取得了迅速的发展，是热流体与生物工程的一个前沿交叉领域。21 世纪以来介电泳技术广泛地应用于生物、医学、纳米技术、环境监测、污染治理、食品检测及化学等领域。

任何材质都具有一定的介电特性，在外加电场作用下，会受到不同程度的极化，如果施加非均匀电场，那么极化粒子在非均匀电场的作用下会受到净电场力，即介电泳力的作用。因此，可极化粒子在非均匀电场中的运动就被称为介电泳（DEP）。介电泳力对带电和不带电的粒子都起作用。介电泳有以下几个特点：①只有在非均匀电场中才会发生介电泳现象；②与外加电场极性（polarity）无关，因此交流或直流电场均会产生介电泳现象；③粒子受力方向取决于电场频率、强度、梯度以及粒子和介质的介电常数差异；④受力情况不仅与粒子的性质有关，还有粒子的大小有关。

基于 Maxwell 经典电磁场理论，Pohl[2]于 1978 年建立了传统介电泳力的计算模型，依据粒子的极化率高于或低于周围的媒介，使得生物粒子向强电场（称之为正介电泳）或弱电场区域（称之为负介电泳）移动，用于细胞等生物粒子的分离操作。基于介电泳力的微/纳米生物粒子操控技术与基于机械力、流体力、声辐射力和光辐射力等操控技术相比，由于没有移动部件、实施简单、满足大量并行的主动式非接触操作的需求，成为目前微/纳米生物粒子操控技术中一项重要的技术。

在近几年来，随着利用介电泳操控 DNA 分子和微电极的加工工艺的发展，介电泳被广泛研究用于生物细胞的微操控上。越来越多的科研人员致力于介电泳技术的研究，国内外许多学者借助于各式电极阵列设计实现对诸如 DNA、蛋白质、病毒、单分子、纳米级生化颗粒等成功地进行了定位、捕捉、分离、运输和操作。

3.1　介电泳在生物微粒研究方面的进展

生命科学领域中有许多问题都需要从微/纳米尺度上去解决。尽管现有许多技术都能在这个尺度上操控微粒，但是对于无损伤地研究生物分子和微小的胶体粒子而言，介电泳技术无疑是最佳的选择。介电泳技术能实现粒子的捕获、分选和测量物理量等，它在大规模分离微粒、电学量的测量和微粒旋转方面也具有优势。介电泳现象应用大约有 90 年，国外开展的研究比较早，1962 年朱秀昌就把介电泳的概念进行了介绍[3]，直到 1995 年李乃弘等[4]才首次利用介电泳技术研究了小球藻的介电泳特性。

传统介电泳方法可以广泛应用于两种中性粒子的分离和单种中性粒子的特性研究[5]。对于相同的电极和施加相同的电压频率条件，不同介电常数的微粒的介电捕获条件是不一样的，所以混合的不同微粒经过非均匀电场后，一种被捕获到电极上，另一种留在流体介质中而得到分离。介电泳对细胞可以同时进行多重分选，对于肉眼无法区分而属性上存在差异的细胞，利用介电泳就能分离出来。另外用介电泳分离细胞，只要不同细胞的极化能力有差异，或者通过调整流体介质使不同的细胞的极化能力产生差异，就可利用介电泳进行分离。这意味着有些细胞用光镊、电泳以及其他手段无法分离的样品也许用介电泳能获得突破[6]。

3.1.1　介电泳在细胞分离与富集上的研究进展

介电泳作为生物物理方面在电磁操作生物芯片技术中的应用，其技术关键取决于介电泳芯片的研制。介电泳芯片是根据介电泳的原理制造的，它的作用是使细胞在高频非均匀电场作用下产生极化。不同的细胞间以及同种细胞的不同状态之间，在胞质和胞膜的性质上都会具有一定的差异，这种差异导致了细胞的介电特性的不同，可以通过选择适当的悬浮介质及所施加的电场，使得它们的极化能力分别大于或小于周围悬浮液的极化能力。这样当它们处于非均匀电场中时，就会分别受到正向或负向介电泳力的作用，而移到电场强度最强或最弱的区域，从而实现细胞的介电泳分离。同时通过测量细胞运动的速度和方向，可以得到细胞的荷电状况及介电特性，也可对细胞进行无损害的选择性操作、定位。在化学和生物分析等领域中，以细胞为主的生物样品体系的分离分析对细胞生物学、临床医学中疾病的检测、诊断和治疗等具有重要意义。

Becker 等[7]采用堡式电极芯片，在 5V、200kHz 条件下将血样中细胞全部富集在电极表面，然后在 80～20kHz 间变频，每秒 2 次，持续 20min 后，实现了血清中乳腺癌细胞的分离，纯化效率达到 95%。Cheng 等[8]采用 5×5 的阵列电极芯片，在 6V、30kHz 条件下，实现了皮肤癌细胞与血细胞分离。Li 等[9]在带有十字交叉电极的芯片中，根据死细胞和活细胞所受介电泳力和电流驱动力不同，分离了活的和热处理后的李斯特菌，在 1V、50kHz 条件下，对死—活李斯特菌的分离效率达到 90%。Zhou 等[10]采用平行电极芯片对红细胞和酵母菌进行了分离，实验表明，在低频条件下，由于交流电渗的存在，分离需要的电压较低，所需时间也较高频时要短。

随着研究的深入，传统的显微成像技术已经满足不了介电泳芯片检测的要求。将介电阻抗等检测器引入后，介电泳芯片在对细胞进行分离富集的基础上，可以提供更为准确和详细的细胞信息。

Suehiro 等[11]在介电泳芯片上集成了一种称为 DEPIM 的介电阻抗检测器，采用该芯片将活细菌从混有死细菌的细菌群落中筛选并检测，可用于实时评价高温灭菌的效果。为了增加富集效率，减少非目标细菌对检测的干扰，他们采用抗原－抗体技术[12]，将抗体分子固定在电极芯片上，细菌在介电泳力作用下向电极移动，然后与抗体结合，通过适当调节非均匀电场条件和流体阻力，目标细菌能够选择性地被保留在芯片表面，提高了检测效率。Holmes 等[13]将介电泳和共聚焦光学检测相结合，根据荧光微粒发射的荧光强度对流过微通道的荧光微粒进行检测和计数，研制出微流控流式细胞仪，对乳胶微球的检测速率为 250 个/s。他们还在该芯片上集成了介电阻抗检测器[14]，对尺寸分别为 4.5m 和 5.5m 的乳胶微球在该芯片上的光学和阻抗检测响应进行比较。Castellarnau 等[15]在介电泳芯片上集成了离子敏感场效应晶体管作为检测器。以大肠杆菌作为样品，监测细菌代谢物对其周围溶液的 pH 值产生的影响。Wang 等[16]在堡式 DEP 芯片管道两端整合了光学检测器，定量检测通过管道的细胞数量。以酵母菌作为模板样品，考察了外电压的频率、流速和溶液电导率等因素对介电泳芯片捕获效率的影响。Cheung 等[17]设计了夹板式和笼式电极结合的介电泳芯片（见图 3-1），采用阻抗检测，在 359kHz ~ 20MHz 范围内，分析速度达到 1000 个/min，并对经过不同处理的红细胞进行分离和阻抗分析。他们在此芯片上采用最大长度序列技术，以伪随机噪声作为激励

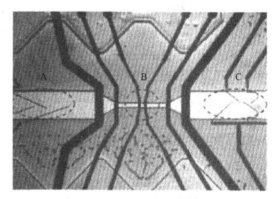

图 3-1　结合阻抗检测器的介电泳芯片示意图[17]

源，在没有信号发生器和锁相放大器的情况下，测得了不同直径微粒的阻抗谱。

为了拓展介电泳在生物细胞分离中的应用范围，一方面，Morgan 等[18]将 TW－DEP 方法应用于分离没有明显临界频率特征的粒子，如相同类型细胞之间

的分离，通过控制电极阵列相位转换和调整适当的频率，使得粒子在介电作用下受不同的移动速度达到分离的目的。该方法成功地用于分离肿瘤细胞、酵母细胞以及感染疟疾的细胞。另一方面，Giddings[19] 提出了基于微流体动力和介电泳力相结合的方法，用于多种细胞类型的混合物之间的分离。该方法通过向粒子施加负的介电泳力，使得粒子远离电极，并与重力和其他力之间形成平衡，这样不同的粒子由于所受的介电泳力大小不同，使得粒子处于不同的高度，而在不同高度区域粒子经受不同的流体作用力，形成不同的流动速度，达到分离粒子的目的[20]。

电泳技术和介电泳技术结合，可以完成细胞裂解和诱捕。通过电泳技术可以把流动的细胞裂解，介电泳可以诱捕细胞和珠子并通过介电泳微流动芯片演示出来。人类白细胞和小鼠多巴胺能神经细胞（MN9D）可以通过电泳技术进行裂解，并且在频率为 3MHz、流量为 300mL/min 时裂解率可以达到 80%，表明裂解反应器可以用于捕获与 DNA 选择性结合的硅胶珠。在一个装置中，细胞裂解、DNA 连接成珠串、珠串的分离与检验的结合，为开发制备 DNA 的自动化系统提供了空间。这种连续流动的方法已经解决了诸如堵塞物的清除、细胞沉淀和细胞凝聚等样本制备方面的问题。

3.1.2　介电泳在细胞检测与疾病诊断中的研究进展

介电泳分离并不是设计的最终目的，对参与介电泳分离的样品进行检测才是最重要的环节。对介电泳分离样品的检测有很多种常用的检测方法，包括光学检测法、电化学检测法、质谱检测法以及间接检测法等。这些检测法各有各的优点，但除电化学检测法外有一个共同的缺点就是设备的体积太大、成本太高，不利于微全分析生物芯片的发展。

3.1.2.1　在疾病诊断方面

近年来爆发了许多全球性的传染性疾病，给人类的生命财产带来了巨大的损失，同时也对疾病的快速有效诊断提出了更高的要求。介电泳在对细胞的分析检测与疾病诊断中有极大的应用价值和发展前景，例如血液中的病毒和细菌的分离、癌细胞的识别以及 DNA 的分离提取等。与传统的检测手段相比，介电泳分离检测芯片具有快速准确、可以重复使用并且不会对生物样本微粒造成损害等优点，同时给疾病的早期诊断提供了依据，利用不同的介电性质，不需要对细胞进行任何标记，介电泳就能获得更高的测量精确度和灵敏度。与传统细胞分析方法相比（如流式细胞术），介电泳需要较少的样品，这为临床和疾病快速诊断提供了潜在的应用基础。

沙门氏菌是一种重要的人畜共患病原菌，在细菌性食物中毒中，绝大部分都是由沙门氏菌引起的，因而沙门氏菌快速检测方法的发展具有重要意义。目前常见的沙门氏菌检测方法包括培养基法、PCR、酶联免疫法等，多存在耗时长、程序复杂、价格昂贵等缺点。胡冲[21]利用融合了微流控芯片和介电泳的芯片介电泳技术，结合荧光强度高和光稳定性好的荧光纳米颗粒的信号放大作用，发展了一种新型的连续、快速、灵敏、特异的沙门氏菌检测方法。通过将荧光纳米颗粒标记到目标菌的抗体上，再与目标菌孵育，随后通入到微流控芯片中，利用介电泳技术操控，可有效实现对沙门氏菌的实时在线检测，检测下限为53CFU/mL，用时仅需40min。该方法有望在食品安全、环境监测等领域发挥重要作用。

血制品细菌污染仍然是致病和致死的主要原因。贺冶冰[22]介绍的新的介电泳系统可在1h内检出结果，其原理是将细胞放在不均匀电场中，不管电场方向如何，细胞由于其传导性和介电常数而移向电极并在此聚集，不像在电泳中是由电荷来决定。将血小板浓缩物与6种不同的微生物以 $10^{-6} \sim 10^{-1}$ CFU/mL 混合在一起。在每一种浓度以介电泳计数和检测。介电泳有一个起始样本准备阶段，样本为1mL血小板浓缩物。备好的样本在介电系统中电泳30min，连续地通过电极。断开电场时，从电极释放的细菌用影像分析来检测。介电泳提供了一种潜在的快速、便捷、低廉的筛选方法。

2002 年，Michacl P. Hughes 等[23]利用介电泳方法研究了 I 型单纯疱疹病毒的介电性质，通过比较介电参数的不同，可以表明病毒的传染性。A. M. Gonzalez - Angulo 等[24]将介电泳技术应用于乳腺癌的微诊断中，可以详细鉴别和分析乳腺癌细胞群。通过比较介电泳流体分级分离法和曾用于浓缩乳腺癌细胞的超顺磁性微粒化验法这两种不同的技术发现，利用介电泳流体分级分离法可以使癌细胞和红细胞的分离率达到100%，而运用超顺磁性微粒化验法的检出率仅有 12.5%。这项研究表明介电泳流体分级分离法优于超顺磁性微粒化验法。介电泳流体分级分离法是一种可以有效分离和浓缩样品的技术，对人体伤害程度最小。Lionel M. Broche 等[25]也证实介电泳技术可以实现利用无侵入方法对口腔鳞片细胞癌做早期检测，可以提高诊断速度。这种技术可以无伤害地确定细胞的电生理参数，如细胞质和细胞膜的电导率和介电常数。研究证明，可以利用介电泳技术揭示出恶性细胞和其他正常的上皮细胞之间参数的显著差异。研究结果显示，介电泳技术有早期在临床上从正常细胞中检测出癌细胞的潜力。Mo Yang[26]等介绍了一种新型的配合介电泳技术，应用于心肌细胞阻抗的化验，可以监测内皮细胞诱发心肌肥大的动态过程，建立了一个阻抗光谱的电场模型。Fatima H. Labeed 等[27]利用介电泳揭示出凋亡细胞的细胞膜和细胞质生物物理特性的差异。他们利用介电泳来检测人类慢性白血病细胞在凋亡过程中介电性质的变化。通过与普通细胞凋亡监测技术得到的结果进行比较，介电泳技术有用来研究离子射流在凋亡中作用的可能性。运用介电泳来监测细胞凋亡有着一系列的优点，既快速又非侵入，还可以平行应用于其他高产量化验物的扫描应用技术中。

3.1.2.2　在细胞的检测方面（临床细胞分析）

Yifan Wu 等[28]利用电动学系统检测自养型和异养型藻类细胞之间的电旋转和行波介电泳的差异。不同的培养条件导致自养型和异养型藻类细胞产生差异，进而导致介电性质的不同，基于这些电的和生化的影响，通过电旋转感应和行波的介电泳感应的差异，可以反映出生物颗粒（藻类细胞）的生化性质的区别。更值得一提的是，Joel Krayer 等[29]利用介电泳技术制造的微流变仪，是测量生物细胞黏性的高通量系统，它可以通过介电泳进行细胞处理及分类，也可以在已知频率的电刺激下测定细胞的黏弹性，并通过使用一个阅读器实现细胞位移的可视化。这种微流变仪系统可以自动地在同一时间对多种细胞产生流变力学的作用，在短时间内得出大量的分析数据，可以自动检测单种细胞的微流变学性能，将会加快生物医学的发展。目前，装置检测和校正过程都在不断发展中。

随着介电泳芯片技术的成熟以及集成化的发展，人们逐渐开始将介电泳芯片应用于细胞相关的临床分析领域。

Gascoyne 等[30]采用介电泳芯片，由临界频率法测得了正常红细胞和受疟原虫感染的红细胞的胞膜电容和电导，结果显示感染后的红细胞的胞膜电导增加了4 倍，导致了其临界频率线性范围的变化；在此基础上，该研究小组对于木黄酮对前髓细胞的影响进行了测定[31]，4h 后细胞的胞膜电容从$(17.6 \pm 0.9)\,mF/m^2$降到 $(9.1 \pm 0.5)\,mF/m^2$，表明该方法能够对细胞的凋亡做出准确的判断；随后他们以人淋巴细胞作为样品[32]，分别分析了百草枯、氧化苯乙烯、N - 甲基 - N - 亚硝基脲和嘌呤霉素对细胞的影响，结果显示细胞暴露于百草枯和氧化苯乙烯 15min 后细胞膜受到直接破坏，而 N - 甲基 - N - 亚硝基脲和嘌呤霉素产生相同的作用则需要 30min。

Huang 等[33]采用 5 × 5 的阵列式介电泳芯片，从人外周血细胞中分离出了单核细胞（U937）和 T 淋巴细胞，分离效率达到了 95%，对分离前后的 U937 进行基因表达，只有分离后细胞能够检测出由脂多糖诱导产生的基因表达增长。Yang 等[34]制备了一种用于心肌肥大检测的介电泳芯片，通过介电泳将心肌细胞富集在芯片的培养室中，经过 48h 的培养，使心肌细胞间产生汇合层，采用阻抗检测技术，能够有效快速监测 ET - 1 诱发心肌肥大的动力学过程。Labeed 等[35]将结合了流式细胞仪的介电泳芯片用于探索肿瘤细胞的多药耐药性（MDR）调制机制，以人白血病细胞 K562 和其 MDR 对应细胞 K562AR 为样品，在进行调制治疗后细胞的胞质电导率没有显著的变化，表明 MDR 调制过程中，肿瘤细胞的介电性质不会发生变化。他们进而将结合有阻抗检测器的介电泳芯片用于 MDR 乳腺癌细胞的耐药性检测[36]，结果显示，具有耐药性的子代细胞与亲代细胞在胞质电导率上具有较大的差异，而其细胞膜的电导率和电容与亲代相差并不明显。Broche 等[37]采用相同的方法，对正常上皮细胞与皮肤癌细胞的介电泳频率谱图进行了分析,癌细胞的胞质电导率比正常细胞低 30% ,而膜电容比正常细胞大 50% 。

目前,在临床分析中,介电泳芯片多用于癌细胞的相关分析。由于其与相关检测器结合后,已实现了细胞尺寸以及诸如胞质电导率、胞膜电导率、胞膜电容等介电参数信息的提取,使得介电泳芯片在癌细胞的耐药性研究和癌症的早期诊断方面具有极大的发展潜力。

3.1.2.3　在食品的卫生检验方面

按普通的检验方法,通常需要专门的微生物实验室花几天的时间来检测食物样品是否含有有害细菌,并且在检验结果出来之前,这些食品是无法销售的,食品的长期存储就造成了商业上的巨大损失。如果利用介电泳分离技术,只需对于特定的有害细菌设计出相应的分离电场和选取相应的分离频率,就能在非常短的时间内得出检验结果[38]。目前已经有包括 IBM 在内的多家公司和研究机构正在研究开发这类应用的介电泳分离芯片。Junya Suehiro 等[12]研究利用固定抗体的电极芯片选择性检测细菌的介电阻抗测量方法。这是一种对细菌的选择性测量方法,在抗原 – 抗体反应联合体中利用介电阻抗来测量。在利用正介电泳捕获实验细菌之前,抗体分子被固定在电极芯片上。细菌在正介电力的作用下被电极吸引,并且最终将细菌与固定抗体结合。通过适当地调整介电力与液体流动的拉力之间的平衡,目标细菌可以选择性地被保留在芯片表面,从而避免非特定细菌的混入。通过电渗透辅助的介电阻抗测量方法可以检测到被保留的细菌,并实现从混合悬浮细菌中选择性地检测目标细菌[12]。

3.1.3　介电泳在细胞培养和融合方面的研究

3.1.3.1　介电泳在细胞培养方面的研究

W. Mike Arnold 等[39]实现了细胞在电场微阱中的隔离和生长。活的生物细胞能够在电场诱发的微阱中被捕获,这个微阱在水平排列的微米级电极上产生。捕获细胞是由于重力与浮力之间的平衡,浮力是由负介电泳产生的,负介电泳会排斥高场强区的微粒。通过在微阱中的几代啤酒酵母细胞的生长和分离,可以观察到细胞生长量大于或等于正常培养的数量,这可能是持续暴露在 30 ~ 45kV/m 的射频(RF)强度下的结果,在电极阵列上的热对流实现了细胞的隔离和培养。如果初始给定的电压高于给定的稳定的捕获电压,则介电泳的浮动发生在细胞热对流较弱的部位。

值得一提的是介电谱方法。它采用微小扰动的交流电场(数毫伏至数十毫伏),是一种可避免细胞组织的损伤、坏死的非破坏测量技术。这种外部电极法的非侵入的测量,可以对活细胞的体积浓度、电性质和形态学参数等进行连续监测[40]。目前,该方法在食物发酵以及细胞培养过程监测等领域均有成功的应用。

3.1.3.2　介电泳在细胞融合方面的研究

生物体和电磁场的相互作用包括自然界存在的或人工的电磁场所涉及的生理作用，生物体的基本单位——细胞对电磁场的微妙感应力已经有过研究[41]。另一方面，利用细胞对于电磁场的响应，细胞融合以及遗传因子注入等应用技术的开发也已经成为热点话题。德国学者 Zimmermann U[42] 在 1980 年首先将介电泳技术用于细胞电融合的研究。经过 30 多年的探索，这一技术在方法上有了很大的改进和发展，在生物学各个分支学科及医学中的肿瘤学、免疫学、病毒学等领域中得到了广泛的应用。1996 年，L. H. Li 等[43] 实现了不同种类大小的哺乳动物细胞的电融合，如鼠的卵巢细胞和人类的红细胞之间高功率电融合。红细胞用荧光染料标记，监控不同种类细胞的电融合进程。这种高效率融合技术适合调停药物和基因传递，从有限的细胞资源中形成靶细胞。

3.2　介电泳在电极设计方面的进展

介电泳在微粒的分选上有着重要的应用和发展，由于介电泳一般为大规模的分选微粒，影响其分离的因素比较多，故所得到的样品的纯度依赖电极的设计，采用不同的电极设计可以很方便地分离出所需的样品[6]。

随着介电泳芯片研究的深入，出现了许多新颖的电极结。Li 等[44] 和 Doh 等[45] 对平行电极进行了改良，均实现了对死 - 活酵母菌的分离；Choi 等[46] 设计了一种梯形电极阵列（TEA），对直径分别为 $6\mu m$ 和 $15\mu m$ 的聚苯乙烯进行分离；Cheung 等[17] 设计了具有夹板式三维电极的介电泳芯片，对经过不同处理的红细胞进行分离；还有一种二维电极结构的阵列式对电极介电泳芯片[47]，采用递进间距的对电极阵列，增大了正介电泳力在管道中的有效作用范围，减小了电压变化对管道内介电泳力的影响，通过将目标细胞捕获在芯片电极上，实现了对流动体系中细胞样品的分离和富集。

3.2.1　二维电极结构的阵列式对电极介电泳芯片

3.2.1.1　介电泳原理及介电泳芯片设计

由 Pohl[48] 发现的介电泳现象是在非均匀电场中，由于微粒极化所产生的偶极子受力不均衡，导致微粒向电场强度高的区域或电场强度低的区域运动，分别称为正介电泳现象和负介电泳现象。微粒所受到的介电泳力见第 2 章式（2-1）。根据 Laplace 方程进一步推导，并通过 CoventorWare 软件对该偏微分方程进行有限元法的求解，可以计算出电极附近电场的强度，从而得到电极附近电场的分布情况。

结合介电泳原理[47]，设计了图 3-2a 所示的阵列式对电极介电泳芯片，其微电极阵列由 25 对电极构成，每 5 对电极组成一个电极组，5 组电极对的间距分别为 100μm、70μm、50μm、30μm 和 10μm，呈梯度减小，每组电极间的距离为 20μm，整个介电泳芯片长 4cm，宽 1cm。采用 MEMS 设计的 Conventor 有限元软件对所设计的介电泳芯片进行模拟分析，图 3-2b 和 c 分别为单对电极和阵列式对电极介电泳芯片微管道中电极覆盖区域的电场模拟图，其中矩形的深色区域为电极，电极附近区域的电场大小以颜色梯度表示。图 3-2b 显示每组电极对会在垂直于流体的方向产生一个非均匀电场，而电极的边缘处电场强度最大，当含有细胞的溶液流经介电泳芯片微管道时，受正介电泳作用的细胞会被捕获在电极边缘，而受负介电泳作用的细胞则会远离电极边缘；由图 3-2c 可见，随着电极间距的减小，电极的正介电泳区域逐渐向管道中心移动，使得整个管道都有较强的正介电泳力存在，这将有利于芯片在流动体系中克服流体力实现对目标细胞的捕获。

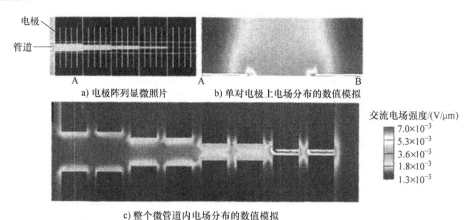

a) 电极阵列显微照片　　　　b) 单对电极上电场分布的数值模拟

交流电场强度/(V/μm)

$7.0×10^{-3}$
$5.3×10^{-3}$
$3.6×10^{-3}$
$1.8×10^{-3}$
$1.3×10^{-3}$

c) 整个微管道内电场分布的数值模拟

图 3-2　阵列电极的微流控介电泳芯片及其仿真结果[47]

3.2.1.2　介电泳芯片及其分析系统

戴桐[49]采用金电极作为阵列式对电极介电泳芯片的微电极，先在玻璃片上镀钛膜，对镀金膜进行光刻，将设计好的电极结构图形转移到芯片上，然后脱金脱钛，再经高温固化后完成玻璃基片上微电极组的制作。PDMS（聚二甲基硅氧烷）盖片采用直接浇注法制作，先由 Su－8 材料制作微流管道的阳模，然后采用 PDMS 预聚物直接倒模、固化及剥离后制得 PDMS 盖片。含微电极结构的石英玻璃基片和含微管道网络的 PDMS 盖片通过直接键合方式得到实验用复合式介电泳芯片。介电泳芯片分离分析系统（见图 3-3）主要由安捷伦 33220A 可调式信号发生器、奥林巴斯 IX71 倒置荧光显微镜和阵列式对电极介电泳芯片组成。实验时在显微镜下将 PDMS 盖片准确盖在芯片电极上，接通导线，将细胞样品注入芯片储液池，通过控制储液池中液面的高度控制管道内细胞的流速，施加信号后在显微镜下观测细胞在介电泳芯片微管道阵列电极上的运动情况，并通过配置的 CCD（电荷耦合器件）系统进行图像信号的采集。

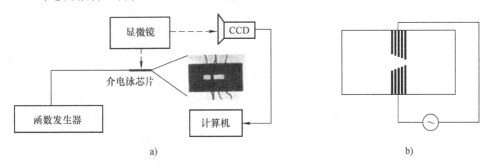

图 3-3　实验装置示意图[49]

3.2.1.3　阵列式对电极介电泳芯片上的细胞分离

徐溢等[47]在缓冲液电导率为 $600\mu S/cm$ 条件下，施加频率为 400kHz、电压为 5V 的电场，对人血红细胞和肝癌细胞 10:1 的混合样品进行分离，根据临界频率的测定结果可见，此时肝癌细胞受到正介电泳力，将被捕获在芯片电极上，而红细胞受到负介电泳力，不会在芯片电极上停留。由图 3-4 可见，肝癌细胞被捕获在芯片电极上，红细胞则在流体力的作用下随缓冲液流入废液池，其对肝癌细胞的平均捕获效率达到 86%。阵列式对电极介电泳芯片能够通过将目标细胞捕获在芯片电极上，实现对混合细胞样品的分离。

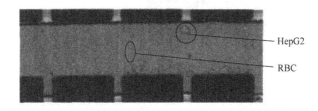

图 3-4　微流控介电泳芯片中分离的 HepG2 和 RBC 的显微照片[47]

阵列式对电极介电泳芯片能够在不影响捕获效率的情况下显著减小实验电压。在流动状态下对肝癌细胞进行捕获，从而实现了混合细胞样品的分离，大大缩短了操作时间。

3.2.2　阵列叉指电极

采用阵列叉指电极介电泳芯片，郝敦玲等[50]构建了集成介电泳芯片分析和操控系统，应用 Coventorware 有限元分析软件模拟分析了芯片表面的电场分布情况；以红细胞和结肠癌细胞样品为分析对象，实现了两种细胞样品在芯片上的正负介电泳定位富集。实验发现，交流信号幅值 V_{p-p} 是决定介电泳富集效率的主因，交流信号频率和缓冲溶液是改变细胞介电泳类型的参量；在 0.9% NaCl 中，施加频率为 10MHz 和 3MHz、电压为 5V 的交流电场，结肠癌细胞的正介电泳（pDEP）和负介电泳（nDEP）富集效率分别为 87.2% 和 84.8%。

3.2.2.1　阵列叉指电极介电泳芯片制作及分析系统搭建

介电泳芯片的底片为键合有 Au 电极的玻璃片，阵列叉指电极宽度和间距均为 30μm，玻璃底片尺寸为 25mm×17mm×2mm，由中国科学院大连化学物理研究所外协制作。采用 PDMS 制作介电泳芯片的盖片。将 PDMS 预聚体和固化剂按质量比 10:1 混合均匀，浇注于硅烷化处理后的 SU - 8 管道阳模上，脱气后于 60℃ 恒温干燥箱中固化 4h，室温冷却后小心剥离 PDMS 盖片，用孔径为 3mm 的打孔器在 PDMS 盖片上打孔备用，形成的微管道宽 150μm，深 30μm，长 10mm。将带有微管道的 PDMS 盖片依次用乙醇、二次蒸馏水、乙醇清洗后风干备用。键合 Au 电极的玻璃底片用丙酮轻轻擦洗并风干备用。最后将玻璃底片与 PDMS 盖片密合，抽负压吹干，即完成阵列叉指电极介电泳复合式结构芯片的制作，芯片实物和电极构型如图 3-5 所示。

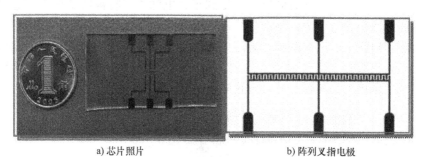

　　　　a) 芯片照片　　　　　　　　　　　　　b) 阵列叉指电极

图 3-5　阵列叉指电极介电泳芯片[50]

整个集成芯片分析系统构建如图 3-6 所示。其中 a 为进样口，b 为出样口，c 为注射微泵，d 为注射器，e 为信号发生器，f 为示波器，g 为电源控制器。

3.2.2.2　影响细胞介电泳富集的因素

1）缓冲介质。固定交流信号幅值为 5V，在不同频率 f 下，考察红细胞在 PBS（磷酸盐缓冲盐溶液）和 0.9% NaCl 两种缓冲溶液中的介电泳富集过程。

2）交流信号幅值。选择 0.9% NaCl 医用生理盐水为缓冲溶液，固定交流信号频率为 10MHz，考察在 1~10V 范围逐步变化时，红细胞和结肠癌细胞的富集过程。

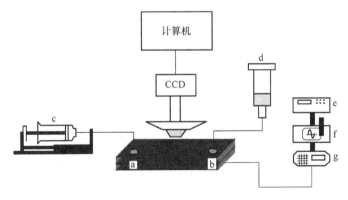

图 3-6　集成介电泳芯片分析系统示意图[50]

3）频率 f。选择 0.9% NaCl 医用生理盐水为缓冲溶液，固定交流信号幅值为 5V，考察 f 在 1~20MHz 范围逐步变化时，红细胞和结肠癌细胞的富集过程。

3.2.2.3　阵列叉指电极介电泳芯片上电场分布模拟

依据芯片介电泳原理，通过有限元方法数字化程序，在建立合适的二维模型基础之上，模拟不同的几何结构电极的电场分布，在给定的边界条件和参数下，预测电场梯度的变化。这不仅有利于确定最优的电极结构，还能确定介电泳的有效作用区域。

本实验[50]采用 Coventorware 有限元分析软件对介电泳芯片管道内的电场分布进行了模拟。在 2V、1MHz 的交流信号下，电极宽度和间距与芯片实际尺寸相同，均为 30μm，阵列叉指电极表面不同高度处的电场强度分布情况如图 3-7 所示。当叉指电极宽度和间距为 30μm 时，电极表面电场梯度分布差异明显，电场梯度最大的位置出现在叉指电极的边缘，为细胞受到正介电泳（pDEP）时的富集位置；电场梯度最小的位置出现在两电极之间，为细胞受到负介电泳（nDEP）时的富集位置，故而在此芯片上可以实现细胞样品在不同位置的介电泳富集。从图 3-7 还可以看到，随着距电极表面距离的增加，电场强度显著降低，介电泳作用力明显下降。距离达到 30μm 时，电场强度接近零，介电泳作用力几乎消失。因此，可确认 30μm 是介电泳力的有效作用范围，将其作为介电泳芯片管道高度可实现对样品对象的有效介电泳操控。

3.2.2.4　结肠癌细胞富集效率测定

控制细胞流速为 50μL/min，对进入图 3-6 中 a 的细胞计数得 $M_1 = 164$。图 3-8a 中叉指电极表面仅有少量沉降的结肠癌细胞，此时细胞已经进样，但还未施加交流信号。将交流电信号控制为 10MHz、5V，此时结肠癌细胞受 pDEP 作用，细胞富集于电极边缘，如图 3-8b 所示。富集过程结束后对电极边缘的细胞计数，$M_2 = 143$，富集效率 $M = M_2/M_1 \times 100\% = 87.2\%$。变换交流电信号为

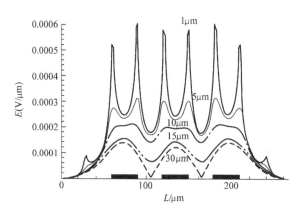

图3-7　电极表面不同高度处的电场强度模拟图[50]

3MHz、5V，重复以上实验操作，此时细胞受 nDEP 作用，主要富集在电极中间电场强度相对较弱的位置，如图 3-8c 所示，此时，$M_2 = 139$，$M = 84.8\%$。

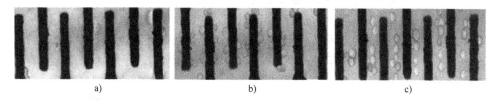

图3-8　微芯片介电泳富集结肠癌细胞的比较[50]

3.2.3　三角形电极

刘伟景等[51]采用这种电极将介电泳效应限制在电极四周很小的区域，在电极尖端处最强。电场梯度可以由尖角的大小准确控制。因为周围电场是由电极向四周发散的，如果增大尖角的角度，可以使更多的材料在最小间距处聚集和电极间的跨接。如果减小尖角角度，介电泳区域会缩小，但在尖端四周会产生很大的电场梯度。因此，这种电极可以用于少量或单根材料的定位操作。在单根材料的特性研究和器件中的应用领域，这种电极设计有着广泛的应用前景。首先采用间距约为 400μm 的电极进行实验。操控结果如图 3-9a 所示，从图中可以看到原本四处分散的材料由于介电泳力的作用向电极之间的中心区域沿电场方向密集排布。我们将电极间距缩短为约 80μm，将悬浮液稀释后进行实验，结果如图 3-9b 所示。从图中可以看出，随着电极间隙的减小，纳米材料沿电场方向排列的趋势愈加明显。这是由于在同样的操控信号下，小的电极间隙产生大的电场梯度，从而使材料受到的介电泳力作用增强。

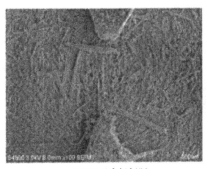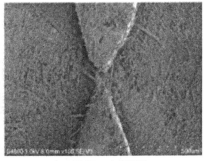

a) 400μm电极间距　　　　　　　　　　　　　b) 80μm电极间距

图 3-9　介电泳操控后对三角形电极间的材料排布的扫描电子显微镜照片[51]

3.2.4　集成四极式微电极组和螺旋形微电极组的新型介电泳测试芯片

朱晓璐等[52]设计一种集成四极式微电极组和螺旋形微电极组的介电泳细胞介电参数测试芯片，在芯片上集成了细胞的常规介电泳（Conventional DEP，CDEP）、行波介电泳（Travelling－wave DEP，TWDEP）和电旋转（Electrorotation，EROT）介电泳测试功能。运用相量法建立交流电场中细胞所受的常规介电泳力、行波介电泳力和介电泳旋转转矩的计算模型，推导出细胞水平速度和自旋角速度的表达式，并对本芯片的 CDEP 因子、TWDEP 因子及 EROT 因子的大小和方向及细胞运动速度进行数值模拟并结合文献中的试验数据进行对比论证。结果表明，在高度大于 20μm 的区域，细胞沿螺旋形电极径向的行进速度与细胞有效极化率的实部和虚部都相关，而细胞悬浮高度仅与有效极化率的实部相关；另一方面，电旋转最佳测试区域为近似正方形区域且每条边的中点均处于邻近的电极顶尖与电极腔中心连线的中点之上，此区域内的介电泳转矩变化量小于 5%且介电泳力最小，利于电旋转测量。因此，本测试芯片能够通过多种介电泳模式更为全面、准确地获取细胞的介电特性信息[52]。

3.2.4.1　新型测试芯片

朱晓璐等[52]设计的芯片整体面积约为 1cm×2cm，如图 3-10 所示，包括四极式微电极组及螺旋形电极组，螺旋形电极组最大外径为 3.2mm，其右侧是用于连接四路电信号的引脚，其相位依次递增。螺旋形电极组的中心区域的四极式电极组构成了电极腔，如图 3-11 所示。

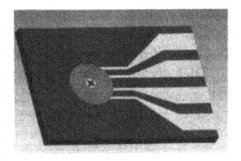

图 3-10　测试芯片整体三维视图[52]

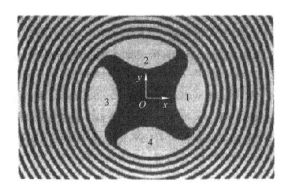

图 3-11　芯片微电极组中心区域放大图[52]

对于一些结构复杂或不符合现有介电模型的细胞，仅运用一种介电泳模式进行测试往往准确性很低，此时须同时测出多种介电泳响应。本测试芯片的优势在于它能够使细胞同时经历多种介电泳模式，而且能够灵活地完成测试中的辅助操纵。测试过程中借助显微镜观测细胞的悬浮高度、径向速度、旋转角速度。细胞的悬浮高度通过先聚焦到电极表面，再聚焦到细胞，然后计算两次调焦手轮的读数之差的方法得出；水平径向速度通过记录细胞行进一段距离所需的时间来计算；细胞的自旋角速度通过计算一定时间内细胞旋转圈数来计算。

3.2.4.2　螺旋形微电极组

螺旋形微电极组的几何形状见图 3-10、图 3-11[52]。在螺旋形电极组上方可同时完成细胞的 CDEP 和 TWDEP 的响应测试。操作时可将含有细胞的液滴滴在电极组上方，然后通过调频及调压操控细胞沿螺旋线径向运动到电极腔中或螺旋形电极外围区域。

3.2.4.3　四极式微电极组

四极式微电极组位于螺旋形电极组的中心区域，它所围成的区域为电极腔（见图 3-11）。电极腔的几何形状对电极腔中场强的分布规律影响很大。理想的电极腔应使待测细胞所受转矩尽量大，以克服布朗运动和液体流动等的影响；同时电极腔内的场强分布应尽量均匀，使电旋转测量范围尽量大。在多项式型、骨型、金字塔型等多种电极中，二次多项式电极组（见图 3-11）对待测细胞的转矩大且形成的电场均匀，性能最优。电极一般由两层结构组成：通过溅射沉积在硅基底上的铬层（50nm）和铬层上的金层（100nm）。一般通过溅射法在玻璃上沉积金属层，再通过光刻工艺制作出电极图案。

3.2.5　基于介电泳的电极阵列电场仿真研究

介电泳方法被广泛地应用于微/纳颗粒的分离和操控中，实现介电泳操作的关键是设计满足所需电场分布的电极阵列。针对目前在微电极阵列设计中尚缺乏简单有效的电场解析方法的现状，费飞等[53]提出一种基于格林公式的电极阵列电场的解析方法。首先介绍了传统介电泳和行波介电泳的概念和计算模型，分析了介电泳过程与电极上所施加的交变电压的频率和幅度的关系，然后在确立电极电势的边界条件的基础上，采用基于格林公式的电场解析方法，建立了非均匀电场的解析模型，得出不同条件下的电极阵列电场分布的仿真结果，最后利用FEMLAB 有限元仿真软件对解析模型进行了对比仿真，验证了该解析模型的可行性。基于格林公式的电场解析求解方法能够有效地提高电极阵列设计中的针对性以及缩短电极设计的时间。

3.2.5.1　介电泳与微电极阵列

中性微粒在非均匀电场中会产生极化现象，可以用偶极化因子 $m(t)$ 来描述，分析偶极化因子在非均匀电场中的受力，可以得到介电泳力的一般表达式如下：

$$F(t) = (m(t) \cdot \Delta)E(t) \tag{3-1}$$

在此基础上，针对图 3-12 所示的微电极阵列给出传统介电泳以及行波介电泳的概念以及理论计算公式，并对其产生的介电泳力与所施加的电压的频率之间的关系进行分析。

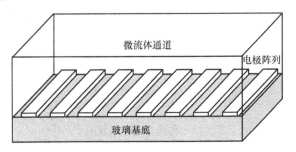

图 3-12　微流体通道及电极阵列[53]

（1）传统介电泳（CDEP）

1978 年 Pohl 在文献中首次提出了交变电场中的传统介电泳力的计算公式，即

$$F_{DEP}(\omega) = 2\pi\varepsilon_m r^3 \text{Re}(f_{CM})\Delta|E_{rms}|^2 \tag{3-2}$$

式中，ε_m 为进行介电泳操作所在液体的绝对介电常数，r 为球状颗粒的半径大小，E_{rms} 为所施加电场的方均根值，f_{CM} 为克劳修斯 – 莫索提因子，在计算介电泳力时，取该因子的实部 Re（f_{CM}），该因子定义如下：

$$f_{CM} = \frac{\varepsilon_p^n - \varepsilon_m^n}{\varepsilon_p^n + 2\varepsilon_m^n} \tag{3-3}$$

式 (3-3) 中的复介电常数可表示为

$$\varepsilon^n = \varepsilon - j\sigma/\omega \tag{3-4}$$

式中，σ 为电导率，ε 为常介电常数，式 (3-3) 中的下标 p 和 m 分别表示颗粒和液体介质，ω 为所施加电场的频率，可以看出是一个和频率相关的变因子。考虑在施加不同频率的交变电场下，有如下结论。

低频时有极限值为

$$f_{CM-low} = \frac{\sigma_p - \sigma_m}{\sigma_p + 2\sigma_m} \tag{3-5}$$

高频时有极限值为

$$f_{CM-high} = \frac{\varepsilon_p - \varepsilon_m}{\varepsilon_p + 2\varepsilon_m} \tag{3-6}$$

相应地，考虑式 (3-2) 中的克劳修斯－莫索提因子的实部，当该值大于 0 时，所得到的介电泳力与电场强度变化方向相同，称为正介电泳现象；当该值小于 0 时，所得到的介电泳力与电场强度变化方向相反，称为负介电泳现象。因而可以通过改变所施加的电场的频率，来改变微粒所受到的介电泳力的方向，当有多种微粒同时进行介电泳时，可以寻找临界频率区，使某种微粒受到正介电泳力，而其他微粒都受到负电泳力，从而对某种特定的微粒进行分离，图 3-13 即为利用交叉电极阵列进行传统介电泳操作的示意图，相邻电极所加电压相位差为 180°。

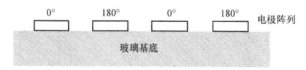

图 3-13　传统介电泳示意图[53]

(2) 行波介电泳（TWDEP）

1992 年 Huang 等[54]在 Masuda 等[55]和 Fuhr 等[56]的工作基础上，提出了行波介电泳，即在水平排列的微电极阵列上施加相隔 90°的交流电压，从而形成水平方向的行波介电泳力，可以看出，行波介电泳和传统介电泳的区别在于相邻的微电极所加的交流电压之间相位差不同，水平方向行波介电泳力的公式如下：

$$F_{TWDEP}(\omega) = \frac{-4\pi^2 \varepsilon_m r^3 \mathrm{Im}[f_{CM}] E^2}{\lambda} \tag{3-7}$$

和式 (3-3) 中类似，ε_m 为进行介电泳操作所在液体的绝对介电常数，r 为球状颗粒的半径大小，E 为所施加电场的方均根值，f_{CM} 为克劳修斯－莫索提因子，新引入的变量 λ 则是电极阵列中所施加电压的相位相同的电极之间的距离。λ 越大，表明所采用的电极阵列越疏，反之则表明所采用的电极阵列越密。实验已经表明，电极阵列越密，所产生的电场强度也越强，因而所得到的行波介电泳力越大。图 3-14 即为利用交叉电极阵列进行行波介电泳操作的示意图，相邻电极所加电压的相位差为 90°。

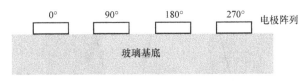

图 3-14　行波介电泳示意图[53]

3.2.5.2　空间电场求解仿真

运用两种方法来进行空间电场的仿真求解，一种是基于格林公式的空间电场解析求解；另外一种是利用电磁场有限元仿真软件 FEMLAB 对微电极阵列进行有限元仿真求解。如表 3-1 所示，选择实验中所使用的两种规格的电极来进行仿真实验。

表 3-1　用于仿真实验的电极规格及施加的电压[53]

编号	电极宽度/μm	电极间距/μm	施加电压/V
1	30	30	5
2	50	50	5
3	50	50	1

图 3-15 和图 3-16 均为电极阵列平面以上 20μm 处的场强分布，粗线条表示电极所在位置。

图 3-15 中的电场强度的单位取的是电场强度方均根值的 2 次方，为 V^2/m^2。从图中可以看出，施加的电压相同，微电极越窄，所产生的电场越强；微电极宽度相同，施加的电压越大，所产生的电场越强，这与 Morgan 等[57]利用其他方法所得出的结论是一致的。这一结论对实验研究具有重要的指导意义，可以通过研制微型电极，提高电场强度；或者在相同的电场强度的情况下，降低使用电压，减少电能消耗。

考虑到微电极阵列电场解析方法求解的复杂性，很多研究者进行微电极阵列设计时都运用有限元仿真软件来进行电极阵列电场的预求解。下面将分别使用有限元仿真软件 FEMLAB 和基于格林公式的解析方法来求解 20μm 宽电极在电极阵列上方 20μm 处的电场强度分布，以验证基于格林公式的电场求解方法的有效性。

图 3-16 中的电场强度单位定义与图 3-15 中相同，考虑到运用有限元软件求解时边界条件的近似设置以及网格划分对仿真结果的影响，图 3-16 的仿真结果表明，基于格林公式的微电极阵列的电场求解结果和算法能够真实地反映微电极

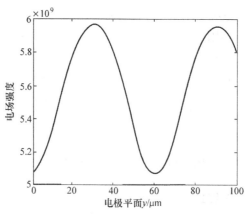

a) 30μm电极电场强度分布(施加5V电压)

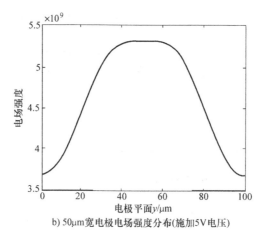

b) 50μm宽电极电场强度分布(施加5V电压)

c) 50μm宽电极电场强度分布(施加1V电压)

图3-15　基于格林公式的解析求解结果[53]

阵列的空间电场分布情况，而该解析解法所得到的电场分布解析表达式在介电泳力的求解和分析中无疑要比有限元数值解法所得到的离散网格值使用起来更方便和精确。

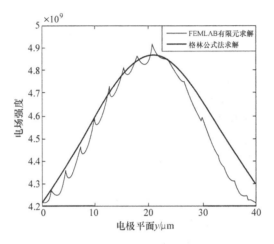

图 3-16　两种方法求解电场强度分布（施加 5V 电压）[53]

3.3　介电泳在无机微粒操控方面的研究进展

如前所述，介电泳是指电介质粒子在非均匀电场中由于极化效应所引起的移动现象[58]。放置于电场中的电中性颗粒，会因为外加电场的作用产生极化，产生一个诱导偶极矩，该诱导偶极矩在非均匀电场中，会与电场相互作用而形成介电泳力，使得颗粒向电场强度较强或较弱的区域移动。由于介电泳技术的优势，自从介电泳理论建立以来，特别是近 30 年，介电泳的研究有了长足的发展。

3.3.1　介电泳技术在无机粒子研究中的应用

介电泳方法最早应用于大规模的介电分选矿石。H. S. Hatfield 在 1924 年提出介电分选矿石的可能性。此后，美国的 H. A. Pohl 等[59]用此法分离锆金石 - 金红石混合物。目前，介电泳技术不仅用于矿石的分选，更多地用在微/纳传感器、纳米电路等系统中，来解决材料的定位操作问题。Li 等采用一种典型的交叉指状电极，使用行波介电泳对纳米粒子进行有选择的控制和分离。刘伟景等[51]采用介电泳技术对 SiO_2 微/纳米材料进行操控，实现了材料的沿电场方向的排布和电极间的跨接，为解决纳米结构的定位操作做了有益的尝试，且采用介电泳技术操控 ZnO 纳米结构制作成湿度传感器，证明了介电泳技术可以很好地实现纳米材料在传感器领域中的应用。任玉坤等[5]利用星型电极进行微/纳粒子收集，利用平行电极阵列进行微/纳粒子的提升与定向驱动实验，证明了利用介电泳力能够有效地对微/纳粒子进行相关操控。于鹏等[60]利用行波介电泳实现了对聚苯乙烯小球悬浮及水平传输的操控，为液体环境下微/纳粒子的装配和分离提供了一种可行技术。费飞等[53]利用介电泳对大量微粒进行定位和传输操控，并实现了微通道中微粒的悬浮高度和运动速度的测量。Ballantyne 等[61]应用介电泳技术成功地将粗糙的矿石进行去除，实现了矿物筛选分离。Hai - Hang Cui 等[62]通过 nDEP 精确地捕获操控粒子，他们对粒径为 5μm 的聚苯乙烯微粒的捕获证明了这种新的微粒操控方法的能力。Liu W J 等[63]实现了微/纳米粒子的操控，并且能使这些粒子穿过两个电极条之间的空隙，这对纳米材料的精确组装提供了有利的实验基础。Chehung Wei 等[64]基于正负介电泳两种方案对不同的碳纳米管进行了有效的分离。Kewei Jiang 等[65]利用正负介电泳成功对纳米级的 ZnO 进行操控，并且通过调整不同的因素实现了粒子在两点之间的穿越。

3.3.1.1　不同规模下无机微粒的研究与应用

介电泳在无机微粒方面的研究可以应用在不同的规模下，其应用所需条件也各不相同。介电泳方法最早应用于大规模的介电分选矿石。H. S. Hatfield 提出介电分选矿石的可能性。此后，美国的 H. A. Pohl 等[59]用此法分离锆金石 - 金红石混合物成功。苏联也曾将介电泳作为实验室提取单相矿物的专门方法，并且还进行了精选细粒钽铁矿粗精矿的工业试验[66]。目前，有研究表明介电泳不仅可应用于矿石的分选，还可以从废弃矿物混合物中分选低品位有色金属细颗粒。罗马尼亚学者 Mihai Lungu[67]用介电泳的分选法从低品位的混合物中回收金和银，其平均粒度大约为 0.1~0.2mm。此法对废弃矿物资源的回收再利用以及提高矿石的利用价值有着非常积极的意义。

大规模的介电泳技术其优点在于放松了原有的工艺条件限制，既可用直流电又可用交流电；可分离的微粒不再受是否带电的限制；应用电压也较传统方法要低。小规模的无机微粒研究，其优越性主要体现在样品用量少，电极可反复使用，反应迅速，工作时间大大缩短等。其研究包括环境检测和污染治理以及胶体方面的研究等。

3.3.1.2　纳米材料的研究与应用

纳米材料是近年来新兴的一种无机材料。由于基本颗粒尺寸的降低，导致从宏观到介观状态带来的特异变化称为纳米效应，包括小尺寸效应、体积效应、表面效应、量子尺寸效应和宏观量子隧道效应等。纳米颗粒在物理、化学性质等方面都发生了很大变化，产生一系列奇特的性质[68]。目前，对于纳米材料的研究主要集中在纯化、定位装置、纳米器件的研究等几大方面。

碳纳米管自 1991 年被发现以来，就以其独一无二的电性质和机械性能受到广泛的关注。碳纳米管可按其性质分为金属碳纳米管和半导体碳纳米管两类。其合成和选择性纯化就是将具有金属性质的碳纳米管与半导体碳纳米管分离开。由于微阵列电极的出现，使介电泳技术成为分离、纯化碳纳米管的有效方法。根据两类碳纳米管极化率的差异，利用介电泳即可分离[69]。只要在电极两端施加适当的频率和电压，产生非均匀电场，微粒便会根据其不同的介电性质迁移到电极的不同区域，从而达到分离纯化的目的。在碳纳米管的制备方面，利用介电泳的方法，由于其不受材料本身导电性的影响，材料的选择面比较广泛，通过产生的可控电场可实现对材料的定位操控[70,71]。

因为许多基于碳纳米管的设备对碳纳米管的排列和数量是非常敏感的。利用介电泳可将碳纳米管按实验需要固定到相应的区域[72]。同样，利用碳纳米管在装配、排序时对介质响应的差异，从而设计出各种纳米器件[73,74]，如利用介电泳铝电极的碳纳米管气体传感器[75,76]。

3.3.1.3 辅助生物研究的非生物材料的研究与应用

随着现代科学技术的发展，学科之间的交叉与渗透越来越明显。介电泳在非生物方面的研究也是如此，许多关于非生物微粒的研究均可辅助生物方面的研究。在许多利用介电泳的生物研究中，它常被用来模拟细胞，以获得基本的实验数据。例如，J. H. Nieuwenhuis 等[77]在进行介电泳电极分类器的模拟研究中，便利用聚苯乙烯粒子模拟细胞，分析粒子在外加电场中的受力情况。

3.3.2 微/纳米级粒子分离操控的主要方法

目前常用的能对微/纳米级微粒进行分离操控的技术包括：电泳、磁分离、超声分离、膜分离、光镊、机械分离等技术，以及目前研究较多的介电泳技术。各种方法的优缺点见表 3-2。

表 3-2 微/纳米级粒子分离操控的技术

分离与操控方法	优点	缺点
电泳	非接触性分离	微粒必须带电，所需的电压较高，对生物颗粒的性质造成影响
磁分离	非接触性分离，亲和吸附高特异性及高敏感性	需要磁性微粒作为载体，对磁性载体的性质要求高
机械分离	操作简单，设备要求低	接触性分离，对所分离的微粒造成污染或损害
光镊	非接触性捕获，不会对接触的生物粒子产生接触性和光吸收损伤	只能操控单个微粒，对所捕获粒子的透明度和折射率有要求
介电泳	非接触性操控，可单一或大规模操控，所操控的粒子尺度范围大	受布朗运动、环境温度、pH 值等影响

（续）

分离与操控方法	优点	缺点
膜分离	分离效率较高	膜容易堵塞，价格较高
超声分离	非接触性分离、颗粒无需带磁或带电	装置体积大，耗能高，价格较高

3.3.2.1　机械分离技术

机械式控制方法[78]的装置有微吸管等。微吸管一般包含有发射装置、微量吸液管等，通过外力吸入微体来操控数量较少的细胞，微吸管所控制的细胞体积大小必须配合吸管的孔径。微吸管技术直接以机械性接触细胞膜表面，对细胞本身与细胞膜表面可能造成伤害与损失。

3.3.2.2　磁分离技术

磁分离技术是以微/纳米的磁性微粒为载体，利用结合于磁性微粒表面的蛋白质所提供的特异的亲和特性，在磁场的定向控制下，通过亲和吸附、清洗、解吸，可一步从复杂的生物体系中分离到目标物分子[79]。此技术在生物学方面的应用始于20世纪70年代后期，已在分子生物学、细胞学、微生物学、生物化学和生物医学等领域取得一些令人瞩目的研究成果[80]。

3.3.2.3　超声分离技术

超声分离是利用颗粒的密度和可压缩率不同于其周围介质的密度和可压缩率来进行微粒分离，可用于分离非电性或非磁性微粒。近些年来，随着MEMS技术的迅速发展，MEMS器件在体积、重量、成本等方面都具有十分明显的优势。杨慧等[81]基于MEMS技术，设计制造了一种新的超声分离微/纳米颗粒的微型装置，研究了分离微/纳米颗粒时微粒的受力情况，并且通过有限元方法，利用软件ANSYS对振动模式及共振频率进行了研究，分析了微粒分离时装置中的声场与流场。结果表明，该微型器件可有效地分离微米尺度甚至是纳米尺度的微粒。

3.3.2.4　膜分离技术

膜分离技术是近几十年迅速发展的新型分离技术。采用具有优异的化学稳定性、热稳定性及高机械强度等特点的无机膜进行溶液中微米及亚微粒子的分离，在化学工业、石油化工等高温、腐蚀性环境下，有其独特的优势。

孙杰等[82]对 $\alpha - AL_2O_3$ 陶瓷微滤膜回收硫酸法钛白生产酸性废水中的偏钛酸粒子进行了研究，确定了合适的操作参数及有效的膜污染控制和清洗方法，为该技术的工业化应用奠定了基础，同时为微米及亚微米粒子的固/液分离，特别是苛刻条件下的分离提供了一种新途径。薛向东等[83]用超滤对 TiO_2 超细粒子进行了分离，确定了适宜的超滤工艺条件及膜清洗方式。结果表明，超滤膜不仅可实现 TiO_2 粒子与水的彻底分离，且分离后 TiO_2 仍保持其原来的催化活性。金珊等[84]采用微孔滤膜分离技术,确定了分子筛微粒分离效果较好的有机膜的孔径,分离回收率可达到90%以上。

3.3.2.5 电泳技术

电泳是指带电颗粒在高压直流电场作用下,向着与自身电性相反的电极移动的现象[85]。1937 年瑞典学者设计制造了移动界面电泳仪,分离了马血清白蛋白的 3 种球蛋白,创建了电泳技术。电泳主要用于生物化学中,根据不同生物粒子所带电荷不同,最终分别在相同时间收集到不同位置。近年来电泳技术的迅速成熟,也使得它的应用非常广泛,在分析化学中形成了利用样品各组分之间电泳淌度或分配行为的差异而实现分离的一类液相分离技术,被称作毛细管电泳。

3.3.2.6 激光光镊技术

光镊即单光束梯度力光阱,是由一束高度汇聚的激光形成的三维势阱,利用光的力学效应,可以捕获进而操控微/纳米粒子[86]。由于它使用无形的光束来实现对微粒非机械接触的捕获,不会产生机械损伤,又由于光镊的所有机械部件离捕获对象的距离都远大于捕获对象的尺度,是"遥控"的操作,几乎不影响粒子的周围环境。加之生物微粒对光穿透性等特点,光镊技术特别适用于活体生物微粒。光镊对微粒的操控不是刚性的,可在操作过程中实时测量微粒间的微小相互作用力,因而光镊又是粒子相互作用过程中力的探针或称为力的传感器。这使得光镊不但是操控微小粒子的机械手,同时又是微小粒子静态和动态力学特性的理想研究手段。

光镊技术可以使微粒按设定图案排布,形成稳定的空间结构。中国科技大学激光生物实验室首次实现用光镊排布微粒,形成稳定的空间结构,这为生物器件的组装提供了一种可行的途径[87]。

利用光镊可以俘获、分选细胞,测量微小力矩,还能促使微粒在溶液中旋转,被广泛运用于生物和胶体领域。李岩等利用自主搭建的光镊系统对酵母菌孢子进行了捕获并实现了有效的分离。Erik 等用光镊组对细菌进行操控,研究了细胞间的黏附作用,给出了定性的结论,丰富了细胞黏附难题的研究手段。朱天淳等利用激光光镊技术对生物微粒进行捕获和操控,成功地将两个酵母细胞拉到一起;另外还成功地将被捕获的粒子放入了小鼠白血病 WHEI3B 细胞中。Xing 等通过实验论证可知飞秒激光光镊是切实可行的。王锴等利用飞秒激光光镊操控生物细胞,采用自行搭建的飞秒激光光镊,实现了对人体血红细胞(RBC)的稳定捕获。

目前分子生物学家们正在用此技术来研究"生物马达"方向的问题,如 Steven Block 博士利用此技术测出单个分子马达移动了纳米级的距离。在对生物大分子进行精细操作方面,日本和美国的科学家采用双光镊实现了分子的扭转和打结,为细胞内蛋白纤维相互作用等分子力学的研究开辟了新的途径。

激光光镊技术不仅可以用来操控胶体颗粒及生物细胞等透明粒子，还可用来操控微/纳米级金属粒子。1994 年 Svoboda 首先用单光束捕获直径 36nm 的纳米金粒子。2005 年 Hansen 采用单光束光镊捕获直径 18～254nm 的金小球，扩大了纳米金粒子捕获的范围。2008 年 Bosanac 采用功率为 10W 和波长为 1064nm 的红外激光首次实现单个银纳米粒子的三维捕获。

上述方法存在着一定的缺点，如只能对微粒进行分离不能对微粒进行操控，使纳米材料的应用受到了限制。寻求一种新的方法解决微/纳米尺度上的问题是科研工作者关注的热点。

3.3.3　介电泳技术分离操控粒子

3.3.3.1　介电泳分离原理

介电泳分离是利用在非均匀电场产生极化力的原理获得高电场强度和高电场梯度，以产生足够大的介电泳力，从而对流体中的物质进行分离。其分离精度可达到微米级，而且没有诸如滤芯被堵塞引起失效的问题。但是要求分离的精度越高，消耗的能量越大。在分离过程中，由于料浆中的粒径和物性不完全相同，系统中的介电系数也不同。介电泳这一重要的微/纳米操控使能技术，具有便于集成、易于控制、成本低廉等优点，非常适合在微流体环境下对细胞、病毒、蛋白质、DNA 等微/纳米级生物微粒进行操控与分离。相对于传统分离方法（如毛细管电泳、流式细胞术等），介电泳分离主要基于粒子介电属性的差异（主要取决于粒子结构及内在组分），通过选择合适的交叉频率（Cross Frequencies），依靠介电泳力的差异实现粒子的分离，无需复杂样品准备（如荧光标记）及大型昂贵设备。

中性微粒在非均匀电场中会产生极化现象，可以用偶极化因子 $m(\omega)$ 来描述，当粒子的极化程度大于溶液时，粒子受到的偶极化产生和电场相反的电荷，同时在库仑力的作用下，粒子往电场线较密的方向移动，然而当极性相反时，作用力方向仍然相同，不会因电极极性改变而有所变化，此时的介电泳力，即为正介电泳力（Positive Dielectrophoresis Force）。即使电性相反，结果仍相同。

相反地，当溶液的极化程度大于粒子时，粒子表面极化现象的电荷数将大于粒子内部引发的电荷数，且电荷极性相反，因而和外加电场产生排斥作用，而被排斥到电力线较疏的位置，然而当极性相反时，作用力方向仍然相同，不会因电极极性改变而有所变化，此时的介电力，即为负介电力（Negative Dielectrophoresis Force），即使电性相反，结果仍相同。

经由正负介电泳力的作用，可在特定频率下将粒子分离，此分离方式在生物上具有下列优点：①通过测量细胞速率可得知其介电特性，②可在不接触的情况下进行操控。

　　介电泳在操控微/纳粒子方面具有其独特的优越性，其原因如下：可单一或大量操控；操作方式较多，可利用所施加电压的频率和幅度的改变来进行不同的操作；为非接触式，不会损伤细胞或生物样品；易于和其他设备整合，如可作为片上实验室的分离和收集组件[88]。

3.3.3.2　介电泳的分离方法

　　目前基于介电泳的分离方法有：流式分离、场流分离、步流分离、行波介电泳分离、棘轮分离等。流式分离仅适合介电属性差异很大的 2 种粒子分离，场流分离虽可对多种粒子同时进行分离，但和流式分离一样需要控制流体流动，这通常要求外置泵，不利于小型化，而行波介电泳无需流体运动。

　　（1）介电泳技术分离无机粒子

　　介电泳方法最早应用于大规模的介电分选矿石。目前，介电泳技术不仅用于矿石的分选，更多地用在微/纳传感器、纳米电路等系统中，来解决材料的定位操作问题。刘伟景等[51]采用介电泳技术对 SiO_2 微/纳米材料进行操控，实现了材料的沿电场方向的排布和电极间的跨接，为解决纳米结构的定位操作做了有益的尝试，且采用介电泳技术操控 ZnO 纳米结构制作成湿度传感器，证明了介电泳技术可以很好地实现纳米材料在传感器领域中的应用。任玉坤等[5]利用星型电极进行微/纳粒子收集，利用平行电极阵列进行微/纳粒子的提升与定向驱动实验，证明了利用介电泳力能够有效地对微/纳粒子进行相关操控。于鹏等[60]利用行波介电泳实现了对聚苯乙烯小球悬浮及水平传输的操控，为液体环境下微/纳粒子的装配和分离提供了一种可行技术。费飞等[88]利用介电泳对大量微粒进行定位和传输操控，并实现了微通道中微粒的悬浮高度和运动速度的测量。

　　（2）介电泳技术分离操控生物粒子

　　微粒的操控不仅在分子化学、分散体系的研究以及微纳组装等方面具有一定的价值，并且对于生物单细胞的研究具有重要意义。近年来，介电泳理论的操控技术逐渐被应用于生物粒子的分离、输运、捕捉及分类等各种操作。德国学者 Zimmerman U 在 1980 年首先将介电泳技术用于细胞电融合的研究。英国学者 Pethig 等[89]在 1991 年开始研究利用交流电场进行细胞操作，将特定细胞从生物液体中分离出来。Dong Eui Chang 等[90]利用行波介电泳对 T 淋巴细胞和血红细胞成功地进行了操控。近几年，随着生物芯片技术的迅速发展，介电泳分离芯片的研究也在积极开展。它是根据介电泳的原理，采用半导体器件制造中的光刻腐蚀技术，在硅片、玻璃片或高分子膜上制作出微米数量级的显微电极结构，能形成各种形式的交变电场，对细胞、微生物及生物微粒进行可选择性分离操作、表征和试验。

　　（3）介电泳分离研究成果

　　美国得克萨斯大学 Gascoyne 与 Becker 的团队自 1984 年起开始研究介电泳相

关方面，其主要方向为分子级诊断及癌症的基础研究。通过利用介电泳力、流体力学（hydrodynamics）及磁泳动力（magnetophoresis）设计出许多快速且有用的检测仪器，并应用于临床诊断分析上。

美国加利福尼亚州由 Cheng 所领导的团队在 1998 年时提出了微机电系统（Micro - Electro - Mechanical Systems，MEMS）进行微电极的制作并配合了光学检测系统，制作出了细胞诊断系统，并且利用血球细胞与子宫颈癌细胞不同的介电特性，经由外加电场的驱动而成功地将两种细胞分离，且通过样本的注入与分离晶片的整合，将其放置在介电泳分离系统上，便可由计算机取得分离影像。

由以上研究可得知，介电泳的应用对学术和产业上都有很大的帮助，配合微机电系统技术，目前已朝实验室晶片（Lab - on - chip）发展，对生物产业将产生很大的影响。

随着介电泳的发展，介电泳技术不仅在分离操控大量的粒子方面得到迅速的发展，同时一些学者也在介电泳分离操控单一粒子方面做了深入的研究，弥补了介电泳只能对大量粒子进行操控的不足。介电泳已成功地应用于生物粒子的分离、输运、捕捉及分类等各种操作，目前正逐渐成为各国学者研究的热点。国内外许多学者借助于各式电极阵列设计实现对诸如 DNA、蛋白质、病毒、单分子、纳米级生化颗粒等成功地进行了定位、捕捉、分离、输送等操控。例如，Ralph Holzel[91]成功地将单一酵母菌捕获，实现了单一 DNA 分子的分离和操控。Lifeng Zheng 等[92]用微纳电极成功地对单一的分子进行操控。朱树存等[93]完成了光诱导介电泳芯片的设计、加工与操控平台的搭建。通过视觉反馈控制在光电导层上生成动态可重构的光模式虚拟电极阵列，形成特定的空间势能形貌，并基于介电泳效应实现微粒的可编程操控。研究结果表明，共面型光诱导介电泳模型在单细胞排布方面更具有优势——更高的捕获强度、稳定性、选择性以及分选效率。最近提出的基于 DEP - cage 的分离方法，也成功地解决了驱动细胞移动的动力源和细胞精确分离定位的问题。

介电泳技术是一种很有潜力的微/纳米操控技术，具有许多优点[93]，如非接触性，不会改变分离物的性质；可单一或大规模操控粒子，所操纵的粒子尺度范围大、操作方式多；使用灵活，易于调控，便于自动化；可以重复使用；可与其他方法结合使用，以达到最佳的分离操控效果。

3.4　介电泳在理论研究上的进展

3.4.1　介电泳的发展

如前所述，介电泳一词最早是由英国学者 Pohl 所定义，主要是描述微小颗粒受到电场极化作用后，颗粒在非均匀电场产生移动的现象。这与电泳作用原理有些许不同。电泳原理是因为粒子本身带的电荷与外在电场产生同性相斥、异性相吸的作用，而造成粒子移动的现象。电泳的外加电场通常为直流电，且工作电压通常需要高达数百伏或数千伏。而介电泳原理是通过电场使介电粒子产生诱导电偶极，再外加非均匀电场作用，使其产生诱导偶极矩而造成粒子移动的现象。介电泳的外加电场可以使用交流电，其工作电压通常只需几伏就足够产生介电泳现象，因此适用于未来微小化的趋势。

3.4.1.1 介电泳电极的研究进展

在介电泳研究中，介电泳芯片，或者说电极的设计，是硬核部分。各国学者纷纷开展电极的设计研发。1978 年，日本的 Masuda 研究团队率先利用行波电场来分离液体中的微小颗粒，他们利用等间隔排列的电极，依序施加三组不同相位差（$2\pi/3$）的交流电压，使其产生非均匀电场来操控微粒子，当颗粒进入非均匀电场会产生自我旋转运动，并且随电场谐波方向移动。1988 年，他们更成功地利用三组及六组不同相位差的电压，在电压 1.5V、频率 0.1 ~ 100Hz 下成功驱动绵羊的红血球，然而在如此低频的驱动电压之下，电压若过大将容易导致电极与液体发生氧化还原反应，产生电解作用及气泡冒出，因此他们利用微制造技术将电极的宽度及间距缩短至 100μm 以下。此外，Masuda 还提出在低频下，电泳力对粒子的作用将会大于介电泳力对粒子的影响。

为了能更有效地控制电场效应，1991 年德国的 Fuhr 研究团队利用四组相位差 90°的电极设计，电压 5 ~ 15V、频率 10kHz ~ 30MHz，产生行波电场，并使细胞做直线移动。他们提出细胞之所以会做直线轨迹移动，是由介电泳力及粒子电荷释放过程两者效应相互影响所造成，当粒子被诱导出电偶极电荷释放所需的时间与电场移动一颗粒子的距离所需时间大约相等时，则粒子的电偶极会跟随电场移动，使得粒子本身也跟着移动。他们将此直线轨迹运动的现象命名为行波介电泳。

3.4.1.2 介电泳方法的研究

对于行波介电泳力与电场大小、频率、颗粒尺寸、悬浮溶液介电特性之间的相对关系，则有英国的 Huang 与 Pething 以 1kHz ~ 10MHz 频率对电导率 6 ~ 260mS/m 的溶液进行研究，利用悬浮液中的酵母菌细胞，研究细胞在行波电场中的行为特性。此外，由他们推导的数学理论模式指出，行波介电泳力与电场的大小、频率、颗粒尺寸、悬浮溶液介电特性等有关，其行进方向的电动力大小则与电偶极的虚数项有关。

1994 年同一研究团队的 Wang 等首次发表了颗粒在非均匀电场中产生介电泳力与行波介电泳力的完整理论模型。1995 年该团队为了区别数学理论模型中实部项与虚部项的差别，定义了实部项所产生的介电泳力称为传统介电泳力，其与电场的相位变化有关。传统介电泳力与行波介电泳力两者作用方向相互垂直。

1995 年，Hughes 等利用数值模拟方法，计算粒子在行波电场中的电场分布情形。文中清楚描述在不同环境参数下，粒子在非均匀电场中的行为特性，并且指出传统介电泳力和行波介电泳力的作用是相互独立的。

在 2000 年微机电系统技术成熟之后，开始被应用于流力的研究，Cui 及 Morgan 等利用厚膜光阻（SU - 8）及聚酰亚胺（Polyimide）制作出微流道，结合电极设计制作完成了一个利用介电泳力的细胞晶片，并开启了后续各界致力于研发新一代的系统晶片的时代。

3.4.1.3　介电泳理论的发展

1978 年 Pohl[2] 建立了传统介电泳的模型，建立了均匀介质球的计算模型。这一理论的建立，极大地促进了介电泳在生物粒子的分离操控以及后来的微/纳米粒子的操控和微/纳米器件的组装等方面的应用研究。1988 年 Arnold 等[94] 建立了电动旋转介电泳模型，电动旋转介电泳可用于粒子介电特性的测量、粒子的分离与捕获，并且以微粒的旋转来区别不同的微粒钉等。1992 年 Huang 等[54] 建立了行波介电泳的计算模型，行波介电泳可用于粒子的分离和传输等。1994 年 Wang 等[95] 建立介电泳的统一计算模式，其理论依据为有效电偶极矩法。2002 年 Medoro 等[96] 建立了一种基于三维电极结构的 DEP - cage 分离方法。

3.4.2　介电泳的研究成果与展望

介电泳发展至今，已被广泛应用在各种层面上，特别是对粒子的操控和分离等，在生物上开创了一个新的领域。

英国学者 Pethig 的研究团队是目前对介电泳现象研究最深也是最广的团队之一，自 1979 年起便进行生物材料的介电特性与导电特性探讨。1991 年发表了有关电极形状的设计可以提供非均匀通道的电场，并对电场梯度的分布进行模拟；利用城堡式交趾状电极（interdigitated castellated microelectrodes）所提供的交变电场，经由不同导电特性的溶液，可使细胞产生正或负的介电泳效应，通过电场操控酵母细胞的移动，使细胞可被驱动至电极表面或电极的中心处。

英国格拉斯哥大学 Green 与 Morgan 的团队研究了纳米级粒子的介电泳分离系统，并且针对在微小电极所造成的电场产生的交流电动力（AC electrokinetics）探讨了其在操控纳米微粒的重要性。

虽然介电泳技术在微/纳米操控方面的研究才刚刚起步，但随着介电泳更多有价值的探索，未来介电泳技术可能会完全替代其他的分离操控技术，并且它与相关技术的联用可能解决一些其他技术无法解决的问题，有望在不久的将来应用于多种学科领域中。细胞介电泳分离技术具有许多优点：第一，不需要添加抗体，因此，细胞不会在分离过程中因抗体反应而发生生物性质改变。第二，所用交变电场对细胞的作用是"非破坏性"的。初步研究证明，细胞经过这类电场作用后，其生长及分裂性质不会改变。第三，该技术使用灵活，电场强度、频率、相位都容易调控，便于自动化。第四，可以重复使用。第五，该技术还可与其他方法结合使用，以达到最佳的细胞分离检测效果。因此介电泳分离技术完全可以用来替代传统的分离技术。作为电磁操作生物芯片技术中电场部分的主要应用基础，介电泳具有广泛的应用前景[97]。

参 考 文 献

[1] FODOR S P A, READ J L, PIRNING M C, et al. Light – Directed Spatially Addressable Parallel [J]. Chemical Synthesis Science, 1991, 251 (4995): 767 – 773.

[2] POHL H. Dielectrophoresis [M]. New York: Cambridge University Press, 1978.

[3] 朱秀昌. 介电泳的原理及应用 [J]. 化学通报, 1962 (9): 32 – 36.

[4] 李乃弘, 陆祖宏, 闵光伟, 等. 小球藻电介质电泳特性的实验研究 [J]. 传感技术学报, 1995 (1): 27 – 32.

[5] 任玉坤, 敖宏瑞, 顾建忠, 等. 面向微系统的介电泳力微纳粒子操控研究 [J]. 物理学报, 2009, 58 (11): 7869 – 7877.

[6] 周金华, 龚鐢, 李银妹. 光镊与介电泳微操纵技术 [J]. 激光生物学报, 2007, 16 (1): 119 – 126.

[7] F F BECKER, X B WANG, Y HUANG, et al. Separation of human breast cancer cells from blood by differential dielectric affinity [J]. Proceedings of the National Academy of Sciences of the United States of America, 1995, 92 (3): 860 – 864.

[8] J CHENG, E L SHELDON, L WU, et al. Isolation of Cultured Cervical Carcinoma Cells Mixed with Peripheral Blood Cells on a Bioelectronic Chip [J]. Analytical Chemistry, 1998, 70 (11): 2321 – 2326.

[9] H LI, R BASHIR. Dielectrophoretic separation and manipulation of live and heat – treated cells of Listeria on microfabricated devices with interdigitated electrodes [J]. Sensors & Actuators B: Chemical, 2002, 86 (2 – 3): 215 – 221.

[10] H ZHOU, L R WHITE, R D TILTON. Lateral separation of colloids or cells by dielectrophoresis augmented by AC electroosmosis [J]. Journal of Colloid & Interface Science, 2005, 285 (1): 179 – 191.

[11] J SUEHIRO, R HAMADA, D NOUTORMI. Selective detection of viable bacteria using dielectrophoretic impedance measurement method [J]. Journal of Electrostatics, 2003, 57 (2): 157 – 168.

[12] J SUEHIRO, A OHTSUBO, T HATANO. Selective detection of bacteria by a dielectrophoretic impedance measurement method using an antibody – immobilized electrode chip [J]. Sensors & Actuators B: Chemical, 2006, 119 (1): 319 – 326.

[13] D HOLMES, H MORGAN, N G GREEN. High throughput particle analysis: Combining dielectrophoretic particle focussing with confocal optical detection [J]. Biosensors & Bioelectron-

ics, 2006, 21 (8): 1621 – 1630.

[14] D HOLMES, H MORGAR, N G GREEN. High speed simultaneous single particle impedance and fluorescence analysis on a chip [J]. Current Applied Physics, 2006, 6 (3): 367 – 370.

[15] M CASTELLARNAU, N ZINE, J BAUSELLS, et al. Integrated cell positioning and cell – based ISFET biosensors [J]. Sensors and Actuators B: Chemical, 2007, 120 (2): 615 – 620.

[16] Z WANG, HANSER, P K PETERSEN, et al. Dielectrophoresis microsystem with integrated flow cytometers for online monitoring of sorting efficiency [J]. Electrophoresis, 2006, 27: 5081 – 5092.

[17] K CHEUNG, S GAWAD, P RENAUD. Impedance spectroscopy flow cytometry: On – chip label – free cell differentiation [J]. Cytometry Part A, 2005, 65 (2): 124 – 132.

[18] MORGAN H, GREEN N G, HUGHES M P, et al. Large – area travelling – wave dielectrophoresis particle separator [J]. Journal of Micromechanics & Microengineering, 1999, 7 (2): 65 – 70.

[19] GIDDINGS J C. Crossflow Gradients in Thin Channels for Separation by Hyperlayer FFF, SPLITT Cells, Elutriation, and Related Methods [J]. Separation Science and Technology, 1986, 21 (8): 831 – 843.

[20] 倪中华, 朱树存. 基于介电泳的生物粒子分离芯片 [J]. 东南大学学报, 2005, 35 (5): 724 – 728.

[21] 胡冲. 基于荧光纳米颗粒标记的芯片介电电泳技术检测沙门氏菌 [D]. 长沙: 湖南大学, 2012.

[22] 贺冶冰. 新介电电泳系统快速检测血小板浓缩物中细菌的评价 [J]. 国外医学 – 输血及血液学分册, 2002, 25 (5): 114.

[23] MICHACL P HUGHES, HYWEL MORGAN, FRAZER J RIXON. Measuring the dielectric properties of herpes simplex virus type 1 virions with dielectrophoresis. [J]. Biochimica et Biophysica Acta, 2002, 1571 (1): 1 – 8.

[24] A M GONZALEZ – ANGULO, C DAS, J M REUBEN, et al. Dielectrophoresis (DEP) as sorting technology for microdiagnosis in breast cancer [J]. European Journal of Cancer Supplements, 2004, 2 (8): 180.

[25] LIONEL M BROCHE, NAVNEET BHADAL, MARK P LEWIS, et al. Early detection of oral cancer – Is dielectrophoresis the answer [J]. Oral Onconogy. 2007, 43 (2): 199 – 203.

[26] MO YANG, CHEE CHEW LIM, RONGLIH LIAO, et al, A novel micro fluidic impedance assay for monitoring endothelin induced cardiomyocyte hypertrophy [J]. Biosensors and Bioelectronics, 2007, 22 (8): 1688 – 1693.

[27] FATIMA H LABEED, HELEN M COLEY, MICHAEL P HUGHES. Differences in the biophysical properties of membrane and cytoplasm of apoptotic cells revealed using dielectrophoresis [J]. Biochimica et Biophysica Acta, 2006 (1760): 922 – 929.

[28] YIFAN WU, CHENGJUN HUANG, LEI WANG, et al. Electrokinetic system to determine

differences of electrorotation and traveling wave electrophoresis between　autotrophic and heterotrophic algal cells ［J］. Colloids and Surfaces A：Physicochemical and Engineering Aspects, 2005, 262 (1 -3)：57 -64.

［29］ JOEL KRAYER, SVETLANA TATIC - LUCIC, SUDHAKAR NETI. Micro - arheometer：High throughput system for measuring of viscoelastic properties of single biological cells ［J］. Sensors and Actuators B, 2006, 118 (1 -2)：20 -27.

［30］ P GASCOYNE, R PETHIG, J SATAYAVIVAD, et al. Dielectrophoretic detection of changes in erythrocyte membranes following malarial infection ［J］. Biochimica et Biophysica Acta, 1997, 1323 (2)：240 -252.

［31］ X J WANG, F F BECKER, P GASCOYNE. Membrane dielectric changes indicate induced apoptosis in HL - 60 cells more sensitively than surface phosphatidylserine expression or DNA fragmentation ［J］. BBA - Biomembranes, 2002, 1564 (2)：412 -420.

［32］ K RATANACHOO, P GASCOYNE, M RUCHIRAWAT. Detection of cellular responses to toxicants by dielectrophoresis ［J］. Biochimica et Biophysica Acta, 2002, 1564 (2)：449 -458.

［33］ Y HUANG, S JOO, M DUHON, et al. Dielectrophoretic cell separation and gene expression profiling on microelectronic chip arrays. ［J］. Analytical Chemistry, 2002, 74 (14)：3362 - 3371.

［34］ M YANG, X ZHANG. A novel impedance assay for cardiac myocyte hypertrophy sensing - ScienceDirect ［J］. Sensors and Actuators A：Physical, 2007, 136 (2)：504 -509.

［35］ H F LABEED, M H COLEY, H THOMAS. Assessment of Multidrug Resistance Reversal Using Dielectrophoresis and Flow Cytometry ［J］. Biophys, 2003, 85 (9)：2028 -2034.

［36］ M H COLEY, H F LABEED, H THOMAS. Biophysical characterization of MDR breast cancer cell lines reveals the cytoplasm is critical in determining drug sensitivity ［J］. Biochimica et Biophysica Acta (BBA)：General Subjects, 2007, 1770 (4)：601 -608.

［37］ M L BROCHE, N BHADAL, P M LEWIS. Early detection of oral cancer - Is dielectrophoresis the answer? ［J］. Oral Oncology, 2007, 43 (2)：199 -203.

［38］ 韩萍. 介电泳研究细胞介电响应规律、分离及重金属毒作用机理 ［D］. 北京：中央民族大学, 2008.

［39］ W MIKE ARNOLD, NICK R FRANICH. Cell isolation and growth in electric - field defined micro - wells ［J］. Current Applied Physics, 2006 (6)：371 -374.

［40］ PETHING R, MARKX G H. Applications of dielectrophoresis in biotechnology ［J］. Trends in Biotechnology, 1997, (15)：426 -432.

［41］ PRESMAM A S. Electromagnetic Fields and Life ［M］. New York：Plenum Press, 1970.

［42］ ZIMMERMANN U. Electrofusion of cells：principles and industrial potential ［J］. Trends in Biotechnology, 1983, 1 (5)：149 -155.

［43］ L H LI, M L HENSEN, Y L ZHAO, et al. Electrofusion between Heterogeneous - Sized Mammalian Cells in a Pellet：Potential Applications in Drug Delivery and Hybridoma Formation

[J]. Biophysical Journal, 1996, 71 (1): 479 –486.

[44] LI Y, DALTON C, CRABTREE H J, et al. Continuous dielectrophoretic cell separation microfluidic device [J]. Lab on A Chip, 2007, 7 (2): 239 –248.

[45] DOH I, CHO Y H. A Continuous Cell Separation Chip Using Hydrodynamic Dielectrophoresis Process [J]. Sensors and Actuators A, 2005, 121 (1): 59 –65.

[46] CHOI S, PARK J K. Microfluidic system for dielectrophoretic separation based on a trapezoidal electrode array [J]. Lab on A Chip, 2005, 5 (10): 1161 –1167.

[47] 徐溢, 曹强, 曾雪, 等. 阵列式对电极介电电泳芯片及其用于细胞分离富集研究 [J]. 高等学校化学学报, 2009, 30 (5): 876 –881.

[48] POHL H A. The Motion and Precipitation of Suspensoids in Divergent Electric Fields [J]. Journal of Applied Physics, 1951, 22 (7): 869 –871.

[49] 戴桐. 介电泳芯片的设计与实现 [D]. 哈尔滨: 哈尔滨工业大学, 2015.

[50] 郝敦玲, 徐溢, 曾雪, 等. 阵列叉指式芯片研究细胞介电电泳富集过程 [J]. 分析化学, 2009, 37 (9): 1253 –1257.

[51] 刘伟景, 张健, 万丽娟, 等. 介电泳操控纳米材料及其在微纳传感器中的应用 [J]. 传感技术学报, 2008, 21 (1): 17 –22.

[52] 朱晓璐, 易红, 倪中华. 基于介电泳的细胞介电参数测试芯片机理的数值分析 [J]. 机械工程学报, 2009, 45 (11) 197 –204.

[53] 费飞, 曲艳丽, 李文荣, 等. 基于介电泳的电极阵列电场仿真研究 [J]. 计算机仿真, 2008, 25 (2): 314 –318.

[54] Y HUANG, et al. Electrokinetic behaviour of colloidal particles in travelling electric fields: studies using yeast cells [J]. Journal of Physics D: Applied Physics, 1993, 26 (9): 312 –322.

[55] S MASUDA, M WASHIZU, I KAWABATA. Movement of blood cells in liquid by nonuniform travelling field [J]. IEEE Transactions on Industry Applications, 1988, 24 (2): 217 –222.

[56] R HAGEDORN, G FUHR, T MULLER, et al. Travelling wave dielectrophoresis of microparticles [J]. Electrophoresis, 1992, 13 (1 –2): 49 –54.

[57] H MORGAN, A GARCIA, D BAKEWELL. The dielectrophoretic and travelling wave forces generated by interdigitated electrode arrays: analytical solution using Fourier series [J]. Journal of Physics Conference Series, 2001, 34 (11): 1553 –1561.

[58] 张璐, 陈慧英. 微米及纳米级微粒的分离与操控研究进展 [J]. 内蒙古民族大学学报 (自然科学版), 2011, 26 (3): 262 –266.

[59] H A POHL, CEPLYMALE. Continuous Separations of Suspensions by Nonuniform Electric Fields in Liquid Dielectrics [J]. Electrochemical Society, 1960, 107 (5): 390 –396.

[60] 于鹏, 李明林, 董再励, 等. 基于行波介电泳原理的微粒操纵系统及实验研究 [J]. 仪器仪表学报, 2008, 29 (4): 33 –36.

[61] BALLANTYNE, GRANT RANDAL. Application of dielectrophoresis to mineral processing [D]. Brisbane: The University of Queensland, 2011.

［62］ CUI H H, LIM K M. Pillar array microtraps with negative dielectrophoresis ［J］. Langmuir, 2009, 25 (6): 3336 – 3339.

［63］ LIU W J, et al. Fabrication and characterization of a novel wafer – level micro – electrode system for dielectrophoresis manipulation ［J］. PHYSICA E, 2010, 42 (5): 1653 – 1658.

［64］ WEI C, WEI T Y, TAI F C. The characteristics of multi – walled carbon nanotubes by a two – step separation scheme via dielectrophoresis ［J］. Diamond & Related Materials, 2010, 19 (5 – 6): 573 – 577.

［65］ JIANG K, LIU W, WAN L, et al. Manipulation of ZnO nanostructures using dielectrophoretic effect ［J］. Sensors & Actuators B Chemical, 2008, 134 (1): 79 – 88.

［66］ 陈雨田. 介电泳原理与介电分选 ［J］. 国外金属矿选矿, 1965 (9): 30 – 36.

［67］ MIHAI LUNGU. Separation of small metallic nonferrous particles in low concentration from mineral wastes using dielectrophoresis ［J］. Mineral Processing, 2006, 78 (4): 215 – 219.

［68］ 徐明丽, 张正富, 杨显万. 纳米材料及其在电催化领域的研究进展 ［J］. 材料导报, 2006, 20 (7): 2 – 6.

［69］ THIERRY LUTZ, KEVIN J DONOVAN. Macroscopic scale separation of metallic and semiconducting nanotubes by dielectrophoresis ［J］. Carbon, 2006, 43 (12): 2508 – 2513.

［70］ JINJQILI, QING ZHANG, DAJIANG YANG, et al. Fabrication of Carbon Nanotube Field Effect Transistors by AC dielectrophoresis Method ［J］. Carbon, 2004, 42 (11): 2263 – 2267.

［71］ LIU WEIJING, ZHANG JIAN, WAN LIJUAN, et al. Dielectrophoresis of NanoMaterials and Application to Fabrication of Micro Nano Sensor ［J］. Chinese Journal of Sensors and Actuators, 2008, 21 (1): 1 – 6.

［72］ HEE WON SEO, CHANG SOO HAN, DAE GEUN CHOI, et al. Controlled assembly of single SWNTS bundle using dielectrophoresis ［J］. Microelectronic Engineering, 2005, 81 (1): 83 – 89.

［73］ JUNYA SUEHIRO, HIROSHI IMAKIIRE SHIN – ICHIRO HIDAKA, WEIDONG DING, et al. Schottky – type response of carbon nanotube NO_2 gas senor using dielectrophoretic impedance measurement ［J］. Sensors and Actuators B, 2006, 114 (2): 398 – 403.

［74］ M LUCCI, P REGOLLOSI, A REALE, et al. Gas sensing using single wall carbon nanotubes ordered with dielectrophoresis ［J］. Sensors and Actuators B: Chemical, 2005, 111 – 112 (11): 181 – 186.

［75］ JUNE – KI PARK, JONG – HONG LEE, CHANG – SOO HAN. Morphology control and integration of the carbon nanotube tip for AFM ［J］. Current Applied Physics, 2006 (6S1): 220 – 223.

［76］ JUNYA SUEHIRO, GUANGBIN ZHOU, HIROSHI IMAKIIRE, et al. Controlled fabrication of carbon nanotube NO_2 gas sensor using dielectrophoreticimpedance measurement ［J］. Sensors and Actuators B, 2005, 108 (1 – 2): 398 – 403.

［77］ J H NIEUWENHUIS, M J VELLEKOOP. Simulation study of dielectrophoretic particle sorters

　　　　［J］. Sensors and Actuators B, 2004, 103 (1 - 2): 331 - 338.

［78］ A ONISHI, M IWAMOTO, T AKITA, et al. Pig Cloning by Microinjection of Fetal Fibroblast Nuclei. Science (New York, N. Y.), 2000, 289 (5482): 1188 - 1190.

［79］ 官月平. 生物磁性分离研究进展 (II) ［J］. 化工学报, 2000, 51 (S1): 320 - 324.

［80］ 李贵平, 张辉, 汪勇先. 磁性纳米微粒在磁性分离技术中的应用进展 ［J］. 放射免疫学杂志, 2005, 18 (5): 380 - 383.

［81］ 杨慧, 郭航. 应用超声分离微纳米颗粒的微型装置的设计与微制造 ［J］. 功能材料与器件学报, 2008, 14 (1): 251 - 257.

［82］ 孙杰, 金珊. 无机膜回收硫酸法钛白生产中偏钛酸的研究 ［J］. 石油化工高等学校学报, 2001, 14 (4): 40 - 43.

［83］ 薛向东, 金奇庭, 郭新超. 超细 TiO_2 粒子的超滤分离及回用特性 ［J］. 环境污染治理技术与设备, 2005, 6 (6): 36 - 39.

［84］ 金珊, 孙杰. 用膜分离技术回收分子筛微粒 ［J］. 石油化工高等学校学报, 1996, 12 (2): 32 - 35.

［85］ 陈静, 林慧琼. 毛细管电泳技术及其在药物分析中的应用 ［J］. 广东药学院学报, 2003, 19 (1): 72 - 74.

［86］ 姚保利, 雷铭. 多功能光学微操纵平台及应用 ［J］. 激光与光电子学进展, 2007 (6): 16 - 27.

［87］ SHENG - HUA XU, YIN - MEI LI, LI - REN LOU, et al. Steady pattern of microparticles formed by optical tweezers ［J］. Japanese Journal of Applied Physics, 2002, 41 (1): 166 - 168.

［88］ 费飞, 曲艳丽, 董再励, 等. 面向微粒操纵的介电泳芯片系统研究 ［J］. 传感技术学报, 2007, 20 (10): 2194 - 2198.

［89］ PETHIG, RONALD. Dielectrophoresis: Using Inhomogeneous AC Electrical Fields to Separate and Manipulate Cells ［J］. Critical Reviews in Biotechnology, 1996, 16 (4): 331 - 348.

［90］ DONG EUI CHANG, SOPHIE LOIRE, IGOR MEZIC. Separation of bioparticles using the travelling wave dielectrophoresis with multiple frequencies ［J］. Mechanical & Environ, 2003, 6 (42): 6448 - 6453.

［91］ RALPH HOLZEL. Single particle characterization and manipulation by opposite field dielectrophoresis ［J］. Journal of Electrostatics, 2002, 56 (4): 435 - 447.

［92］ LIFENG ZHENG, SHENGDONG LI, PETER J BURKE, et al. Towards Single Molecule Manipulation with Dielectrophoresis Using Nanoelectrodes ［J］. Biochimica et Biophysica, 1999, 1428 (1): 99 - 105.

［93］ 朱树存, 易红, 倪中华. 实时可重构的共面型光诱导介电泳微操纵平台术 ［J］. 仪器仪表学报, 2008, 29 (6): 1143 - 1148.

［94］ ARNOLD W M, ZIMMERMANN U. Electrorotation: development of a techniq - ue for dielectric measurements on individual cells and particles ［J］. Electrostatics, 1988, 21 (2): 151 - 191.

[95] WANG X B, HUANG Y. A unified theory of dielectrophoresis and traveling wave dielectro-phoresis [J]. Journal of Physics D: Applied Physics, 1994, 27 (7): 1571 – 1574.

[96] G MEDORC, N MANARESI, M TARTAGNI, et al. A Lab – on – a – Chip for Cell Separation Based on the Moving – Cages Approach [C]. Prague: Conference of Eurosensors Ⅺ, 2002: 47 – 52.

[97] 占亮, 钟力生. 介电电泳在电磁操作生物芯片技术中的应用 [J]. 绝缘材料, 2004, 37 (2): 52 – 55.

第4章　吸附–介电泳去除水中重金属离子的显微研究

如前所述，水中重金属离子去除一直是水污染治理的难点。即便使用人们熟悉的吸附、膜技术等也存在着不同的问题。在用介电泳探索了对细胞[1]和一些无机微粒[2,3]的定位捕获及规律的实验研究基础上，我们就产生了一个设想，能否用介电泳去除水中的重金属离子？

众所周知，重金属离子带电荷，用电泳就能直接捕获。虽然近些年迅速发展的介电泳技术是处理不同性质微/纳米粒子的强大工具，但其并不适用直接捕获带电的重金属离子。因此，我们分析，可以先用某种微粒先吸附重金属离子，然后通过对电极施加外加电压，产生非均匀电场，捕获吸附了重金属离子的微粒而将重金属离子去除。最初，我们称之为介电泳间接去除水中重金属离子。后来实验发现，施加了非均匀电场，即将吸附与介电泳结合起来之后，与单纯吸附法相比，重金属离子的去除率显著提高，两种方法结合后建立了一种新的高效去除重金属离子的方法，我们称这种新方法为吸附–介电泳法[4,5]。后来研究的结果证明，吸附与介电泳结合后，介电泳对重金属离子去除效率的提高很明显，我们又将此法命名为介电泳促进吸附的作用[6,7]。

吸附法是重金属离子废水处理中较为常见的方法，用吸附法去除水中污染物的研究也很多，人们探索开发各种高效且低成本的吸附材料。使用的吸附剂以无机材料居多，除传统的活性炭吸附剂外，近年来将天然材料和矿物废料作为吸附剂的研究也越来越多[8-11]。

但采用吸附法仍然存在一个问题。John Batton 等[12]在利用羟基磷灰石的吸附作用与介电泳结合去除重金属离子的研究时就已经指出，虽然羟基磷灰石能够吸附水中的重金属离子，并且作为一种污染物清理工具有很好的效果，但是一旦它们吸附了重金属离子，这些悬浮微粒的有效去除就成为又一个难题。

为了实现利用介电泳与吸附法结合去除重金属离子，我们在自己组装的显微研究系统中探索了用各种吸附材料吸附重金属离子，用介电泳装置捕获吸附重金属离子的可能性[13]。首先要考察吸附材料自身在非均匀电场中的捕获及电压、频率等物理因素的响应规律，然后考察吸附了重金属离子后吸附材料在非均匀电场的介电泳捕获现象和介电响应的规律。

在这方面，Batton 等[12]于2007年首次从实验和理论模拟两个方面研究了利用羟基磷灰石和介电泳捕获重金属离子的可能性。在其研究中，羟基磷灰石微粒发生了负介电泳。在我们进行石油产品的精制研究过程中发现，在实际工艺中，利用正介电泳，更容易设计、组装装置去除微粒杂质，而流出的液体介质得到充分清洁。

在研究的最初阶段，我们选取了五种无机颗粒作为研究对象[13]，包括活性炭、空心微球、高岭土、沸石、皂土，以筛选适宜作为吸附－介电泳去除水中重金属离子研究的微米级吸附材料。

活性炭是目前较为常用的吸附剂，已经广泛用于吸附去除多种污染物。研究其在非均匀电场中的介电响应情况和迁移规律具有实际意义。本章研究中所用的空心微球是粉煤灰的副产品。粉煤灰已被用于吸附去除水中的重金属离子，且其组成与黏土接近，形状接近球形，适合作为介电泳研究的微粒模型。此前，我们对空心微球在油品介质中的介电泳研究较多，我们希望在水中空心微球也能很好地发生介电泳，尤其是能发生正介电泳。高岭土、沸石和皂土均为天然材料，具有粒度细、比表面积大、吸附性能良好、来源广、成本低等特点。将上述材料作为吸附剂研究，探索结合介电泳技术去除废水中的重金属离子，在经济效益和环境保护方面都具有重要意义。

根据《污水综合排放标准》（GB 8978—1996），铅作为第一类重金属污染物，其最高允许排放浓度为 1mg/L，最初在实验中配制铅离子的浓度为 3mg/L 左右。首先探索各种吸附材料吸附 Pb^{2+} 前的介电泳捕获作用，继而研究利用非均匀电场将吸附了铅离子的吸附材料粒子捕获的作用及介电捕获规律，为工业废水中重金属污染的治理提出一种可行的新方法。

4.1　吸附 Pb^{2+} 前吸附材料的介电泳响应

本节实验[13]中所用到的主要材料包括：空心微球［粉煤灰高级利用的一种副产品，深圳市海纳微特种材料有限公司生产，其主要成分为 SiO_2（质量分数 >55%）和 Al_2O_3（质量分数 >31%），粒径在 2～14μm，呈球形］，活性炭（化学纯，广西桂平市盛原活性炭厂），还有超纯水（实验室自制）、硝酸（优级纯，北京化工厂）、氢氧化钠（分析纯，北京化工厂）、$Cd(NO_3)_2 \cdot 4H_2O$（分析纯，天津市光复精细化工研究所）、$Pb(NO_3)_2$（分析纯，天津市大茂化学试剂厂）。

本实验中所用到的主要仪器见表4-1。

所用装置如图4-1所示。其中，1 为数码摄像仪，2 为函数信号发生器，3 为计算机，4 为显微镜，5 为介电泳微装置。

表4-1　主要实验仪器设备

仪器名称	型号	厂家
电子天平	JA2003B	上海越平科学仪器有限公司
数显恒温多头磁力搅拌器	HJ－6A	江苏省金坛市荣华仪器制造有限公司
超声清洗仪	KQ－250E	昆山市超声仪器有限公司
三目系统显微镜	CN15－T31	日本光器公司
数码摄像仪	HDCE－30	宁波永新光学仪器有限公司
函数信号发生器	SG1648	江苏洪泽电子设备厂
直流稳压电源	PS－305DM	北京双鸿电子公司
pH 计	MP511	上海三信仪表厂

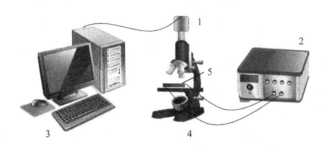

图4-1　显微静态介电泳研究装置的连接图

4.1.1　活性炭的介电响应规律

4.1.1.1　悬浮液浓度及测量方法的确立

悬浮液的浓度以适合观察为准，通过反复实验，我们确定了活性炭的浓度为0.1g/L，空心微球的浓度为0.5g/L。

除空心微球为规则的球体外，其余无机颗粒均为不规则的形状，选择接近球形的微粒进行考察。测量其粒径时，同一条件下的实验重复3～5次，最后取平均值。

迁移电压是指研究固定位置（两电极尖端连线的中点）的单个颗粒发生正介电泳时，从0V逐渐增加电压，直至能使颗粒发生瞬间迁移到电极尖端的最低电压，即定为该颗粒此次的迁移电压。如果颗粒发生负介电泳，固定位置选在相对两电极尖端连线的中点或是相邻两对电极对角线的交点上，从0V逐渐增加电压，至能使颗粒开始迁移的最低电压，即定为该颗粒的迁移电压。同一条件下的实验重复3～5次，最后取平均值，该平均值即为最后确定的迁移电压。

迁移距离是在迁移电压下，颗粒从固定位置迁移停止或迁移相同时间后，固定位置点与该点的垂直距离即为该颗粒这次的迁移距离。同一条件下的实验重复3～5次，最后取平均值，该平均值即为迁移距离。

4.1.1.2　活性炭在静态下的介电泳迁移规律

活性炭是水处理吸附法中广泛应用的吸附剂之一。其比表面积大，具有多孔结构。其制作原料广泛，绝大部分含碳物质均可制备活性炭，如木材、煤类、果壳、果核、废旧塑料、造纸废料、城市垃圾等废弃物[14,15]。

将 0.01g 活性炭与超纯水配制成 100mL 悬浮液，超纯水的电导率为0.97μS/cm，新配置的悬浮液的电导率为 3.5μS/cm。将悬浮液用磁力搅拌器搅拌 24h，至电导率稳定，其电导率为 3.7μS/cm。将悬浮液注入到微型介电泳池中，观察施加电压后颗粒的介电泳捕获情况以及迁移规律（见图 4-2）。虽然电极形状、电极宽度、电极通道宽度不同，在四种情形下均发生了正介电泳现象，并且活性炭颗粒在相对两电极尖端之间有成链现象。活性炭颗粒易被介电泳力捕获，且所需迁移电压均不超过 2.5V。

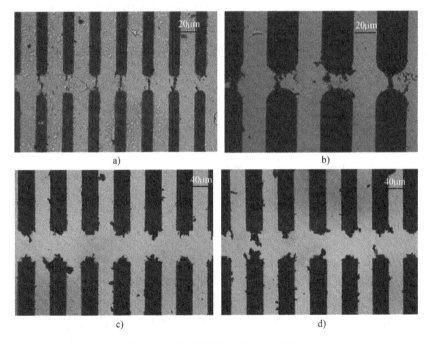

图 4-2　活性炭颗粒的正介电泳现象

具体介电泳响应条件见表 4-2。活性炭是石墨结构炭的一种变体，每个碳原子以 sp² 杂化状态与相邻的三个碳原子结合成键，构成层状结构，每层上的原子各提供一个含成单电子的 p 轨道形成一个大 π 键。由于大 π 键的存在，电子云活动性强，使得活性炭颗粒的极化能力强于水介质，故容易发生正介电泳捕获。

表4-2 活性炭颗粒在不同实验条件下的实验现象

图	电极	电压/V	频率/Hz	现象
图4-2a	半圆形电极宽为20μm，通道宽为20μm	1.5	50	正介电泳现象并伴有成链现象
图4-2b	半圆形电极宽为40μm，通道宽为20μm	2	50	正介电泳现象并伴有成链现象
图4-2c	指凸形电极宽为40μm，通道宽为40μm	2.5	50	正介电泳现象
图4-2d	指凸形电极宽为40μm，通道宽为40μm	2.5	200k	正介电泳现象

由图4-3可见，通道宽度对迁移电压有一定的影响。当频率为200kHz时，指凸形电极阵列中，通道宽度为40μm的电极阵列中活性炭颗粒所需的迁移电压要高于通道宽度为20μm的阵列。这是因为随着相对两电极尖端距离的变大，在电极中间产生的电场强度也会减小。电场强度的方均根与介电泳力成正比，因此介电泳力也会减小，故需要增加电压达到活性炭微粒迁移所需的介电泳力。

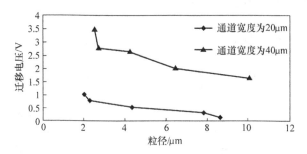

图4-3 不同通道宽度下迁移电压随粒径变化图

研究中还发现，介电泳响应时间延长，活性炭颗粒的收集量不断增多，并且成链现象也会明显增加。这是因为颗粒不仅在非均匀电场中产生介电泳捕获，还将受到颗粒内感应偶极矩形成的场强的影响，即颗粒之间发生互相介电泳作用而成链[16]。在利用介电泳和流体驱动的碳纳米管组装研究中，谭苗苗等[17]也发现，在其他参数相同的情况下，增加介电泳时间可使电极间沉积碳管的密度增加。这可由微粒间的相互介电泳作用来解释[18]。

在一定范围内，电压越高，颗粒之间的相互介电泳越明显。如果外加电场越强，沿电场方向取向的偶极矩越多，即电介质极化的强度越强，颗粒之间的相互介电泳也就越明显。

F. Du 等[19]在粒子及液滴速度模拟中发现，对于一个假定大小的粒子，粒

子的速度 v 是电压 U 的函数。

$$v = n_1 U^2 + n_2 U \tag{4-1}$$

从式（4-1）中不难看出，粒子迁移的速度与电压的关系，随着电压的升高，粒子的速度也不断升高。正介电泳中速度与电压呈现抛物线关系，而不是线性的。

我们在研究中发现，电压并非越高越好。在实际操作中，电压不宜过高。外加电压的增加，溶液的热对流增强，活性炭颗粒运动速度不断增加，热运动也相对较剧烈。而且，我们对于无机微粒的介电泳迁移的研究发现，每种粒子都有一个特征迁移电压[20]，超过这一迁移电压，粒子将离开原来的捕获位置。

考察粒径对迁移电压的影响，结果如图 4-4 所示。在频率为 50Hz 时，粒径小于 4μm 左右的颗粒，其迁移电压随着粒径的增大而增加；但粒径大于 4μm 的颗粒，其粒径与迁移电压成负相关。其他一些研究中也表明粒径的差异直接影响着介电泳迁移率[21,22]。

$$\vartheta_{\mathrm{DEP,sphere}} = \frac{r^2}{18\mu}\mathrm{Re}(\widetilde{\alpha}) \tag{4-2}$$

式中，$\mathrm{Re}(\widetilde{\alpha})$ 为颗粒复合有效极化率 $\widetilde{\alpha}$ 的实数部分，μ 为黏性系数，r 为颗粒粒径，$\vartheta_{\mathrm{DEP,sphere}}$ 为介电泳迁移率。

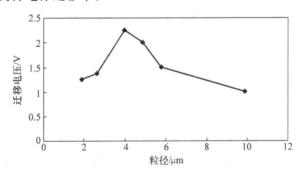

图 4-4　迁移电压随粒径变化图

根据式（4-2）可知，粒径与介电泳迁移率成正比，颗粒越大越易迁移，即当其他条件相同时所需迁移电压也越低。但当颗粒非常小时，其所受的重力非常小，颗粒在水平运动时，运动阻力也会比大的颗粒小，因此粒径很小的颗粒迁移所需迁移电压反倒比较低。这一结果表明，在使用吸附剂与介电泳结合去除重金属离子污染物时，要选择适宜的粒径范围。在我们的显微研究中，粒径为 6 ~ 8μm 的活性炭颗粒更适合作为实验对象研究，其大小易于观察和测量，且其迁移电压相对较低。

4.1.2　吸附 Pb^{2+} 之前空心微球的介电泳响应

空心微球为规则的球体，适合作为颗粒模型进行介电响应规律的研究。

称取 0.05g 空心微球，与超纯水配制成 100mL 悬浮液，超纯水的电导率为 1.4μS/cm，新配置的悬浮液的电导率为 8.6μS/cm，用磁力搅拌器搅拌 24h，以使空心微球能够均匀分散在水中，测量其电导率为 8.6μS/cm。将悬浮液注入到微型介电泳池中进行观察。

实验发现，在未施加电压时，空心微球随机分布。施加外加电压后，空心微球被捕获到电极表面或电极间隙，即发生负介电泳现象（见图 4-5）。外加频率增加时，空心微球的负介电泳现象趋于明显，被捕获于相邻电极间。与低频相比，颗粒捕获位置发生了明显的变化，低压时，微粒被迁移到电极表面，随着频率的增加，使微粒的迁移电压也随之增加。而且微粒被迁移到电极的间隙。

空心微球发生负介电泳，是由于其极化能力低于水介质。当颗粒的极化程度低于介质时，在任何频率下，颗粒都会被排斥到场强弱的区域[23]，即负介电泳。利用不同形状的电极进行微粒的介电泳迁移实验，观察发现，电极形状对介电泳现象的影响不明显。

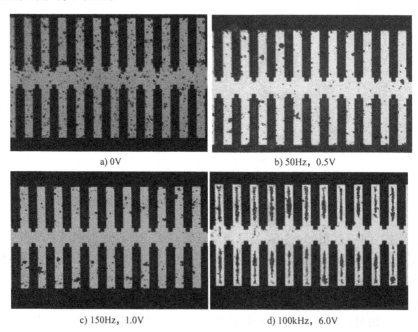

　　　　　a) 0V　　　　　　　　　　　　　　b) 50Hz，0.5V

　　　c) 150Hz，1.0V　　　　　　　　　　d) 100kHz，6.0V

图 4-5　空心微球的负介电泳现象

考察粒径对迁移距离的影响，结果如图 4-6 所示。在 0.5V、50Hz 的条件下，迁移距离随粒径的增大，先增加后减小，在粒径约 6μm 的颗粒迁移距离达到最大，与活性炭的实验结果相似。当颗粒粒径小于 6μm 时，颗粒所受的重力远远小于受到的介电泳力，较大的颗粒受到的介电泳力也相应较大，迁移距离较远。但是当颗粒的粒径大于 6μm 时，由于重力的存在，当颗粒水平运动时，运动阻力就会增大，因此越大的颗粒迁移的距离越短。在 Lin 等[22] 的实验中也得到了相似的结论。在本研究中，考察吸附材料的介电泳捕获时，选择粒径在 4 ~ 7μm 的颗粒为宜。但在后来的动态体系研究中，由于流体介质对粒子的驱动作用，发现颗粒的大小不是主要因素。当同时考虑迁移电压和颗粒的吸附能力时，选择粒径比较小的微粒更有利。

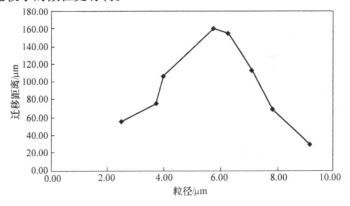

图 4-6　迁移距离随粒径变化图

　　考察一定频率范围内，空心微球所需的迁移电压随频率的变化。发现频率越高，粒子所需的迁移电压越高，如图 4-7 所示。这与 Takashima 等[24] 的结论相似。Takashima 指出频率在 0.5Hz ~ 100kHz 之间时，频率越高，其阈值电位越高。可见，低频时颗粒被捕获所需的电压更低。因此，实际应用中，可选择直流电或 50Hz 的交流电。

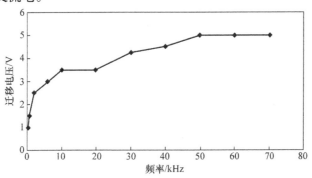

图 4-7　迁移电压随频率变化图

4.1.3　活性炭与空心微球复合的介电泳迁移

在显微研究中，我们一直希望微粒发生正介电泳，以便在工艺装置中，更好地利用介电泳捕获吸附材料的颗粒。首先尝试在空心微球的悬浮液中加入表面活性剂，发现加入表面活性剂后，空心微球颗粒被捕获到电极尖端和边缘，即发生正介电泳现象。

继续尝试将活性炭颗粒与空心微球颗粒复合，如图4-8所示，在空心微球的悬浮液中，加入0.005g活性炭充分混合24h后，电导率为11.64μS/cm。频率调节至50Hz，当外加电压调到2.5V时，空心微球与活性炭的复合颗粒被吸附于电极尖端和电极两侧边缘，即在电场中发生明显的正介电泳。

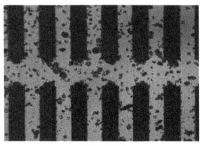 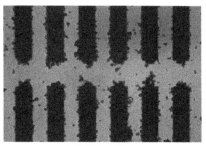

a) 外加电场前　　　　　　　　　　　　　　　b) 外加电场后

图4-8　复合颗粒的正介电泳现象

通过调节活性炭与空心微球的比例，探索以使悬浮微粒发生正介电泳的概率。分别用活性炭和空心微球质量比为1:5、1:10、1:15、1:20的配制成100mL的悬浮液。发现质量比为1:10时，复合微粒发生正介电泳的概率最高，如图4-9所示。

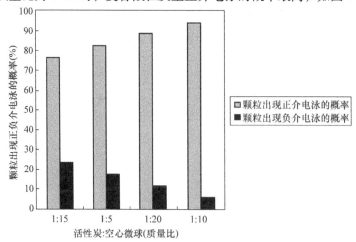

图4-9　不同质量比的空心微球与活性炭复合颗粒的介电泳情况

　　探索无机微粒吸附重金属离子前在电场中的迁移规律，可与吸附了重金属离子的无机微粒的介电响应情况进行比较，为实际工艺设计提供实验依据。其中，空心微球，由于其特殊的组成和形状，是我们最初探索介电泳研究的模型微粒，我们充分地探索了其在水等流体介质中的介电泳迁移现象。但当空心微球单独存在于水介质中时，其发生的是负介电泳。在研究吸附材料本身的介电泳捕获时，我们一直希望发生正介电泳，为此在空心微球中添加表面活性剂，以增加其极化能力，或者将活性炭与空心微球复配。

4.1.4　吸附 Pb^{2+} 后活性炭、空心微球的介电泳迁移规律

　　我们对已有的实验研究进行了分析，认为发生正介电泳的主要原因是粒子的极化能力要强于流体介质。因此推测，当微粒表面吸附了重金属离子后，分布在粒子表面的离子，在外加电场的作用下，容易发生位移，即可增加空心微球的极化能力，将会发生正介电泳。下面的实验证明我们的设想是对的。这就意味着，我们在实际应用中，可使吸附材料直接吸附重金属离子即可发生正介电泳。

4.1.4.1　活性炭吸附 Pb^{2+} 后的介电泳迁移规律

　　配制浓度为 1g/L、0.5g/L、0.25g/L、0.125g/L、0.0625g/L 硝酸铅溶液100mL，然后分别向其中加入 0.05g 活性炭，搅拌24h，使 Pb^{2+} 能够被空心微球充分吸附，测量悬浮液电导率变化。

　　由图 4-10 可见，Pb^{2+} 悬浮液中铅离子浓度越高，电导率变化得越明显。悬浮液的电导率在24h 达到稳定。期间，电导率会发生波动。这可能是因为最初悬浮液中的 Pb^{2+} 被活性炭吸附，与活性炭中的杂质离子发生离子交换，导致电导率在短时间内（一般在 5h 之内）先降低再升高。而随着离子交换作用逐渐达到吸附平衡，电导率再次下降[12,25]。

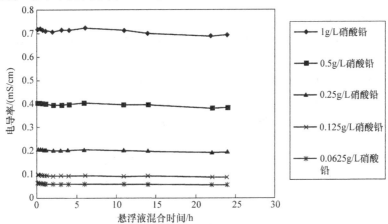

图 4-10　电导率随混合时间变化图

　　吸附了 Pb^{2+} 的活性炭在电场中呈现正介电泳，与纯活性炭相比，所需捕获电压较高，颗粒迁移也较为缓慢。可能是由于 Pb^{2+} 本身的摩尔质量较大，活性炭吸附 Pb^{2+} 后，自身所受重力增大，从而运动阻力增大。

　　考察粒径对迁移电压的影响，结果如图 4-11 所示，随着粒径的增大，所需迁移电压有变小的趋势。这与单独考察吸附材料本身的介电泳迁移规律相一致。如果只考虑迁移电压的因素，活性炭的粒径较大时有利于捕获粒子。但考虑到吸附材料的粒径较小时，比表面积较大，吸附的离子较多，故活性炭的粒子尺寸不宜过大。

　　Pb^{2+} 的初始浓度对介电泳迁移是否有影响呢？接下来我们考察了迁移电压与 Pb^{2+} 浓度的关系。在图 4-11 中，当颗粒直径大于 $2\mu m$ 时，比较 Pb^{2+} 浓度分别为 $5.7mg/L$ 和 $11.4mg/L$ 的实验结果，Pb^{2+} 的浓度高的悬浮液，颗粒所需迁移电压也相应要高。因而，可以初步得出，采用介电泳间接去除重金属离子的污染时，适宜处理低浓度的重金属离子，可用于重金属污染的深度治理。

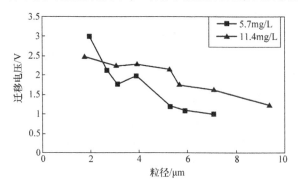

图 4-11　迁移电压随粒径变化图

4.1.4.2　空心微球吸附 Pb^{2+} 后的电导率

　　配制浓度不同硝酸铅溶液 $100mL$，然后分别向其中加入 $0.05g$ 空心微球，搅拌 24h，使 Pb^{2+} 能够被空心微球充分吸附，空心微球的直径在 $1\sim10\mu m$ 左右。测量悬浮液电导率在 24h 之内的变化情况，如图 4-12 所示。

　　空心微球与硝酸铅的混合悬浮液的电导率在 7h 之内有所增加，这可能是溶液中的离子和空心微球所释放出的离子发生了离子交换作用所产生的结果[12]。从第 7 小时开始，电导率开始下降，24h 后基本上达到吸附平衡。这可能是因为空心微球中含有的硅氧、铝氧四面体组成的聚合程度不同的无规则网络结构吸附铅离子，从而降低了悬浮液的电导率[25]。从实验中观察到铅离子浓度越大，电导率变化越明显。

4.1.4.3　空心微球吸附 Pb^{2+} 后的介电泳现象

　　配置硝酸铅浓度为 $3.125mg/L$ 的溶液 $100mL$，并向其中加入 $0.05g$ 空心微

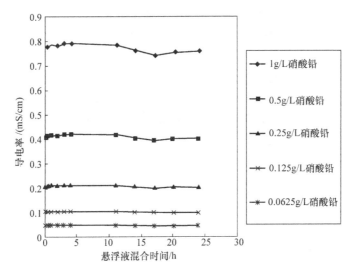

图 4-12　电导率随混合时间变化图

球，充分混合后，悬浮液的电导率为 10.85 μS/cm。观察空心微球在未加电时在阵列芯片电极中的分布，如图 4-13a 所示，空心微球的粒子呈随机分布。在 6V、50Hz 的条件下，大部分颗粒吸附于电极边缘，发生正介电泳现象（见图 4-13b）。这可能是由于空心微球吸附了 Pb^{2+} 后，其电导率增加。根据介电泳原理，低频时，若微粒的电导率大于其周围介质，还可能因为 Pb^{2+} 的电子位移极化率较大（$4.8 \times 10^{-40} F \cdot m^2$），因此空心微球吸附 Pb^{2+} 后极化能力增加。所以空心微球在电场中发生了正介电泳。这正是我们一直想要得到的结果，在我们的介电泳研究实践中，已经明确，在工艺装置中正介电泳作用能更有效地捕获粒子。

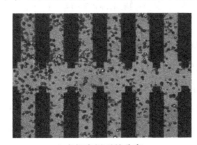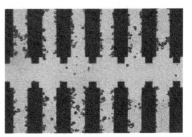

a) 未加电场下的分布　　　　　　　　b) 施加交流电场后的分布(6V，50Hz)

图 4-13　吸附铅离子前后空心微球的介电泳捕获

　　吸附了铅离子的空心微球的粒径对介电泳迁移会有怎样的影响呢？考察吸附了铅离子的空心微球粒径对迁移电压的影响情况，如图 4-14 所示。由图可见，当颗粒大于 6.5 μm 时，颗粒越大，所受介电泳力越大，因此越大的颗粒也越容易迁移。这与未吸附铅离子时空心微球粒径对迁移电压的影响是一致的。

　　在粒径大于 6.5μm 时，如前所述，介电泳力 $F_{DEP} \propto R^3$，粒径越大，所受介电泳力越大，并且随着粒径的增大，介电泳力的增加速率比粒径要快很多。故而粒径越大的粒子，在较低外加电压时，即可发生迁移。当颗粒粒径小于 6.5μm 时，由于颗粒较小，所受重力较小，所以一旦施加一个推力，颗粒便会迁移，因此越小的颗粒越易迁移。在实际利用介电泳的水处理去除工艺中，应综合考虑迁移电压和微粒的吸附能力。

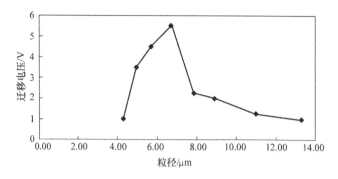

图 4-14　迁移电压随粒径变化图

4.1.5　空心微球吸附不同重金属离子后的介电泳

　　考察不同重金属离子的介电泳迁移情况。空心微球分别吸附相同浓度（3.125mg/L）的硝酸铅、硝酸镉、氯化镍和硫酸锰，其粒径与迁移电压的关系如图 4-15 所示。图 4-15a 为吸附了硝酸铅、硝酸镉的空心微球的粒径对迁移电压的影响情况，图 4-15b 为吸附了氯化镍和硫酸锰的空心微球的迁移规律。

　　由图 4-15a 可见，在所考察的范围内，吸附了硝酸铅和硝酸镉的空心微球，粒径越小，所需迁移电压越低。由图 4-15b 可见，吸附了氯化镍和硫酸锰的空心微球的情况恰好相反，粒径越大，所需迁移电压越低。虽然变化规律有所不同，空心微球吸附不同重金属离子后，在水介质中均能被非均匀电场捕获，捕获电压相近，而且发生捕获的电压都比较低。这表明，在实际处理重金属离子废水时，可在同一个装置中采用吸附 - 介电泳技术去除水中多种重金属离子。对于捕获电压相差较多的离子，也可以根据重金属离子极化率的区别，设计出多级重金属离子去除设备，通过在设备的不同级中控制不同的电压，将多种共存的重金属离子分级去除。

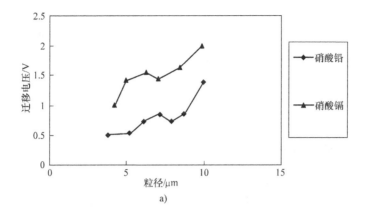

a)

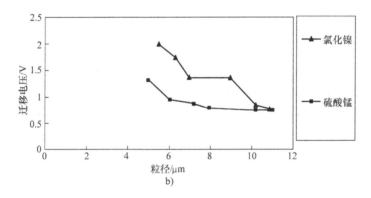

b)

图 4-15　迁移电压随粒径变化图

4.2　利用天然吸附材料及吸附 - 介电泳去除重金属离子

在对空心微球和活性炭进行了充分的实验研究后，我们思考，其他吸附材料是否也可以通过与介电泳作用结合，将重金属离子高效去除呢？

近年来，天然地质材料运用于吸附去除水中污染物的研究越来越多，尤其在去除水中重金属离子的方面越来越受到环境工程界的重视。沸石是最早用于重金属污染治理的地质材料，其吸附和离子交换性能优异、储量丰富、价格低，因其对 Pb 和其他的重金属离子具有很强的亲和力，而被越来越广泛地应用于废水的治理中[10,11,26]。

如前所述，空心微球的组成与黏土矿物的组成接近，那么是否可以采用更为廉价易得的黏土矿物作为吸附剂呢？高岭土和皂土作为黏土矿物具有比表面积大、孔隙率高、极性强等特征，对水中各种类型的污染物质也有良好的吸附性能。高岭石片层带负电性，能吸附水中带正电荷的离子和微粒[27,28]。皂土也称膨润土，是一种以蒙脱石为主的黏土矿物，是由两个 Si—O 四面体晶片和 Al—O 八面体晶片组成的铝硅酸盐。八面体中有部分 Al^{3+} 被 Mg^{2+} 置换，四面体中有部分 Si^{4+} 被 Al^{3+} 置换，便产生了永久性负电荷，需吸附阳离子才能达到平衡，因而蒙脱石具有较强的吸附性和离子交换性[29]。我们下面的实验研究，分别采用皂土和高岭土作为吸附材料。

4.2.1 皂土吸附－介电泳去除重金属离子

4.2.1.1 吸附材料的分散及筛选

称取 0.01g 皂土（高岭土、沸石亦同），将其与超纯水配制成 100mL 悬浮液。将悬浮液用磁力搅拌器搅拌，使颗粒能够均匀分散在水中，并定时测量其电导率。考察悬浮液的电导率随时间的变化。高岭土和沸石悬浮液的电导率随着时间的增加，电导率也不断地上升，在观察的时间内，电导率没有达到稳定状态，不适宜作为实验对象。

图 4-16 显示了皂土悬浮液的电导率随着时间的增加，达到 16μS/cm 后，电导率逐渐平缓。随后对皂土进行实验的过程中发现，其正介电泳现象都会随着电导率增加而变得更为明显。因此，将皂土颗粒选为主要实验对象进行研究。

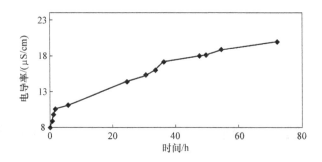

图 4-16　悬浮液电导率随时间变化图

观察一定电导率条件下颗粒的介电泳现象。外加频率为 50Hz、电压为 2V 的条件下，皂土悬浮液的电导率为 12.18μS/cm 时，出现正介电泳现象，颗粒吸附于电极尖端与电极边缘（见图 4-17）。最后在三种天然材料中，选择皂土颗粒为实验材料。

4.2.1.2 皂土吸附重金属离子后的介电泳迁移规律

由于皂土黏性很大，皂土颗粒之间非常容易互相粘连成簇。实验中对于成簇颗粒是作为单一颗粒处理。因为团聚后的颗粒体积较大，所以实验中所测量的粒径也相应较大。由于皂土颗粒出现正介电泳时，在电极捕获的位置变化很大，因

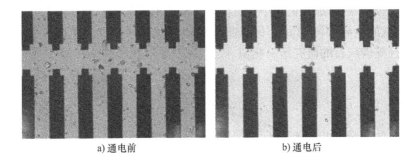

a) 通电前　　　　　　　　　　　　　　b) 通电后

图 4-17　皂土悬浮液通电前后在电极阵列上的分布

此我们选择测量其迁移距离。迁移距离随粒径的变化规律如图 4-18 所示。在 50Hz、2V 的条件下，大于 9μm 的皂土颗粒的变化规律随粒径增大，其迁移距离减小，即粒径越小越易迁移，与小于 6μm 的空心微球的规律类似。这可能由大的微粒所受到的重力引力较大所致。

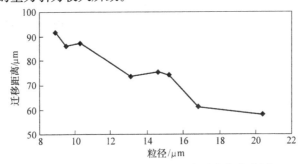

图 4-18　皂土悬浮液中迁移距离随粒径变化图

配制浓度为 3mg/L 的硫酸锰和硝酸镉溶液 100mL，分别向其中加入 0.01g 皂土，搅拌后测量其电导率，加入重金属离子后的皂土悬浮液的电导率随时间的变化如图 4-19 所示。

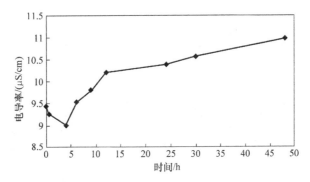

图 4-19　加入锰离子的皂土悬浮液的电导率随时间变化图

在皂土悬浮液中加入镉离子后，电导率随着时间的增加而逐步上升，与无机颗粒悬浮液的电导率随时间变化的曲线相似（见图4-20），并且与John Batton等[12]对羟基磷灰石的研究结果相似。

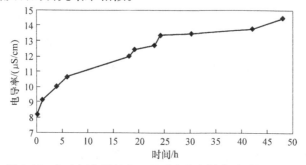

图4-20　加入镉离子的皂土悬浮液的电导率随时间变化图

加入镉离子后，悬浮液中发生离子交换。镉是第五周期元素，Cd^{2+}的离子半径相对Mn^{2+}较大，因而外层电子云密度低，离子交换时负电子基团与离子之间的吸引力相对较弱，也可能是导致两种离子的悬浮液电导率随时间变化不同的原因[30]。

在50Hz、2V的条件下，观测到加入重金属离子后皂土微粒的正介电泳现象明显，如图4-21所示。这说明重金属离子对皂土颗粒的极化能力有影响。

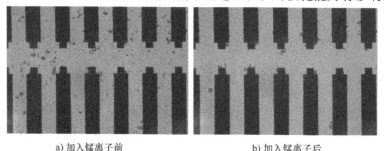

a) 加入锰离子前　　　　　　　　　　　b) 加入锰离子后

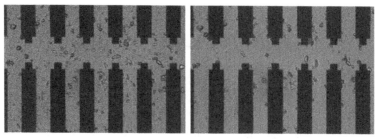

c) 加入镉离子前　　　　　　　　　　　d) 加入镉离子后

图4-21　皂土悬浮微粒加入重金属离子前后的介电泳捕获

加入重金属离子后，皂土颗粒与重金属离子发生离子交换。因此，改变了原皂土颗粒的表面性质及悬浮液中的离子组成，使得介电泳现象相对于纯皂土溶液来说有所不同。

在 50Hz、2V 的条件下，在相同的时间内（15s）探索吸附重金属离子后，皂土粒径对颗粒迁移的影响。由图 4-22 可以看出，迁移距离随粒径的增大而减小。其变化趋势与皂土颗粒所得结果相似。颗粒粒径小于 10μm 时，更易发生介电泳迁移。

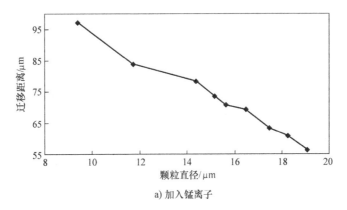

a) 加入锰离子

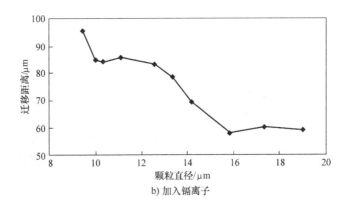

b) 加入镉离子

图 4-22　加入重金属离子的皂土悬浮液迁移距离随粒径变化图

4.2.2　五种吸附材料的比较

通过对五种不同无机颗粒吸附重金属离子前、后的介电响应观察，对比分析得到如下结果。无机颗粒的形状对介电响应的研究以及规律的总结，有一定的影响。对于活性炭、皂土、高岭土、沸石这四种无机微粒来讲，它们的形状不规则，对于规律的总结有一定的困难。有时会因为形状差异大而使结果产生较大的变化，而空心微球的形状规则，测量较准确，易于从中总结规律。

在实验中，活性炭颗粒在电场中极易成链，空心微球在高频时有成链的现象。而高岭土、沸石和皂土三种颗粒没有观察到成链现象。

吸附重金属离子前活性炭颗粒在电极阵列中为明显的正介电泳现象，且颗粒大部分捕获于电极尖端。空心微球在电极阵列中为负介电泳，且捕获位置随频率的增加，从电极表面转移至电极间。加入少量活性炭的空心微球在低频时出现正介电泳现象，捕获位置在电极的边缘处。高岭土和沸石在一定电导率下都是负介电泳，并且与空心微球不同的是，其捕获位置是在电极尾端的表面。但是，由于高岭土和沸石的捕获位置已经超出了观察区域，且不易定量分析，因此，未对两者进行进一步的研究。皂土在一定电导率下为正介电泳，且随着电导率的增加，正介电泳现象越明显。吸附重金属离子后，空心微球由负介电泳变为正介电泳，带有重金属离子的空心微球大多被捕获于电极边缘。

实验中，采用了三种不同的电极形状，分别是半圆形电极、方形电极和指凸形电极，电极尖端形状对这五种颗粒的捕获影响不大。但相对两电极的尖端距离，即电极的通道宽度对颗粒是否成链有一定的影响。宽度为 $20\mu m$ 时易成链，$40\mu m$ 时不易成链。

最终我们选择指凸形电极为主要的研究电极，研究吸附了重金属离子后的无机颗粒的介电响应情况。

4.2.3　结论

本节通过对高岭土、沸石、皂土三种不同无机颗粒吸附重金属离子前、后的介电响应观察，得到如下实验结论：

1）电导率：吸附重金属离子前，皂土的电导率虽然在一定时间内变化较大，但最终趋于平稳。而高岭土和沸石的电导率变化很大，直接影响了对颗粒介电性质的研究。吸附重金属离子后，皂土的电导率在实验中没有达到稳定。

2）颗粒形状：三种颗粒形状均不规则，并易成簇。研究时需重复实验且多次测量取平均值。

3）粒径：吸附重金属离子前后，皂土颗粒均是粒径越小越易迁移。

4）不同重金属离子的介电响应：皂土颗粒分别吸附了锰离子和镉离子后，其迁移距离随粒径的变化趋势相似。

4.3　以贝壳粉为吸附剂吸附 - 介电泳去除重金属离子

方解石是一种碳酸钙矿物，它是最常见的天然碳酸钙。研究发现，方解石能用于吸附重金属离子，它通过表面溶解沉淀作用与大多数重金属离子生成难溶的碳酸盐以及 Ca 离子交换作用去除重金属离子[31,32]。

贝壳，主要成分为 95% 的碳酸钙和少量的壳质素，主要具有三层结构[32]：最外层为黑褐色的角质层（壳皮），由外套膜边缘分泌的壳质素构成；中层为棱柱层（壳层），由外套膜边缘分泌的棱柱状的方解石构成；内层为珍珠层（底层），由外套膜整个表面分泌的叶片状霰石（文石）叠成。

由于贝壳具有上述结构，因此其在重金属离子吸附方面具有一定的潜在应用。而且，在国内的餐饮行业，贝壳常作为厨余垃圾而弃之，若能将它们回收并用于水中重金属离子的吸附，不仅可以治理环境污染，还可以实现固体废弃物资源化利用。

本节实验表明[33]，贝壳粉微粒在自行构建的微观介电泳装置中发生了明显的负介电泳现象，表明介电泳技术能够成功地对贝壳粉微粒进行介电泳捕获。进一步将吸附了重金属离子后的贝壳粉微粒进行介电泳捕获研究，探究不同因素对吸附了重金属离子的贝壳粉微粒介电泳迁移情况的影响，得出其介电响应条件以及介电泳迁移规律，为吸附－介电泳法治理工业重金属离子废水提供了新的低成本吸附材料。

4.3.1 实验部分

4.3.1.1 实验材料与仪器

本节的实验研究中所用其他试剂、仪器同前。贝壳粉的制备，是将烧烤食用后剩余的扇贝贝壳洗净后自然风干，粉碎成均匀细粉末，过 300 目筛。

4.3.1.2 实验方法

将 $Cd(NO_3)_2 \cdot 4H_2O$ 溶解于超纯水中，配制成 Cd^{2+} 质量浓度为 100mg/L 的硝酸镉溶液，用 HNO_3 和 NaOH 溶液调节溶液 pH 值为 5，称取 0.05g 贝壳粉投入 50mL 硝酸镉溶液中，于 25℃ 下恒温搅拌 48h，在超声清洗仪中超声 5min，配成悬浮液。将分散好的悬浮液滴至介电泳微电极芯片上，施加不同频率和电压 12min，观察贝壳粉吸附 Cd^{2+} 后介电泳迁移情况，可得出频率对贝壳粉吸附 Cd^{2+} 后介电泳的影响规律。

悬浮液的配制同上，将分散好的悬浮液滴至介电泳微电极芯片上，在频率、电压、贝壳粉的投加量、Pb^{2+} 和 Cd^{2+} 质量浓度等因素中，固定其他因素，改变一个因素，考察该因素对贝壳粉吸附 Pb^{2+} 或 Cd^{2+} 离子后介电泳迁移情况，以获得该因素对介电泳捕获的影响规律。

4.3.2 实验结果与讨论

4.3.2.1 频率对贝壳粉吸附 Cd^{2+} 后介电泳迁移的影响

图 4-23 为不施加电场与施加一定的频率和电压 12min 后，通过 DN－2 显微

镜图像处理系统分别观察到吸附 Cd^{2+} 的贝壳粉在介电泳微阵列芯片上的介电泳迁移情况。

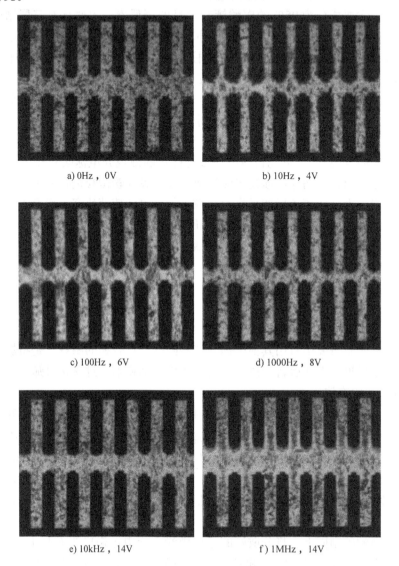

a) 0Hz，0V　　　　　　　　　　　b) 10Hz，4V

c) 100Hz，6V　　　　　　　　　　d) 1000Hz，8V

e) 10kHz，14V　　　　　　　　　　f) 1MHz，14V

图 4-23　频率对贝壳粉吸附 Cd^{2+} 后介电泳迁移的影响

　　当不施加电场（见图 4-23a）时，吸附了 Cd^{2+} 的贝壳粉微粒在介电泳微阵列芯片上呈随机分布。显微镜图像处理系统分别观察到吸附 Cd^{2+} 的贝壳粉在介电泳微阵列芯片上的介电泳迁移情况。

　　随着频率的升高，吸附了 Cd^{2+} 的贝壳粉微粒负介电泳现象越来越明显，当施加电场频率为 10kHz、电压为 14V 时，吸附了 Cd^{2+} 的贝壳粉微粒开始呈竖向直线形有序排列于电极条间的通道内（见图 4-23e），在 1MHz、14V 时可以看到贝壳粉微粒非常明显地被捕获于电极条间的通道内，发生了非常明显的负介电泳（见图 4-23f）。

4.3.2.2　交流电压对贝壳粉吸附 Cd^{2+} 后介电泳迁移的影响

固定频率为 100kHz，施加不同交流电压 12min 后，通过 DN－2 显微镜图像处理系统分别观察贝壳粉吸附 Cd^{2+} 在介电泳微阵列芯片上的介电泳迁移情况，结果如图 4-24 所示。

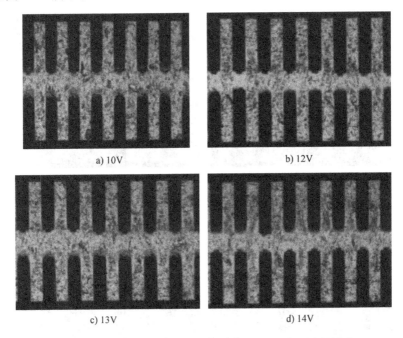

a) 10V　　　　　　　　　　b) 12V

c) 13V　　　　　　　　　　d) 14V

图 4-24　交流电压对贝壳粉吸附 Cd^{2+} 后介电泳迁移的影响

在图 4-24a 中可以看到，施加电压为 10V 时吸附了 Cd^{2+} 的贝壳粉微粒并没有十分明显地有序排列，随着电压逐渐升高，贝壳粉微粒逐渐在电极条之间有序排列。电压升高至 14V 时，吸附了 Cd^{2+} 的贝壳粉微粒已经明显地呈竖向直线形有序排列于电极条间的通道内，发生明显的负介电泳（见图 4-24d）。但当施加交流电压为 15V 时，电极就开始出现破损，因此更高的电压并不适宜继续进行实验。在频率一定且施加交流电压低于电解电压条件下，电压越高，吸附了 Cd^{2+} 的贝壳粉微粒所受介电泳力越大，负介电泳现象也越明显。

在交流条件下，吸附了 Cd^{2+} 的贝壳粉微粒在高频条件下出现明显的负介电泳现象，而且频率越高，负介电泳现象越明显。

此外，在相同条件下与贝壳粉吸附 Cd^{2+} 之前相比，贝壳粉吸附了 Cd^{2+} 之后被捕获定位的量增多。这可能是因为贝壳粉吸附了 Cd^{2+} 之后，贝壳粉的有效极化率升高，使得贝壳粉微粒更容易发生介电泳迁移，因而会有更多的贝壳粉微粒被捕获定位。

4.3.2.3　贝壳粉投加量对贝壳粉吸附 Cd^{2+} 后介电泳迁移的影响

在施加同一频率条件（100kHz）及同一交流电压 12min 后，通过 DN-2 显微镜图像处理系统分别观察不同投加量条件下贝壳粉吸附 Cd^{2+} 后在介电泳微阵列芯片上的介电泳迁移情况，结果如图 4-25 所示。

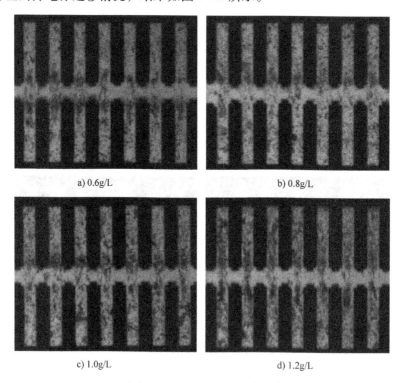

a) 0.6g/L　　　　　　　　　　　　b) 0.8g/L

c) 1.0g/L　　　　　　　　　　　　d) 1.2g/L

图 4-25　贝壳粉投加量对贝壳粉吸附 Cd^{2+} 后介电泳迁移的影响

从图中我们不难看出，随着贝壳粉投加量的增高，越来越多的吸附了 Cd^{2+} 的贝壳粉微粒被捕获定位于电极条间的通道内，贝壳粉的投加量越多，被捕获定位的吸附了 Cd^{2+} 的贝壳粉量也越多。

在上述实验中，在施加交流电的情况下，贝壳粉微粒均发生了负介电泳现象。如前所述，这不是我们所期望的结果。因此我们设计实验方案，探索施加直流电压是否会发生正介电泳。

4.3.2.4　直流电压对贝壳粉吸附 Cd^{2+} 后介电泳迁移的影响

施加直流电压，通电 12min 后，观察到贝壳粉吸附 Cd^{2+} 后在介电泳微阵列芯片上的介电泳迁移情况如图 4-26 所示。当施加直流电压为 0.6V 时，吸附了 Cd^{2+} 的贝壳粉微粒无规律分布于电极条通道内，而当施加电压为 0.8V 时，吸附了 Cd^{2+} 的贝壳粉微粒开始向场强较强的电极条尖端迁移，发生明显的正介电泳现象。随着电压继续增加，吸附了 Cd^{2+} 的贝壳粉微粒的正介电泳现象越来越明显，出现了成簇或成链现象。可能是被捕获到电极条尖端后贝壳粉微粒在电场作用下自身极化成为一个非均匀电场，与迁移至附近的贝壳粉微粒发生相互介电泳作用[18]，电压越高，极化的强度越强，微粒间的相互介电泳作用越明显。

与施加交流电场的情况相比，吸附了 Cd^{2+} 的贝壳粉微粒在施加直流电压后发生了明显的正介电泳现象，并且微粒的迁移电压较低。因此在实际工艺中，当选择贝壳粉为吸附材料时，我们采用直流电压。

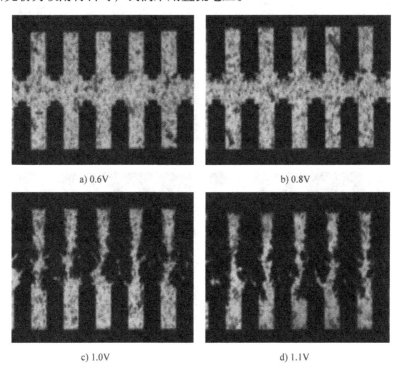

a) 0.6V

b) 0.8V

c) 1.0V

d) 1.1V

图 4-26　直流电压对贝壳粉吸附 Cd^{2+} 后介电泳迁移的影响

此外，未吸附 Cd^{2+} 的贝壳粉微粒发生明显正介电泳现象所需要施加的直流电压为 1V，与之相比，吸附了 Cd^{2+} 的贝壳粉微粒要发生明显正介电泳现象所需要施加的直流迁移电压要更高些（1.2V），这与空心微球的研究结果相似。

4.3.2.5　频率对贝壳粉吸附 Pb^{2+} 后介电泳迁移的影响

图 4-27 为施加一定的频率和电压 12min 后，观察到的贝壳粉吸附 Pb^{2+} 后在介电泳微阵列芯片上的介电泳迁移情况。

当频率为 10Hz、电压为 3V 时吸附了 Pb^{2+} 的贝壳粉微粒发生明显的正介电泳现象。这是因为低频时吸附了 Pb^{2+} 的贝壳粉微粒电导率大于超纯水电导率，根据第 2 章式（2-1）~式（2-3）可知，$Re[K(\omega)]>0$，吸附了 Pb^{2+} 的贝壳粉微粒发生正介电泳现象。而当频率为 100Hz、电压为 5V 时吸附了 Pb^{2+} 的贝壳粉微粒没发生明显的介电泳迁移。

在高频条件下，当施加频率为 100kHz、电压为 19V 时吸附了 Pb^{2+} 的贝壳粉微粒呈竖向直线形有序排列于电极条间的通道内（见图 4-27d），而且频率越高，其负介电泳现象越明显。

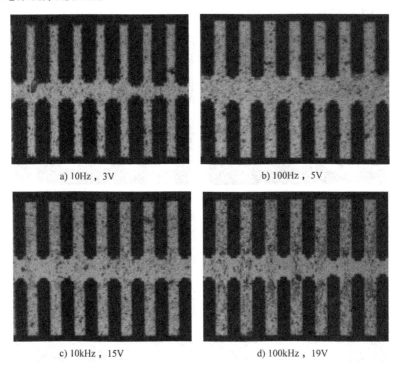

a) 10Hz，3V　　　　　　　　　　b) 100Hz，5V

c) 10kHz，15V　　　　　　　　　d) 100kHz，19V

图 4-27　频率对贝壳粉吸附 Pb^{2+} 后介电泳迁移的影响

与吸附了 Cd^{2+} 的贝壳粉微粒相比，交流条件下吸附了 Pb^{2+} 的贝壳粉微粒所需要的迁移电压高于吸附了 Cd^{2+} 的贝壳粉微粒的迁移电压。

4.3.2.6　交流电压对贝壳粉吸附 Pb^{2+} 后介电泳迁移的影响

在频率为 100kHz 条件下施加不同交流电压观察贝壳粉吸附 Pb^{2+} 在介电泳微阵列芯片上的介电泳迁移情况，结果如图 4-28 所示。

从图 4-28a 可以看到，当施加电压为 12V 时，吸附了 Pb^{2+} 的贝壳粉微粒在电极条通道中并没有十分明显地有序排列。但当施加电压为高于 14V 并开始升高后，吸附了 Pb^{2+} 的贝壳粉微粒发生负介电泳，随着电压升高，吸附了 Pb^{2+} 的贝壳粉微粒的负介电泳现象趋于明显。与贝壳粉吸附 Cd^{2+} 之后介电泳迁移相似。

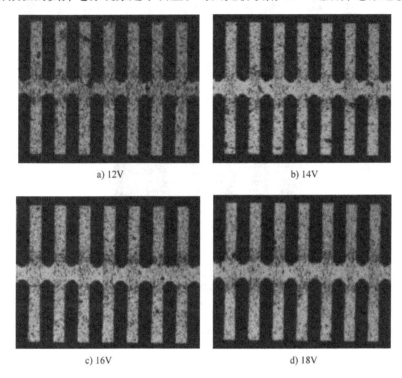

a) 12V　　　　　　　　　　　　　　b) 14V

c) 16V　　　　　　　　　　　　　　d) 18V

图 4-28　交流电压对贝壳粉吸附 Pb^{2+} 后介电泳迁移的影响

4.3.2.7　直流电压对贝壳粉吸附 Pb^{2+} 后介电泳迁移的影响

图 4-29 为施加不同直流电压通电 12min 后，观察到的贝壳粉吸附 Pb^{2+} 后在介电泳微阵列芯片上的介电泳迁移情况。

当施加直流电压为 0.8V（见图 4-29a）时，吸附了 Pb^{2+} 的贝壳粉微粒并没有发生明显的介电泳迁移，微粒随机分布。而当施加电压为 0.9V（见图 4-29b）时，观察到吸附了 Pb^{2+} 的贝壳粉微粒开始发生正介电泳现象。当电压升至 1V（见图 4-29c）时，吸附了 Pb^{2+} 的贝壳粉微粒被捕获定位于电极条尖端，连接成链并开始成簇，正介电泳现象非常明显。但若继续增加电压，电极由于开始出现缓慢电解而不宜继续进行实验。总之，与在直流电压下未吸附重金属离子的贝壳粉微粒和吸附了 Cd^{2+} 的贝壳粉微粒的介电泳迁移现象一致。并且吸附了 Cd^{2+} 的贝壳粉微粒与吸附了 Pb^{2+} 的贝壳粉微粒所需要的直流迁移电压相接近。这表明，可在实际工艺中控制相同的外加电压，同时去除 Pb^{2+} 和 Cd^{2+}。

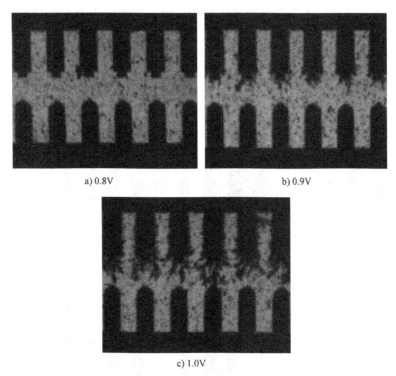

a) 0.8V　　　　　　　　　　　b) 0.9V

c) 1.0V

图 4-29　直流电压对贝壳粉吸附 Cd^{2+} 后介电泳迁移的影响

4.3.3　结论

本节考察了贝壳粉吸附重金属离子前后的电导率变化以及在非均匀电场中发生介电泳捕获及介电响应的初步规律。

结果表明，不论吸附重金属离子前，还是吸附重金属离子后，交流条件下，贝壳粉容易发生负介电泳现象，而且随着外加频率的增加，迁移电压均显著升高。而在直流条件下，尤其是吸附了重金属离子后，贝壳粉易发生正介电泳现象。而且在直流条件下，微粒所需的迁移电压较低。故在实际工艺中，可在直流条件下进行。另外，贝壳粉吸附了 Pb^{2+} 和 Cd^{2+} 的介电泳捕获的电压条件很接近，可在同一条件下，同时去除水中 Pb^{2+} 和 Cd^{2+} 的污染。

值得注意的是，在之前的研究中，所配置的重金属离子的浓度都很低，本节所用实验悬浮液中的重金属离子浓度都较高，贝壳粉吸附后也能很好地被介电泳作用捕获，这表明吸附与介电泳法结合，也适用于高浓度重金属离子污染废水的治理。

接下来我们思考，前述实验都是在介电泳显微静态研究系统中进行的，至此，我们只明确了介电泳可将吸附了重金属离子的吸附材料捕获到电极上，问题是是否能提高重金属离子的去除效率，并且采用吸附与介电泳技术结合，是否能同时降低吸附材料造成的悬浮微粒的污染。

参 考 文 献

[1] CHEN HUI – YING, HAN PING, WANG BIN, et al. Preparation of Chips for Dielectrophoresis (DEP) and Application in Separation of Different Cell Types by DEP [J]. Chinese Journal of Sensors and Actuators, 2010, 23 (6): 757 – 763.

[2] CHEN HUI – YING, ZHU YUE – LIN, ZHANG HE – TENG. Study of dielectrophoresis (DEP) responses of inorganic particles in oil media [J]. Acta Petrolei Sinica (Petroleum Processing Section), 2010 (2): 289 – 293.

[3] CHEN HUIYING, LIU YAN, ZHANG HETENG, et al. Separation and manipulation of particles of rare earth oxides by dielectrophoresis [J]. The Chinese Journal of Chemical Engineering, 2010, 18 (6): 1034 – 1037.

[4] 陈慧英, 张鹤腾, 于乐. 利用空心微球和介电泳去除水中的 Pb^{2+} [J]. 环境科学学报, 2010, 30 (4): 756 – 761.

[5] 张璐, 胡燕婷, 吴晶, 等. 利用介电泳和皂土间接去除水中的 Mn^{2+} [J]. 环境科学学报, 2012, 32 (6): 1394 – 1399.

[6] JING HU, HUIYING CHEN, BIHAO LAN, et al. A dielectrophoresis – assisted adsorption approach significantly facilitates the removal of cadmium species from wastewater [J]. Environmental Science: Water Research & Technology, 2015 (1): 199 – 203.

[7] JIN Q, CUI C, CHEN H, et al. Effective removal of Cd^{2+} and Pb^{2+} pollutants from wastewater by dielectrophoresis – assisted adsorption [J]. Frontiers of Environmental Science & Engineering, 2019, 13 (2): 20 – 26.

[8] 沈学优, 陈曙光, 王烨. 不同粘土处理水中重金属性能研究 [J]. 环境污染与防治, 1998, 20 (3): 15 – 18.

[9] 王焰新, 郭永龙, 杨志华. 利用粉煤灰合成沸石及其去除水中重金属的实验研究 [J]. 中国科学, 2003, 33 (7): 636 – 643.

[10] 辛云岭, 李政一, 郑志斌. 废水处理中沸石的应用研究进展 [J]. 北京工商大学学报 (自然科学版), 2005, 23 (3): 13 – 16.

[11] 张海峰, 高松峰. 利用天然地质材料去除水中重金属的实验研究 [J]. 上海地质, 2003 (4): 17 – 19.

[12] BATTON J, KADAKSHAM A J, NZIHOU A, et al. Trapping heavy metals by using calcium hydroxyapatite and dielectrophoresis [J]. Journal of hazardous materials, 2007, 139 (3): 461 – 466.

[13] 张鹤腾. 介电泳研究系统的建立及利用介电泳技术去除水体中重金属的研究 [D]. 北京: 中央民族大学, 2009.

[14] 沈渊玮，陆善忠. 活性炭在水处理中的应用 [J]. 工业水处理，2007，27（4）：13 - 16.

[15] 马前，张小龙. 国内外重金属废水处理新技术的研究进展 [J]. 环境工程学报，2007，1（7）：10 - 14.

[16] 孙目珍. 电介质物理基础 [M]. 广州：华南理工大学出版社，2000.

[17] 谭苗苗，叶雄英，王晓浩，等. 利用 DEP 和流体驱动的碳纳米管组装研究 [J]. 传感技术学报，2006，19（5）：2030 - 2033.

[18] MOHAMMAD ROBIUL HOSSAN, ROBERT DILLON, AJIT K ROY, et al. Modeling and simulation of dielectrophoretic particle - particle interactions and assembly [J]. Journal of Colloid and Interface Science, 2013, 394（1）：619 - 629.

[19] DU F, BAUNE M, THOMING J. Insulator - based dielectrophoresis in viscous media Simulation of particle and droplet velocity [J]. Journal of Electrostatics, 2007, （6）：452 - 458.

[20] 陈慧英. 油品中氧化物微粒的介电泳分离与操控研究 [D]. 北京：北京航空航天大学，2011.

[21] ALDAEUS F, LIN Y, AMBERG G. Multi - step dielectrophoresis for separation of particles [J]. Journal of Chromatography A, 2006, 1131（1 - 2）：261 - 266.

[22] LIN C, LEE G. Vertical Focusing Device Utilizing Dielectrophoretic Force and Its Application on Microflow Cytometer [J]. Journal of Microelemechanical System, 2004, 13（6）：923 - 927.

[23] HUGHES M P. Dielectrophoretic Behavior of Latex Nanospheres：Low - Frequency Dispersion [J]. Journal of Colloid and Interface Science, 2002, 250（2）：291 - 294.

[24] TAKASHIMA S, SCHWAN H P. Alignment of microscopic particles in electric fields and its biological implications [J]. Biophysical Journal, 1985, 47（4）：513 - 518.

[25] 李松田，吴春笃，闫永胜. 空心微珠表面改性在水处理中的应用 [J]. 环境科学和技术，2007，30（5）：105 - 108.

[26] 张惠灵，王淑英，伊江明. 沸石对含铬废水的处理 [J]. 工业安全与环保，2006，32（10）：5 - 7.

[27] 胡志勇，何少华，尹萌，等. 高岭土吸附废水中的重金属 [J]. 矿业工程，2007，5（3）：60 - 62.

[28] 詹旭，罗泽娇，马腾. 高岭土吸附剂去除含锰废水中锰离子的实验研究 [J]. 地质科技情报，2005，24（1）：95 - 98.

[29] W S P, B F, DICK R. Ligand properties of surface silanol groups. I. Surface complex formation with Fe^{3+}, Cu^{2+}, Cd^{2+} and Pb^{2+} [J]. Journal of Colloid Interface Science, 1976, 55（2）：469 - 475.

[30] 刘廷志，田胜艳，商平，等. 蒙脱石吸附 Cr^{3+}、Cd^{2+}、Cu^{2+}、Pb^{2+}、Zn^{2+} 的研究[J]. 生态环境，2005，14（3）：353 - 356.

[31] GHAZY S E, RAGAB A H. Removal of copper from water samples by sorption onto powdered limestone [J]. Indian Journal of Chemical Technology, 2007, 14（2007）：507 - 514.

［32］YAVUZ Ö，GUZEL R，AYDIN F，et al. Removal of Cadmium and Lead from Aqueous Solution by Calcite ［J］. Polish Journal of Environmental Studies，2007，16（3）：467 - 471.

［33］蓝碧浩. 吸附 - 介电泳法去除水中重金属工艺及机理研究 ［D］. 北京：中央民族大学，2014.

第5章 介电泳间接捕获重金属离子的显微动态研究

Batton[1]和我们前期的研究工作[2,3]表明，利用非均匀电场，可以有效地将吸附了重金属离子的吸附材料富集到电场的特定区域。但上述结果只说明了静态条件下，非均匀电场捕获吸附了重金属离子的吸附材料粒子的可能性。在我们之前的显微研究中，微粒与电极的距离均在微米范围内。

在实际废水治理中，水体往往是流动的。而且只有被处理的水样从装置中流出，才能完成处理工艺，得到清洁的水。因此有必要研究流动状态下空心微球等吸附材料的微粒是否能发生介电泳捕获、介电泳的方向以及各物理因素的影响。

更重要的是，在实际处理的装置中，电极不可能像微观装置中加工得那么小，排列得那么紧密。这样就提出了一个问题，如前所述，介电泳力是近程力，在电极不能排列得很近的情况下，吸附了重金属离子的吸附材料微粒是否能被电极高效捕获，从而达到去除重金属离子和吸附材料的目的。我们设想在水体流动的情况下，吸附材料的微粒能够被流体带到电极表面附近（微米范围），非均匀电场就可有效地对粒子产生介电泳力，而将粒子捕获到电极上。在接下来的研究中，我们重点研究在动态下，非均匀电场是否也能有效地捕获吸附了重金属离子的微粒。

研究流动状态下无机颗粒的介电迁移情况，可以更好地观察并总结水流对颗粒迁移的影响。本章的研究选择显微条件，这样可以借助于显微摄像系统，直接观察并总结吸附了重金属离子的吸附材料颗粒在各种条件下的介电泳捕获情况，总结出的实验规律和实验结果，为今后设计组装"宏观"去除设备和工艺条件的研究提供实验依据。

5.1 显微动态研究装置的建立

为了研究动态下微粒吸附重金属离子前后的介电泳捕获情况，组装了如下显微研究装置（见图 5-1）[4]。

与第 4 章中的静态研究系统相比，动态介电泳显微研究的系统主要是增加了流体流动的驱动装置，流体流入过程的流速和流量由微量注射泵控制。该体系包括：阵列微电极芯片、微型介电泳池、注射泵和控制、实时监测系统。函数信号发生器可控制电压和频率；实时监测系统包括：显微镜、数码摄像头、计算机分

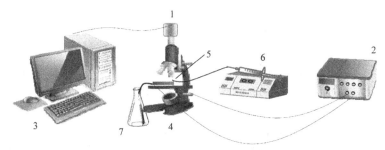

图 5-1　显微动态介电泳研究系统

1—数码摄像头　2—函数信号发生器　3—计算机　4—显微镜
5—介电泳微装置　6—注射泵　7—废液瓶

析软件、计算机。该系统可以实时监测记录并对微粒大小、迁移距离进行显微测量。系统的核心部件是自行设计加工的介电泳微装置 5（见图 5-1）。其他各仪器的具体信息如下：

1）三目系统显微镜，型号 CN15 – T31，日本光器公司。

2）数码摄像仪，型号 HDCE – 30，宁波永新光学仪器有限公司。

3）低频信号发生器，型号 SG1648，江苏洪泽电子设备厂，频率范围为 2Hz ~ 2MHz，最高输出电压为 250V$_{P-P}$。

4）电导率仪，型号 DDS – 11A，上海精密仪器厂。

5）无影胶固化专用光源，型号 UV250，北京市金马阳光玻璃机械厂。

6）微量移液器，型号 20 ~ 200μL 和 100 ~ 1000μL，大龙医疗设备（上海）有限公司。

7）数显恒温磁力搅拌器，型号 HJ – 3，常州国华电器有限公司。

8）超声波清洗器，型号 KQ – 250E，昆山市超声仪器有限公司。

9）微量注射泵，型号 TS2 – 60，河北省保定兰格恒流泵有限公司。

在第 4 章实验研究的基础上，通过预实验已经筛选出适宜作吸附材料的无机微粒，获得了合适的悬浮液浓度。利用磁力搅拌器充分搅拌，使重金属离子与微粒充分混合，吸附于微粒表面，并均匀分散在悬浮液中。经过一定时间后，使电导率达到稳定，必要时利用超声波分散，以减少颗粒物的团聚成簇现象。准备好的实验样品按下述操作进行实验。

实验过程中，可以通过计算机屏幕直接观测无机微粒在阵列电极中的介电泳捕获，配合数码摄像头及 MVC3000 软件的影像撷取功能，实时录制影像，并利用 DN – 2 显微镜图像处理系统对无机微粒的相对大小和电极阵列中的位置进行测量与分析。

SG1651 函数信号发生器在本实验中的实际输出电压范围为 0 ~ 75V$_{P-P}$，频率范围为 10Hz ~ 240kHz，通过改变电压或频率，记录在相对两电极中间位置的无机微粒的迁移电压，拍摄图片并测量该无机微粒的粒径。根据实验结果总结无机微粒介电迁移规律及各物理参数对颗粒迁移的影响。

　　与静态显微研究不同的是，在显微动态研究中，利用注射泵将预先配制好的悬浮液以一定流速连续注入到介电泳微流体小池中，然后接通电源，通过调节电压、频率及流速，使用显微镜观察无机微粒的粒径对迁移的影响以及被吸附颗粒在电极上的介电泳捕获的情况。根据实验结果总结规律，从而为今后建立较大的工艺装置，实际研究去除效率提供实验依据。

　　首先将显微动态研究装置进行组装（见图5-2）。矩形微介电泳池，由规格为外框$44mm \times 14mm$，框壁厚度为$4mm$，框高为$1mm$的聚丙烯酸甲酯片组成，采用激光雕刻技术加工。与静态不同的是，右侧多了一个流体入口，左侧多了一个流体出口。

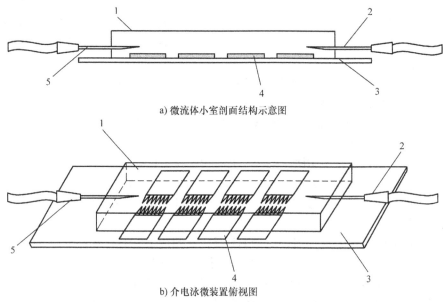

a) 微流体小室剖面结构示意图

b) 介电泳微装置俯视图

图5-2　介电泳微装置示意图

1—微流体小室　2—进水口　3—绝缘基片（石英玻璃材质）　4—隔断式电极阵列　5—出水口

　　组装微流体介电泳池时，构成微流体小池的聚丙烯酸甲酯之间用氯仿和冰醋酸的混合液（1∶5）黏合；用无影胶将聚丙烯酸甲酯片与绝缘基片黏合，利用紫外灯固化。利用激光雕刻加工的小流体室，具有密封性好，与基底层的密合性好的优点，可以承受实验中由于悬浮液流动引起的内部压力。其中核心部件为介电泳阵列芯片，由我们设计几何图形及尺寸，由中科院半导体所采用电子束蒸发工艺加工而成，电极金属薄层由下至上为镍－银－镍－金，总厚度为$100Å^{\ominus}$。镍可增加芯片的牢固程度，表层的金薄层稳定性好，不易电解。

――――――――

$\ominus$　$1Å = 10^{-10}m$。

5.2 空心微球的介电泳捕获动态迁移研究

5.2.1 空心微球吸附重金属离子前的介电泳

本节实验研究中所用材料和试剂有空心微球［由北京航空航天大学粉体技术重点实验室提供，深圳市海纳微特种材料有限公司生产，其主要成分为 SiO_2（>55%）和 Al_2O_3（>31%），粒径为 $2 \sim 14\mu m$，呈球形］；硝酸铅（天津市福晨化学试剂厂，分析纯）；硝酸镉（北京化工厂，分析纯）；超纯水（由中央民族大学实验中心制备）。

实验中，将 0.05g 空心微球和 100mL 超纯水配制成悬浮液，充分混合 24h 后，测定其电导率为 $7.6\mu S/cm$。接下来，利用 5mL 注射器抽取悬浮液并排净针筒内的气泡，将注射器放置在注射泵上，调整好流速，使悬浮液在一定流速下流入微流体介电泳池，待悬浮液充满介电泳池，并且至流出端有持续液体流出时，开始进行实验。分别固定其他条件，观察不同流速、粒径、电压、频率对空心微球介电泳的影响。

5.2.2 流速对空心微球介电泳捕获的影响

如表 5-1 所示，空心微球在外加电场中呈现出负介电泳，随着流速的增加，在同一电场强度下，电场所能捕获的颗粒的粒径范围逐渐减小，并且所捕获的颗粒的粒径逐渐变大。而且在每一种条件下，总是粒径超过某一数值的粒子被非均匀电场捕获。

表 5-1 流速对空心微球介电泳的影响

电压/V	频率/Hz	流速/(mL/h)	主要吸附颗粒的直径	现象
0.5	50	300	4μm 及以上	明显的负介电泳，颗粒被捕获于电极间
0.5	50	320	4μm 及以上	明显的负介电泳，颗粒被捕获于电极间
0.5	50	340	6μm 左右	明显的负介电泳，颗粒被捕获于电极间
0.5	50	360	6μm 及以上	明显的负介电泳，颗粒被捕获于电极间
0.5	50	380	6μm 及以上	明显的负介电泳，颗粒被捕获于电极间
0.5	50	400	7μm 及以上	明显的负介电泳，颗粒被捕获于电极间
0.5	50	420	可吸附个别 10μm 以上颗粒	负介电泳不明显，仅有少量大颗粒被吸附

这一结果，正如 Aldaeus F 等[5]所分析的，在流体介质中，微粒的总流速 u_{tot} 为流体介质的流速 u_f 与介电泳所导致微粒的流速 u_{DEP} 之和，见式（5-1）。

$$u_{tot} = u_f + u_{DEP}$$

(5-1)

式中，介电泳所导致微粒的流速 u_{DEP} 可表示为

$$u_{\text{DEP}} = \vartheta_{\text{DEP}} \nabla |E|^2 \qquad (5\text{-}2)$$

式中，ϑ_{DEP} 为介电泳的流动性，$\nabla |E|^2$ 为所施加的电场强度 2 次方的梯度。介电泳流动性与微粒的体积及复合极化能力呈正相关，与摩擦系数呈负相关，因此对于球形微粒，可得到

$$\vartheta_{\text{DEP,sphere}} = \frac{r^2}{18\mu} \text{Re}(\widetilde{\alpha}) \qquad (5\text{-}3)$$

式中，μ 为黏性系数，r 为颗粒粒径，$\text{Re}(\widetilde{\alpha})$ 为颗粒复合有效极化率 $\widetilde{\alpha}$ 的实数部分。

根据式（5-3）[5]，在电场强度不变的情况下，粒径越大，介电泳产生的时均流速越大。由于流速的增大，粒径大的颗粒更易克服由于介质流速产生的阻力而被捕获。

5.2.3　电压对于空心微球迁移的影响

从上述实验可以看出，电压为 0.5V、流速为 420mL/h 时，空心微球的负介电泳现象不明显。继而固定流速为 420mL/h，调节电压，观察电压变化后的介电泳捕获情况，见表 5-2。实验中还观察到，外加电压关闭后，用超纯水可较容易地将捕获于电极基底层上的颗粒清洗掉。电压越高，场强越大，根据第 2 章式（2-1），场强越大所产生的介电泳力越大，所以在水流为匀速的情况下，在一定范围内，电压越大，捕获的空心微球越多。

表 5-2　电压对空心微球迁移的影响

图像	电压/V	频率/Hz	现象
—	0.5	50	负介电泳现象不明显，少数大颗粒被捕获于电极间
图 5-3a	1	50	9μm 及以上颗粒被捕获于电极间，并且通道内的空心微球有明显的成链现象
图 5-3b	1.5	50	5μm 及以上颗粒被捕获于电极表面
图 5-3c	2	50	大部分颗粒被捕获于电极表面，但此时的芯片不易清洗

图 5-3 显示了流动时空心微球被介电泳捕获的情况，其中图 a、b、c 分别对应表 5-2 中相应的条件。图 5-3a 为施加 1V 电压时，空心微球发生负介电泳，被捕获到电极间，并有成链现象。图 5-3b、c 中，随着电压的增加，在显微镜下仔细观察，可以看到空心微球被捕获到电极表面，电极表面为电场强度更小的区域，这表明负介电泳作用增强。

与第 4 章中静态下的研究结果比较，可以明显地发现，没有吸附重金属离子的空心微球微粒也发生了负介电泳，而且随着电压的增加，负介电泳作用更明显。与静态显微研究的区别是，在流动体系中，可在较低的电压条件下发生介电

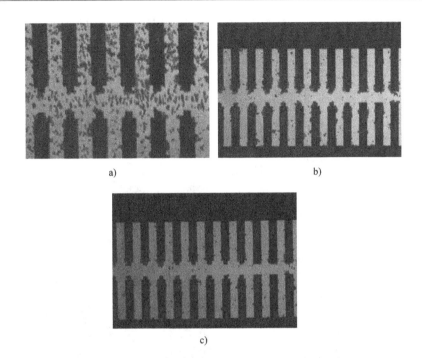

a)   b)

c)

图 5-3 电压对空心微球迁移的影响情况

泳捕获。可能是由于流动状态下，微粒不必克服惯性阻力，故较低电压即可使微粒发生介电泳捕获。

这一实验结果非常有意义。在实际进行重金属离子废水的治理时，如能借助处理池坡度的自然变化，或通过泵的驱动，使废水流动起来，即可在较低电压下进行，节约电能。同时由于采用较低的电压，也可减少电极的腐蚀。

5.2.4 频率对空心微球迁移的影响

由于在上面的实验中，2V 电压下空心微球产生了非常明显的负介电泳现象，因此在考察频率对空心微球捕获的影响时，选择 2V 电压作为外加电压。如图 5-4 所示，随着频率的增大，空心微球在介电泳后的成链现象越明显，并且捕获位置由原来的捕获于任意电极端之间，而逐渐变成集中捕获于相邻两电极之间。这是因为根据第 2 章式（2-2），高频时，介质频率大于颗粒频率时，$Re[k(\omega)] < 0$[6,7]，颗粒呈现明显的负介电泳。

空心微球是复合的氧化物，其介电常数比水低，故发生负介电泳作用。我们在研究稀土氧化物在水介质中的介电泳捕获时，稀土氧化物的介电常数也比水低，实验发现稀土氧化物在水中也发生负介电泳作用[8]。这意味着，在实际工艺中，如果欲通过介电泳捕获发生负介电泳作用的氧化物微粒时，可通过调节频率控制捕获位置。虽然在本章的研究中，并不希望发生负介电泳作用，这一结果对介电泳的其他应用研究也有实际意义。

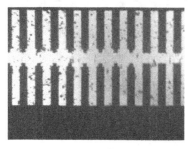

a) 150Hz

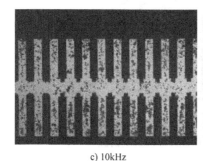

b) 1000Hz

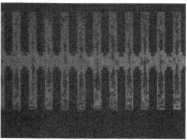

c) 10kHz

d) 100kHz

图 5-4　不同频率下空心微球的介电泳情况

5.2.5　介电泳捕获时间的影响

控制频率为 100kHz、电压为 2V 的条件，随着介电泳时间的增加，观察越来越多的微粒被捕获到电极上，而且微粒成簇成链现象明显。造成这种现象的原因，是微粒之间的相互介电泳作用[9]。因此，在实际处理工艺中，通过控制介电泳时间，或者控制较慢的流速，均可调控氧化物微粒在电极上的介电泳捕获量。

同时，我们注意到（见图 5-5），从进水口流向出水口的空心微球明显地逐渐减少。证明该微流体介电泳池的设计对于无机微粒的去除是有效的，致使流出的水较为清洁。

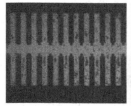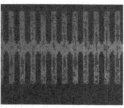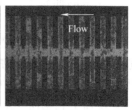

Flow

图 5-5　空心微球在微流体小室中的介电捕获情况

5.3　空心微球吸附 Pb^{2+} 后的动态介电泳

由第 4 章的实验，我们清楚地看到，吸附了重金属离子的吸附材料粒子，在显微静态实验研究中，发生了正介电泳。在此基础上，我们设计了吸附重金属离子后粒子在微介电泳装置中显微动态的实验研究。

分别配制 100mL 硝酸铅、硝酸镉溶液，使浓度为 3.125mg/L，并向其中加入 0.05g 空心微球，充分混合后，两种悬浮液的电导率分别为 10.34μS/cm、15.88μS/cm。重复 5.2.1 节中的准备工作后，进行如下实验：

首先固定电压，考察不同流速下吸附了铅离子的空心微球在介电泳芯片电极上的捕获情况。然后固定流速，观察电压对吸附了铅离子的空心微球介电迁移的影响。最后固定流速和电压，观察频率对吸附了铅离子的空心微球介电迁移的影响。

在上述物理性质的测定中，不难发现，加入重金属离子后，悬浮液的电导率明显增加。

5.3.1　空心微球吸附 Pb^{2+} 后的介电泳响应

5.3.1.1　吸附铅后的空心微球的介电泳

在不同流速和电压下考察吸附了铅离子的空心微球在非均匀电场中的介电泳情况。与吸附铅离子前相比，首先发现吸附了铅离子的空心微球发生了明显的正介电泳现象，见表 5-3 及图 5-6。这一发现非常重要。在我们的航空油品精制的工艺装置中，杂质微粒均发生了正介电泳，被捕获到介电陶瓷的小球的表面，而油品介质被精制后流出装置。而流出的航空油品非常洁净。从表 5-3 还可以看出，2V、400mL/h 时，空心微球易发生正介电泳。流速低于或高于 400mL/h 时，其所需外加电压都高于 2V，才能发生正介电泳。这可能是由于流速过低时，需要较高的电压提供较大的介电泳力来克服微粒的静摩擦阻力。但流速高于一定值时，流体介质的流动，易将被捕获到电极上的微粒携带到流体中。因此在流速高的情况下，也需要增加外加电压，来增加介电泳力，使微粒克服流体的作用力，被捕获到电极上。

表 5-3　流速对吸附了铅离子的空心微球的介电泳捕获

图像	电压/V	频率/Hz	流速/(mL/h)	现象
图 5-6a	4	50	380	正介电泳，大部分颗粒捕获于电极两侧
图 5-6b	2	50	400	明显的正介电泳，颗粒捕获于电极边缘和尖端，芯片易于清洗
图 5-6c	3	50	420	明显的正介电泳，颗粒捕获于电极边缘
—	4	50	440	正介电泳不明显，继续调高电压，悬浮液的热对流剧烈，无法观察

吸附了铅离子的空心微球的介电泳捕获情况如图 5-6 所示。

与表 5-3 的数据对比，2V、400mL/h 时，为最佳的实验条件，低于或高于该流速，其所外加电压均需高于 2V。这可能是因为此时所产生的迁移合力最大，出现该实验现象的机理有待进一步探讨。但有一点是明确的，在动态下的介电泳方向与静态时一样，吸附了重金属离子的空心微球均发生了正介电泳。

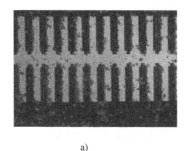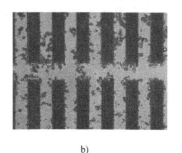

a)　　　　　　　　　　　　　　　　　　b)

c)

图 5-6　吸附了铅离子的空心微球的介电泳捕获

我们再将图 5-6b 的结果与图 4-13b 的结果相比较。可以清楚地看到，同样是控制频率为 50Hz，在动态下，被捕获的微粒显然比静态下多。而且在静态下，吸附了铅离子的空心微球在 6V 时发生正介电泳捕获，所需的捕获电压明显高出很多。

与静态下的结果相比，动态下的捕获电压只有 2V，较静态时明显降低。这可能是由于流体介质的裹挟作用，使微粒流动到电极附近，当非均匀电场对微粒产生介电泳作用时，不需要像静态时克服粒子与玻璃载片的摩擦阻力。这一结果与我们最初的设想是一致的，在流体介质流动的情况下，所用的外加电压降低，可以节省克服摩擦阻力的这部分电能。

特别值得注意的是，动态条件显著提高了粒子的捕获量。这是因为介电泳作用是近程作用力，在大的工艺装置中，电极不可能像微观研究的介电泳芯片的间距那么小，大部分粒子距离电极的距离较大，远大于微米级。动态下，介质的流动使携带微粒的悬浮液不断流到电极附近，粒子靠近电极，当粒子与电极的距离达到微米级时，在非均匀电场的作用下，粒子陆续被捕获到电极上。而且最初捕获的粒子极化后产生非均匀电场，对后来移过来的粒子形成相互介电泳作用[9]，而把粒子不断捕获。如果继续延长处理时间，可以捕获到更多吸附了铅离子的空心微球。

5.3.1.2　频率对于空心微球迁移的影响

从上述实验可以看出，流速为 400mL/h 时，空心微球所需迁移电压最低，空心微球的正介电泳现象最为明显。因此接下来的实验固定流速为 400mL/h，固定电压为 2V，改变频率，观察频率变化后的吸附迁移情况，见表 5-4。发生负介电泳现象的原因可能是外加电场频率较高时，颗粒极化程度的改变往往滞后于介质的变化，即颗粒的极化程度小于介质。因此低频时，正介电泳易于发生；高频时，负介电泳易于发生。

表 5-4　频率对空心微球迁移的影响

电压/V	频率/Hz	现象
2	150	较明显的正介电泳现象
2	1000	正介电泳现象逐渐不明显
2	10k	介电泳现象逐渐不明显
2	100k	出现负介电泳现象
2	200k	负介电泳现象逐渐明显
2	230k	负介电泳现象继续明显

5.3.2　吸附 Pb^{2+} 前、后实验结果比较与分析

吸附了铅离子的空心微球的介电泳研究对实际重金属离子废水治理更有指导意义。将吸附铅离子前后空心微球的介电泳现象进行比较，结果见表 5-5。由表中结果可见，吸附了铅离子的空心微球更容易发生正介电泳，特别是在低频下，更容易发生正介电泳。故在利用吸附 - 介电泳去除水中重金属离子时宜施加直流或低频电压。

表 5-5　吸附 Pb^{2+} 前、后实验结果比较

	随频率变化的介电泳现象		所需电压	流速
	低频	高频		
吸附前	负介电泳	负介电泳	低，电压越高，捕获越明显	流速越大，捕获越差
吸附后	正介电泳	正、负介电泳	高，电压越高，捕获越明显	随着流速的增高，存在一个最佳流速值，低于或高于此值，捕获所需电压均增加

5.4　空心微球吸附 Cd^{2+} 的介电泳迁移动态研究

在第 4 章的实验研究中,我们充分研究了吸附了镉离子的空心微球在静态情况下的介电泳响应及条件。为了与静态条件下的介电泳实验比较,选择镉离子进行动态实验研究。

5.4.1　空心微球吸附 Cd^{2+} 后的实验结果及讨论

由于本节所使用的空心微球与前面所用的吸附材料相同,可直接考察空心微球对镉离子吸附后的介电泳响应规律。

5.4.1.1　流速对吸附了 Cd^{2+} 的空心微球的介电泳捕获的影响

在频率为 50Hz 的情况下,考察不同频率下,吸附了镉离子的空心微球发生介电泳捕获的电压,结果总结于表 5-6,具体捕获现象如图 5-7 所示。与 5.3 节铅离子的介电泳捕获结果相似,存在一个最佳流速。当流速为 380mL/h 和 400mL/h 时,空心微球发生介电泳捕获的电压最低。分析原因与 5.3 节相同。由此还可以看出,两种重金属离子均在流速为 400mL/h 时,均可以很好地被介电泳作用捕获。在实际工艺中,如果处理两种离子共存的废水,可控制同一流速条件,将两种不同的离子同时去除。

表 5-6　不同流速下空心微球的捕获情况

图像	电压/V	频率/Hz	流速/(mL/h)	现象
图 5-7a	2.5	50	380	明显的正介电泳,大部分颗粒捕获于电极两侧
图 5-7b	2.5	50	400	较明显的正介电泳,颗粒捕获于电极边缘和尖端,芯片易于清洗
图 5-7c	3	50	420	较明显的正介电泳,颗粒捕获于电极边缘
图 5-7d	4.5	50	440	明显的正介电泳,颗粒捕获于电极边缘

5.4.1.2　频率对吸附了 Cd^{2+} 的空心微球的介电泳捕获的影响

从 5.4.1.1 节的实验中可以看出,流速为 380mL/h 时,空心微球所需迁移电压最低,并且空心微球的正介电泳现象最为明显,因此后续实验选择流速为 380mL/h。在 5.3.1.2 节的实验中,吸附了铅离子的空心微球,在频率为 100kHz 时,发生明显的负介电泳。故在探索吸附了 Cd^{2+} 的空心微球的频率对介电泳的影响时,直接调节频率为 100kHz 进行实验,结果如图 5-8 所示。由图可见,在频率为 100kHz 时,吸附了镉离子的空心微球也发生了负介电泳。故实际处理工艺中,应控制低频条件,或直接施加直流电压。

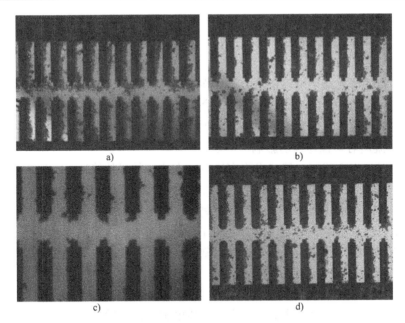

图 5-7　不同流速下空心微球的介电泳捕获情况

5.4.2　吸附 Cd^{2+} 前、后实验结果比较与分析

空心微球吸附 Cd^{2+} 前后，介电泳的方向和介电泳捕获的条件发生了明显的变化，将变化规律总结于表 5-7。与吸附了 Pb^{2+} 的情况类似，即在利用吸附 – 介电泳去除水中重金属离子时宜施加直流或低频电压。在频率和流量相同的条件下，吸附了两种离子的空心微球的介电泳捕获条件的区别只是电压，这样，在实际工艺装置中，可以固定流量、频率，在同一装置中，通过调节电压，分别

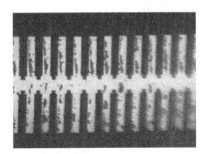

图 5-8　100kHz 下吸附镉离子的空心微球的负介电泳

去除 Pb^{2+} 和 Cd^{2+}，或者采用两级处理（见第 6 章图 6-2），在不同的级，分别主要去除一种离子。

表 5-7　吸附 Cd^{2+} 前、后实验结果比较

	随频率变化的介电泳现象		所需电压	流速
	低频	高频		
吸附前	负介电泳	负介电泳	低，电压越高，捕获越明显	流速越大，捕获越差
吸附后	正介电泳	负介电泳	高，电压越高，捕获越明显	流速越大，所需捕获电压越高

5.5 结论

从本章的研究结果可以得出，不仅在静态情况下，而且在动态情况下，非均匀电场均可以通过介电泳作用捕获空心微球的微粒，特别是吸附了重金属离子的空心微球的微粒，可以发生正介电泳。根据上述实验研究，可总结如下：

（1）流速对颗粒迁移的影响

流速对空心微球的迁移和吸附有影响。在确定的最佳流速下，所需迁移电压最低。分别吸附了镉和铅离子的空心微球的最佳捕获流速相同。这一点非常有实用价值。实际废水往往含有多种污染物离子，若不同的离子的捕获电压不同，可以加工组装成几个串联的处理池，分别控制电压、频率。但串联的情况下，各个介电泳处理池的流速相同，比较容易控制。

（2）电压对颗粒捕获的影响

在一定范围内，外加电压越高，介电泳捕获颗粒的数量越多、粒径的范围越广。当电压过高时，会造成电极击穿，介质电解。控制适当的电压，可以达到比较好的去除效果。

（3）频率对颗粒捕获的影响

频率的变化既影响介电泳对粒子的捕获电压，也影响介电泳的方向。低频时发生正介电泳，且介电泳捕获的电压较低。这对实际的工艺研究具有重要的指导意义。为了更好地去除粒子，我们应控制在低频，或直流电压。既可降低外加电压，又可防止发生负介电泳。

（4）电极阵列对迁移的影响

在我们的显微动态研究中，采用阵列电极，在一个介电泳处理池中，待捕获的颗粒多次经过电极被介电泳捕获。颗粒沿水流方向吸附迁移时，在阵列中表现出颗粒吸附量逐渐递减的趋势，所以在出水口能够得到清洁的水。在实际工艺放大时，可考虑多个电极的串联使用。

本章的内容不多，但其结果很重要。显微动态系统研究的意义在于，处理的水样流经处理装置，可以明显观察到，废水中的微粒被捕获到电极上。这一研究结果，更接近实际工艺装置，为实际的工艺研究奠定了重要的实验基础。

至目前为止，我们的实验均在微观装置进行。研究的结果表明，介电泳作用能有效捕获吸附了重金属离子的吸附材料微粒。微观装置的处理量仅在微升数量级，样品量太小，无法测定处理前后水中的重金属离子含量，因而不能定量确定重金属离子的处理效率。我们希望建立一种"宏观的"介电泳装置，使介电泳池放大，这样废水处理量能达到几百毫升，可以容易地采用原子吸收分光光度法等方法测定处理前后液体中重金属离子的含量，从而知道重金属离子的处理效率。

参 考 文 献

［1］BATTON J, KADAKSHAM A J, NZIHOU A, et al. Trapping heavy metals by using calcium hydroxyapatite and dielectrophoresis ［J］. Journal of hazardous materials, 2007, 139 （3）: 461 – 466.

［2］陈慧英, 张鹤腾, 于乐. 利用空心微球和介电泳去除水中 Pb^{2+} ［J］. 环境科学学报, 2010, 30 （4）: 756 – 761.

［3］张璐, 胡燕婷, 吴晶, 等. 利用皂土吸附和介电泳方法间接去除水中的 Mn^{2+} ［J］. 环境科学学报, 2012, 32 （6）: 1394 – 1398.

［4］张鹤腾. 介电泳研究系统的建立及利用介电泳技术去除水体中重金属的研究 ［D］. 北京: 中央民族大学, 2009.

［5］ALDAEUS F, LIN Y, AMBERG G. Multi – step dielectrophoresis for separation of particles ［J］. Journal of Chromatography A, 2006, 1131 （1 – 2）: 261 – 266.

［6］JONES T B. Electromechanics of Particles ［M］. Cambridge: Cambridge University Press, 1995.

［7］FRENEA M, FAURE S P, PIOUFLE B L. Positioning living cells on a high – density electrode array by negative dielectrophoresis ［J］. Materials Science & Engineering C, 2003, 23 （5）: 597 – 603.

［8］H Y CHEN, J HU, Z JIAN, et al. Separation of particles of rare earth oxides by dielectrophoresis ［J］. Materials Science Forum, 2016, 852: 542 – 546.

［9］M R HOSSAN, R DILLON, A K ROY, et al. Modeling and simulation of dielectrophoretic particle – particle interactions and assembly ［J］. Journal of Colloid and Interface Science, 2013, 394 （1）: 619 – 629.

第6章 吸附－介电泳治理水中重金属离子的工艺研究

通过前面在显微静态和动态装置中的一系列研究，我们观察并总结了多种无机吸附材料及其吸附了重金属离子后在非均匀电场中的介电响应规律。从已经获得的实验研究结果，我们可以肯定地得出，吸附了重金属离子的多种无机微粒都可以在非均匀电场中发生介电泳捕获，并且发生了正介电泳，为在实际工艺装置中间接去除重金属离子奠定了基础。

单纯采用吸附作用本身就可以去除水中的重金属离子。但吸附去除水中的重金属离子后，吸附材料如不及时从水中分离，重金属离子会部分解吸释放出来，造成二次污染。针对这个问题，我们首先考虑，在单纯利用吸附作用去除重金属离子时，吸附完成后吸附材料本身的去除又成为一大难点，将造成悬浮微粒的污染。那么我们施加外加电场，将介电泳作用引进重金属离子的去除，建立吸附－介电泳法，能否同时解决悬浮微粒的污染问题。其次，我们考虑施加了外加电压后，即利用介电泳捕获吸附了重金属离子的吸附材料微粒，是否能比单纯吸附作用提高对重金属离子的去除率。

显微装置的介电泳池太小，容积只有几十微升，不能提供足够的样品进行重金属离子含量的测定，不能确定吸附－介电泳法去除重金属离子的效率，也观察不到吸附材料去除的情况。因此，我们需要研制出一定处理量的工艺装置。这个装置要足够大，处理的液体样品的量要足够多，应满足原子吸收分光光度法测试的样品量，通过对处理前后溶液中重金属离子含量的分析，可以确定经过吸附－介电泳作用重金属离子的去除率。

6.1 介电泳去除水体中重金属离子工艺装置的组装

6.1.1 介电泳工艺装置的设计

为了便于组装和观察样液的处理情况，我们选择聚丙烯酸甲酯（俗称有机玻璃）作为处理装置中介电泳池的主体材料，板材厚度为3mm[1]。

装置的具体尺寸为长160mm，宽40mm，高30mm，总容积192mL，容积的2/3为128mL，可以保证处理的样品量。采用氯仿和冰醋酸的混合液（1:5）作为黏合剂黏结固定。内层隔片采用相同材质的有机玻璃薄板，尺寸确定为长

27mm，宽 9.5mm，厚 1.5mm，采用与主体相同的黏结方法，固定在介电泳池的两个长边的面上，构成宽约 1mm 的狭缝，用以固定丝网电极。悬浮液通过橡胶管流入和流出介电泳池，橡胶管的外径为 5mm。实验最初，电极曾尝试采用 40 目和 60 目的不锈钢丝网、60 目的不锈钢铜网、玻璃丝银导电橡胶板、镀铝导电橡胶板、纯碳导电橡胶板和纯石墨电极板等。介电泳处理池示意图如图 6-1 所示。

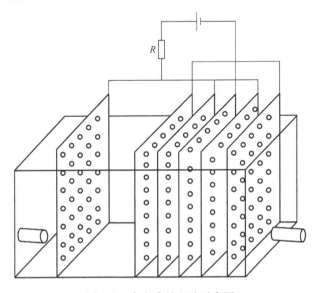

图 6-1　介电泳处理池示意图

6.1.2　实验设备的组装和连接

　　首先将相间隔的电极板用导线并联，再串联在直流电源上，并在电路中串联一个变阻箱用以调节外加在电极板上的电压以及保护电路避免短路。悬浮液最初利用高度差[1]，后改为依靠恒流泵调节流量。根据去除需要可采用一级或二级串联系统，如图 6-2 所示。

6.1.3　实验过程

　　设计和组装好装置后，最初采用空心微球做实验吸附材料，在实验中，利用与显微实验相同的方法配置好空心微球悬浮液，反复试验 3 ~ 5 次，确定最佳流速为 0.74mL/s。计算各种电极板的电阻，以确定串联电阻的大小。最后确定电阻为 10Ω。实验中，调节电压观察空心微球的去除情况。

6.1.4　初步的实验结果及问题

　　利用铜网和不锈钢网作为电极进行初步实验，单独对空心微球的悬浮液进行

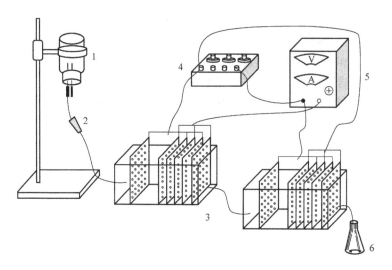

图 6-2 介电泳去除重金属离子的工艺试验设备示意图

1—吊瓶 2—流量调节器 3—介电泳处理池 4—变阻箱 5—直流电源 6—废液收集瓶

介电泳捕获实验,可以清楚地观察到,外加电压后,在铜网和不锈钢网的表面,空心微球被捕获到丝网电极的空隙处,即电场比较弱的区域,明显发生了负介电泳,如图 6-3 所示。图中分别为外加 10V 电压时,铜网和不锈钢网上空心微球的捕获情况。图 6-3a 为铜网对空心微球的捕获情况的显微图像,图 6-3b 为不锈钢网对空心微球的捕获情况的显微图像。由图可以清楚地看出,对于相同浓度的空心微球悬浮液,在相同条件下铜网对于空心微球的捕获更明显。

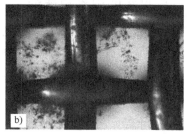

图 6-3 空心微球的介电泳捕获

虽然在不同丝网电极上空心微球的捕获量不同,但空心微球本身在非均匀电场中均发生了负介电泳。这一结果与显微静态下,空心微球的介电泳捕获结果一致。如前所述,这种介电泳捕获作用在实际工艺中不利于去除重金属离子,而且积累到一定程度易于堵塞丝网孔隙。与显微研究时的情况相似,我们也希望在加入重金属离子后,空心微球可以发生正介电泳捕获。

6.2 镉离子的吸附－介电泳去除工艺研究

从 6.1 节的实验结果看，铜丝网对空心微球的介电泳捕获效果好，本节的实验中，选择铜丝网作电极。利用与显微实验相同的方法配置好空心微球悬浮液，加入与显微研究时相同浓度的镉离子，反复试验 3～5 次，固定流速为 0.74mL/s。调节电压，观察吸附了镉离子的空心微球的去除情况。用原子吸收分光光度法检测重金属离子的去除率。

6.2.1 实验结果

利用铜网作为电极的实验中，可以清楚地观察到，外加电压后，在铜网的表面，吸附了镉离子的空心微球被捕获到丝网电极的丝上[2]，如图 6-4 所示。此时控制的实验条件电压为 14V，流量为 0.50mL/h。可以看出吸附了镉离子的空心微球明显地发生了正介电泳，即吸附了镉离子的空心微球被捕获到电极丝上。这一结果很有意义，捕获在丝网电极丝上的微粒，在处理过程中不易随流体介质流走，使流出的水净化效果好，而且不堵塞孔隙，利于处理后的水流过。

图 6-4 吸附了镉离子的空心
微球的正介电泳

初步考察单纯吸附、吸附并经过装置（不加电）及吸附结合介电泳（吸附－介电泳）作用三种情况的去除率[2]，结果见表 6-1。将吸附与介电泳作用结合后，控制外加电压为 10V 时，水中重金属离子的去除率大大增加，由单纯吸附的 78.4% 提高到了 96.2%，将吸附与吸附/介电泳的实验结果进行比较，结果表明结合介电泳作用后对重金属离子的去除率明显提高。

表 6-1 介电泳对去除量的影响

状态	流量/(mL/h)	去除率（%）
静置，未经过装置	—	78.4
经过装置，未加电压	0.52	79.9
经过装置，加电压 10V	0.52	96.2

在此实验的基础上，进一步考察各物理量对重金属离子去除率的影响，以优化处理的条件。

6.2.2 各物理量对去除率的影响

6.2.2.1 流量对于去除率的影响

如图 6-5 所示，固定电压为 14V，增加流速，水中重金属离子的去除率呈逐渐下降的趋势。考虑到流量过低，虽然去除率较高，但周期过长；而流量过高又影响重金属离子的去除效率，在本研究中最终选取最佳流量为 0.59mL/s。

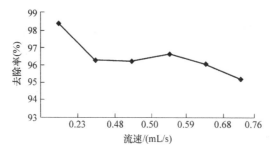

图 6-5　流量对于去除率的影响

6.2.2.2　电压对于去除率的影响

固定流量为 0.59mL/s，考察外加电压对去除率的影响，结果如图 6-6 所示。随着电压的增加，水中重金属离子的去除率呈先上升后下降的趋势。因此我们最终选取最佳电压 14V。在优化了介电泳处理条件后，镉离子的去除率达到了98.4%，比单纯吸附作用的去除率提高了近 20 个百分点。

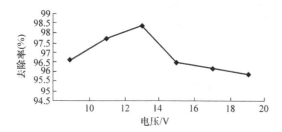

图 6-6　电压对于去除率的影响

实验证明该装置的设计具有可行性。同时建立了十分有意义的新方法——吸附–介电泳法。通过将吸附与介电泳结合起来在相同的条件下可显著提高重金属离子的去除率。

6.3　贝壳粉吸附–介电泳间接去除重金属离子

在成功地将空心微球作为吸附材料，并将吸附与介电泳作用结合，显著提高了重金属离子的去除率后，我们思考，这是不是一个普遍适用的方法？用一般的吸附材料是否也能达到这个作用？有没有更便宜、效果更好的吸附材料？我们选用烧烤摊废弃的贝壳，进行简单的粉碎加工，得到的微米级的贝壳粉作吸附材料。第 5 章已经进行了显微条件下贝壳粉吸附重金属离子前后的介电泳捕获研究，表明在直流和低频电场条件下，吸附了重金属镉离子的贝壳粉发生正介电泳。本节[3]进行吸附－介电泳去除重金属离子的工艺研究，并考察各物理因素对去除率的影响。

6.3.1　吸附－介电泳法捕获 Cd^{2+} 的影响因素

6.3.1.1　电压对溶液中 Cd^{2+} 去除率的影响

用 $Cd(NO_3)_2 \cdot 4H_2O$ 溶解于超纯水中配制含 Cd^{2+} 的质量浓度为 150mg/L 的硝酸镉溶液，调节溶液 pH 值为 5，在 500mL Cd^{2+} 浓度为 150mg/L 的溶液中投入 1g 的贝壳粉，于 25℃ 下恒温搅拌 48h，将吸附达饱和后的硝酸镉溶液通过一级吸附－介电泳工艺装置，控制流量为 0.2595mL/s，分别施加直流电压为 4V、6V、8V、9V、10V、11V、12V、14V 和 16V，收集介电泳处理后硝酸镉溶液的流出液，抽滤，使用原子吸收分光光度计检测滤液中 Cd^{2+} 的含量。计算 Cd^{2+} 的去除率，结果如图 6-7 所示。当施加电压小于 8V 时，随着电压的升高，Cd^{2+} 的去除率逐渐升高，当施加电压大于或等于 8V 时，Cd^{2+} 的去除率趋于稳定。结果表明，利用天然废弃物——贝壳粉作吸附材料，通过吸附－介电泳法去除镉离子，与 6.2 节用空心微球[2]的结果相比，捕获电压降低，而且去除率高。更值得注意的是，所用的重金属离子的浓度提高了很多。这表明在实际工艺中，也可以处理高浓度的重金属离子废水。

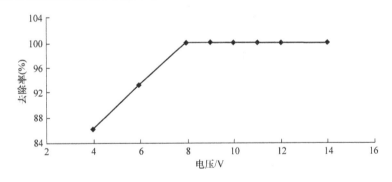

图 6-7　电压对溶液中 Cd^{2+} 去除率的影响

6.3.1.2　流量对溶液中 Cd^{2+} 去除率的影响

向 500mL Cd^{2+} 浓度为 250mg/L 的硝酸镉溶液中投入 2.5g 贝壳粉，吸附完成后，固定施加电压为 8V，进行一级介电泳捕获，考察流量对去除率的影响，结果如图 6-8 所示。在所选流量范围内，流量越低，Cd^{2+} 的去除率越高。当设置流量为 0.0792mL/s 时，Cd^{2+} 的去除率为最大值。这是因为流量越低，吸附了 Cd^{2+} 的贝壳粉能与电极充分接触，从而越容易被电极捕获。流量过低，虽能与电极充分接触，但处理时间过长，将增加电消耗。

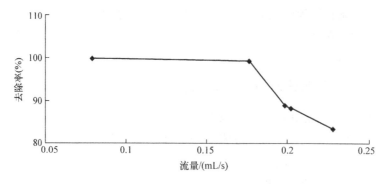

图 6-8　不同流量对 Cd^{2+} 去除率的影响

6.3.2　多种离子混合的吸附－介电泳实验

上述实验研究表明，吸附－介电泳法能显著提高单独重金属离子的去除率。在实际废水中，往往多种重金属离子共存。为此，在查阅文献的基础上，我们设计了三种常见重金属离子的混合模拟废水。

配制 500mL 的 Cd^{2+} 浓度为 250mg/L、Pb^{2+} 浓度为 100mg/L、Cu^{2+} 浓度为 200mg/L 的模拟废水，投入 2.5g 贝壳粉，吸附完成后，少量悬浮液抽滤，通过原子吸收分光光度法进行吸附去除率的确定。将剩余的混合悬浮液溶液分别经过一、二、三级介电泳工艺装置（见图 6-9）测定吸附－介电泳后的重金属离子含量，计算各金属离子的去除率，结果如图 6-10 所示。图 6-9a 为一级介电泳处理系统，图 6-9b 为二级介电泳处理系统，三级介电泳处理系统再增加一个处理池。

单纯吸附后，贝壳粉对三种离子的去除率为 $Pb^{2+} > Cd^{2+} > Cu^{2+}$，其中对 Pb^{2+} 的去除率几乎可达到 100%，说明贝壳粉对 Pb^{2+} 具有良好的效果。

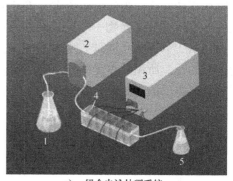

a）一级介电泳处理系统

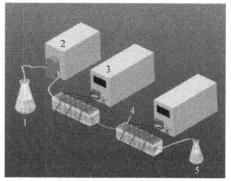

b）二级介电泳处理系统

图 6-9　吸附－介电泳工艺装置示意图
1—重金属离子悬浮液　2—恒流泵
3—电源　4—电极　5—废液收集瓶

经过一级和二级介电泳工艺装置后，贝壳粉对三种离子的去除率均为 Pb^{2+} > Cd^{2+} > Cu^{2+}；经过二级介电泳工艺装置后，溶液中已检测不到 Pb^{2+}，Cd^{2+} 剩余浓度为 5.159mg/L，Cu^{2+} 剩余浓度为 10.229mg/L；当经过三级介电泳工艺装置时，溶液中三种离子剩余浓度均小于 0.1mg/L，均达到国家排放标准。

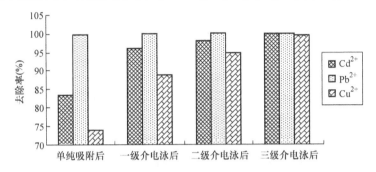

图 6-10　不同处理过程下重金属离子的去除率

　　值得注意的是，我们在配制混合离子的模拟废水时，重金属离子的浓度都比较高。这说明，采用吸附 - 介电泳法不仅可以治理低浓度的重金属离子废水，而且可以处理含较高浓度混合重金属离子的废水，并且处理后达到排放标准。由此可见，吸附 - 介电泳是一种适用性很宽的技术，在实际废水的处理中具有良好的应用前景。

6.3.3　贝壳吸附前后的扫描电子显微镜（SEM）微观结构分析

　　上述实验研究表明，将介电泳作用与吸附作用结合，能显著提高重金属离子的去除率，为了探索介电泳提高重金属离子去除效果的原因，我们对作用前后的贝壳粉进行 SEM 表征，对贝壳粉的微观结构分析，结果如图 6-11 所示。在吸附 Cd^{2+} 前，贝壳粉末是由尺寸大小不等的小单元结构构成，主要呈薄片型、不规

a) 贝壳粉吸附Cd^{2+}前的形貌　　　　　　b) 贝壳粉吸附Cd^{2+}后的形貌

图 6-11　处理前后贝壳粉的 SEM 显微图片

则型和小颗粒型，边缘清晰（见图 6-11a）。而吸附 Cd^{2+} 后（见图 6-11b），小颗粒的表面变得粗糙不平，表面出现了小颗粒黏附现象，可能是因为溶液中 Cd^{2+} 被去除的反应过程主要发生在贝壳粉末的表面，且小颗粒在反应过程中表现活跃。

6.4　皂土吸附－介电泳去除重金属离子（Cd^{2+}）的研究

皂土对重金属离子的吸附效果令人满意，因此被广泛用于吸附去除水中重金属离子的污染。但是皂土颗粒具有较强的吸水性，遇水膨胀形成胶状浆液。其吸附离子污染物后，难以分离去除，容易造成二次污染。在对吸附了重金属离子的皂土微粒的介电泳捕获显微研究的基础上，本节[4]进一步用介电泳技术将吸附了重金属离子的皂土颗粒在工艺装置中进行捕获去除，探索提高离子污染物的去除率的可能性。

配制 Cd^{2+} 浓度为 200mg/L 的 $Cd(NO_3)_2 \cdot 4H_2O$ 溶液，向其中投加一定量的皂土，在室温下于磁力搅拌器上搅拌至吸附平衡。吸附后的 Cd^{2+} 溶液流入介电泳装置，通过改变直流电源的电压、恒流泵流量、介电泳级数和皂土初始投加量，用原子吸收分光光度法确定吸附－介电泳法对 Cd^{2+} 的去除效果。

6.4.1　实验结果和讨论

控制 Cd^{2+} 初始浓度为 200mg/L，皂土投加量为 1.2g/L，外加电压为 20V、流速为 0.0926mL/s 的条件下经过一级、二级介电泳装置处理。初步实验探索结果见表 6-2。

表 6-2　一级、二级介电泳去除率对比

条件	去除率（%）
一级	80.62
二级	99.21

可以看出，二级去除效果比一级明显提高，二级装置去除后 Cd^{2+} 剩余浓度为 1.58mg/L，接下来的实验中吸附后使用二级介电泳装置对重金属离子进行去除。

6.4.1.1　电压对 Cd^{2+} 去除率的影响

控制 Cd^{2+} 初始浓度为 200mg/L，皂土投加量为 0.8g/L，搅拌至吸附平衡后经过两级介电泳装置处理。控制流量为 0.2595mL/s，改变电压。将吸附－介电泳法与单纯吸附法的去除结果比较，结果如图 6-12 所示。

皂土对 Cd^{2+} 单纯吸附的去除率为 23.36%，而电压为 20V 时，去除率达到

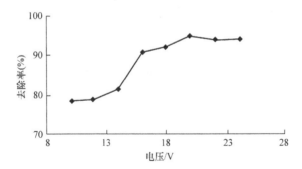

图 6-12　Cd^{2+} 去除率随电压变化

最好，为 94.42%，说明介电泳捕获大大提高了 Cd^{2+} 的去除率。

电压是影响介电泳捕获的重要因素。Hee－Won Seo 等[5]在研究中发现，随着交流电压的不断增大，介电泳捕获的单层碳纳米管束的数量有所增加。这是因为介电泳力的大小与电场强度 2 次方的梯度成正比，电场强度的大小又与电压的大小呈正相关。但电压过大，超过了粒子介电泳捕获的特征电压，去除率反倒有所降低。我们在其他微粒的介电泳研究中，也发现同样的结果，即每一种微粒都有自己的特征迁移电压[6]。

6.4.1.2　流量对 Cd^{2+} 去除率的影响

配制 Cd^{2+} 初始浓度为 200mg/L，皂土投加量为 0.8g/L，搅拌至吸附平衡，控制电压为 20V，流量降低至 0.1553mL/s、0.0926mL/s，经过两级介电泳装置处理。与上述流量为 0.2595mL/s 的结果比较，如图 6-13 所示。

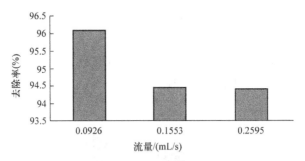

图 6-13　Cd^{2+} 去除率随流量变化

可见，保持电压不变，随着流量减小，Cd^{2+} 去除率随之升高。流量为 0.0926mL/s 时，去除率达到 96.09%。

流量降低，相当于增加了介电泳时间，捕获的皂土颗粒增多，从而使 Cd^{2+} 的去除率随之增加。谭苗苗等[7]的研究发现，增加介电泳时间可使电极间沉积碳管的密度增加。

6.4.1.3　皂土投加量对 Cd^{2+} 去除率的影响

控制 Cd^{2+} 初始浓度为 200mg/L，皂土投加量分别为 0.8g/L、1g/L、1.2g/L、1.4g/L，搅拌至吸附平衡。然后控制电压为 20V，流量为 0.0926mL/s，在两级介电泳装置中进一步去除，去除结果如图 6-14 所示。

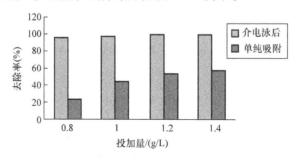

图 6-14　单纯吸附与介电泳后对 Cd^{2+} 去除率对比

单独考察吸附作用的影响时，随着吸附剂投加量的增加，吸附去除率在不断增加。这与彭荣华等[8]用改性粉煤灰单纯吸附处理含重金属离子废水的研究结果类似。但在投加量低时，介电泳作用对去除率提高得更加明显。当投加量为 1.4g/L 时，去除率由单纯吸附的 57.68% 提高到 99.80%，提高了 42.12 个百分点。而投加量为 0.8g/L 时，经过介电泳装置处理对 Cd^{2+} 的去除效果与单纯吸附的去除效果相差最大，提高了 72.73 个百分点。可见，吸附－介电泳方法可以在减少吸附剂投加量的情况下，达到很好的去除效果。在相同外加电压下，不仅大大减少了吸附剂的使用，而且如前所述，介电泳作用也可减少悬浮微粒的残留。

6.4.1.4　级数对 Cd^{2+} 去除率的影响

控制 Cd^{2+} 初始浓度为 200mg/L，皂土投加量为 1.2g/L，控制直流电压为 20V，流量为 0.0926mL/s，分别经过介电泳处理级数为一级、二级和三级，比较不同级数的去除率，结果如图 6-15 所示。

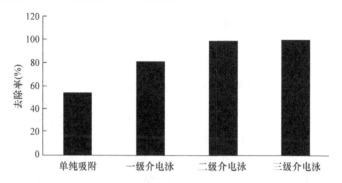

图 6-15　单纯吸附与一级、二级、三级介电泳去除率比较

由图可见，随着介电泳级数的增加，Cd^{2+} 去除率明显增加，三级介电泳后，去除率达到最好，Cd^{2+} 剩余浓度为 0.065mg/L，达到国家钢铁工业废水的排放标准[9]。在实际处理重金属离子污染废水时，可通过适当增加介电泳处理级数，高效去除重金属离子，实现达标排放。

6.4.2 表面分析及机理初步探索

由前述结果可见，将介电泳处理结合进处理过程，重金属离子的去除率显著提高，为了初步探索吸附－介电泳法去除重金属离子的机理，采用 SEM 和 EDS（能量色散 X 射线谱）对处理前后的微粒进行了分析。

将未吸附 Cd^{2+} 的皂土微粒、吸附了 Cd^{2+} 的皂土微粒、被丝网电极捕获的吸附了 Cd^{2+} 的皂土微粒进行 SEM 表征。吸附 Cd^{2+} 前皂土的 SEM 表征如图 6-16 所示。

图 6-16　未吸附 Cd^{2+} 的皂土微粒

吸附了 Cd^{2+} 的皂土 SEM 表征如图 6-17 所示。由 SEM 扫描的皂土吸附 Cd^{2+} 前后表面结构图片，发现原来的片状结构更加紧凑，可能是由于吸附 Cd^{2+} 后，离子交换和吸附作用使得皂土的片状结构呈聚簇状态。

图 6-17　吸附 Cd^{2+} 后的皂土微粒

对吸附了 Cd^{2+} 后的皂土微粒做
EDS 分析，结果如图 6-18 所示。

吸附了 Cd^{2+} 的皂土表面含有质量
分数为 6.88% 的镉元素，这是吸附发
生后，干燥后的皂土微粒表面残留的
Cd^{2+} 含量，没有发生吸附的微粒，其
表面为零。

对吸附 - 介电泳后的皂土微粒表
面进行 SEM 表征，结果如图 6-19
所示。

令人感兴趣的是，吸附了 Cd^{2+} 的
皂土微粒在经过介电泳装置被捕获后，
其形貌与发生单纯吸附作用后的皂土
表面形貌（见图 6-17）相比，发生了
显著变化。显而易见的是，微粒的团聚
作用明显减少，电压高的，团聚更少。

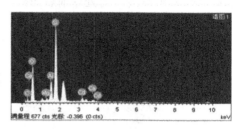

图 6-18　EDS 分析结果

这可能是由于非均匀电场使得微粒极化，表面带电荷，微粒之间相互排斥，因而
微粒间的团聚作用明显降低。

a) 14V, 0.2595mL/s, 0.4g　　　　　　　　　b) 18V, 0.2595mL/s, 0.4g

图 6-19　吸附镉离子的皂土经介电泳后的 SEM 表征

对介电泳后的皂土表面成分进行 EDS 分析，结果如图 6-20 及表 6-3 所示。

介电泳后，皂土表面残留的镉元素质量分数由单纯吸附作用后的 6.88% 提
高到 60.92%。这有力证明了结合介电泳技术后，促进了镉离子捕获在皂土微粒
上，因而镉离子的去除率明显提高。

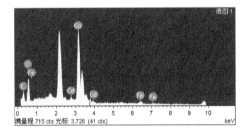

图 6-20　吸附 – 介电泳后皂土表面 EDS 分析

表 6-3　不同处理后皂土表面含镉量变化

重金属元素	吸附前	吸附后（%）	介电泳后（%）
镉	0	6.88	60.92

　　再来对比皂土吸附前和介电泳后的 SEM 表征，如图 6-21 所示。随着介电泳捕获的发生，皂土在结构发生变化的同时，粒径明显变小，皂土的比表面积增大，对 Cd^{2+} 的吸附效率也大大提高，因而提高了其去除率。

a) 皂土微粒

b) 介电泳后的皂土微粒

图 6-21　皂土介电泳前后的尺寸变化

6.5　皂土微粒吸附－介电泳去除重金属离子 Pb^{2+} 的研究

　　铅是一种重金属，超标情况下对于全身的各个系统都会有影响。与其他重金属一样，是一种不可降解的环境污染物。

　　Abollino 等[10]对皂土吸附去除水中 Pb^{2+} 等有害物质进行了研究，表明了皂土吸附去除 Pb^{2+} 的可行性，国内也有学者[11]对此进行了研究，均证明了皂土是一种去除重金属离子的优良吸附剂。本节[4]以皂土为吸附材料，探索利用吸附－介电泳技术对水中 Pb^{2+} 的去除。先用皂土粒子吸附水中的 Pb^{2+}，再使悬浮液通过介电泳装置，分离去除水中吸附了 Pb^{2+} 的皂土微粒，得到清洁的水。

6.5.1　实验部分

6.5.1.1　实验试剂

　　实验的主要试剂包括：$Pb(NO_3)_2$（分析纯，天津市大茂化学试剂厂）；皂土（化学纯，上海试四赫维化工有限公司）；硝酸（优级纯，北京化工厂）；超纯水（实验室自制）；$0.45\mu m$ 的微孔滤膜（上海市新亚净化器件厂）。

6.5.1.2　实验仪器

　　实验所用仪器包括：直流稳压电源（PS－305DM 型，北京双鸿电子公司）；恒流泵（BT100－2J 型，保定兰格恒流泵有限公司）；数显恒温多头磁力搅拌器（HJ－6A 型，江苏省金坛市荣华仪器制造有限公司）；原子吸收分光光度计（AA－6650 型，日本岛津公司）；SEM（S4800 型，株式会社日立制作所）；EDS（EMAX350，HORIBA）。实验所用的电极为不锈钢网状电极，筛网孔径为80 目。

　　实验装置的连接与图 6-2 所示相同，差别只是悬浮液的流动用恒流泵驱动。

6.5.1.3　实验方法

　　配制 Pb^{2+} 浓度为 200mg/L 的 $Pb(NO_3)_2$ 溶液，投加不同质量的皂土作为吸附剂，室温下于磁力搅拌器上搅拌至吸附平衡，抽滤，用原子吸收分光光度计检测 Pb^{2+} 的去除效果，据此确定最佳吸附剂投量。达到吸附平衡后经过介电泳装置，分别考察直流电压、恒流泵流量、初始皂土投加量、介电泳装置的级数等因素，对 Pb^{2+} 去除效果的影响。

6.5.2　实验结果与讨论

　　控制 Pb^{2+} 初始浓度为 200mg/L，皂土投加量分别为 0.5g/L、1g/L、2g/L、3g/L、4g/L。吸附平衡后检测剩余 Pb^{2+} 浓度。皂土吸附率随投加量变化如图 6-22所示。

由图可见，随着皂土吸附量的增加，Pb^{2+} 的去除率也在逐渐增加，皂土投加量为 2g/L 时，吸附趋于饱和，皂土投加量为 5g/L 时，吸附达到极限。这种变化趋势与研究 Cd^{2+} 时情况类似。虽然单纯吸附作用也可高效去除 Pb^{2+}，但吸附剂的使用量很大。如前述研究的结果所示，在用介电泳技术联合处理含 Pb^{2+} 的废水时，可适当减少吸附材料的投加量，避免悬浮微粒的污染。而且如 6.4 节所述，在吸附剂用量低时，施加介电泳后，去除率提高更明显。所以在下面实验中，皂土投加量固定为 0.5g/L。

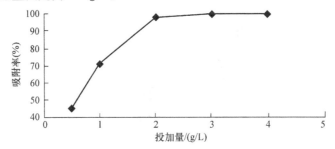

图 6-22　皂土对 Pb^{2+} 的吸附率随投加量的变化图

6.5.2.1　电压对 Pb^{2+} 去除率的影响

控制 Pb^{2+} 初始浓度为 200mg/L，皂土投加量为 0.5g/L，吸附平衡后通过介电泳捕获吸附了 Pb^{2+} 的皂土微粒高效去除 Pb^{2+}。介电泳条件：流量为 0.2595mL/s，电压分别为 10V、12V、14V、16V、18V、20V，经过两级介电泳装置处理。结果如图 6-23 所示。

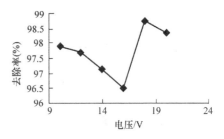

图 6-23　介电泳对 Pb^{2+} 的
去除率随电压变化图

由图可见，电压从 10V 到 16V，介电泳对 Pb^{2+} 的去除率随电压升高而降低，在 18V 时达到最高，为 99.03%，而在投加量为 0.5g/L 时，单纯吸附的去除效率仅为 45.59%，提高了近 53 个百分点。一般地，增加电压，有助于提高去除率。电压的影响可由介电泳力的计算公式解释，介电泳力与电场强度的关系很大，所以在一定的范围内，电压越高，介电泳捕获在丝网电极上的微粒越多。电压达到 18V 时，由于皂土颗粒受到的介电泳力增大，从而有利于电极将其捕获，从而很大程度上加大了 Pb^{2+} 的去除率。Che - Hsin Lin 等[12] 在利用介电泳对细胞的研究中也得到了类似的结论。在 16V 之前，随着电压的增加，去除率反而降低。可能是由于在这个电压范围内，电压的增加，促进了 Pb^{2+} 在皂土颗粒表面的吸附，由于铅的原子量较大，吸附了 Pb^{2+} 的皂土颗粒重力增大，所受阻力也较大，因此较难迁移，难以被电极捕获[13]。而电压达到18V时，电场强度可以促进吸附了 Pb^{2+} 的皂土颗粒迁移到电极表面。

6.5.2.2　流量对 Pb^{2+} 去除率的影响

控制 Pb^{2+} 初始浓度为200mg/L，皂土投加量为 0.5g/L，吸附平衡后通过介电泳进一步去除。控制电压为 18V，考察流量对 Pb^{2+} 去除率的影响，结果如图 6-24 所示。

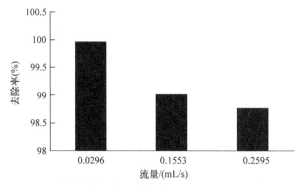

图 6-24　Pb^{2+} 去除率随流量变化关系

随着流量的减小，介电泳后 Pb^{2+} 去除率明显增加，在流量为 0.0926mL/s 的情况下，去除率已达到 99.98%，去除后水中 Pb^{2+} 浓度为 0.039mg/L，达到国家城镇污水排放标准[14]。与 6.4 节的结果相比，Pb^{2+} 的处理效果与 Cd^{2+} 类似，但比 Cd^{2+} 的去除效果好，在流量低的情况下，通过一级介电泳处理，即可达到排放标准。

6.5.2.3　皂土投加量对 Pb^{2+} 去除率的影响

考虑到皂土对 Pb^{2+} 吸附效果好，与 Cd^{2+} 的处理相比，可降低皂土投加量。控制 Pb^{2+} 初始浓度为200mg/L，皂土投加量分别为 0.5g/L、0.6g/L、0.8g/L、1g/L，吸附平衡后通过介电泳进一步去除。控制介电泳电压为 18V、流量为 0.2595mL/s，经过两级介电泳装置处理。

介电泳处理后 Pb^{2+} 去除率与皂土投加量变化关系如图 6-25 所示。

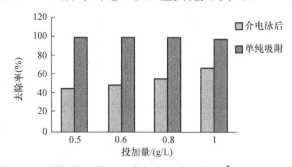

图 6-25　投加量对单纯吸附与介电泳去除 Pb^{2+} 的影响比较

由图可以看出，随着吸附剂投量的增加，皂土对 Pb^{2+} 的单纯吸附率也在增加，由 45.59% 增加到了 67.72%，但由介电泳作用使 Pb^{2+} 的去除率的增加值却有所减小，即在投加量较低时，介电泳对去除率提高得较多。这与 6.4 节 Cd^{2+} 的处理情况类似，初始投加量低至 0.5g/L 时，单纯吸附与介电泳后的去除效率相差最大，提高了 53 个百分点。进一步说明了吸附–介电泳方法处理不同的重金属离子，都可以很大程度上减少吸附剂的用量。

6.5.2.4　级数对 Pb^{2+} 去除率的影响

控制 Pb^{2+} 初始浓度为 200mg/L，皂土投加量为 0.5g/L，吸附平衡后通过介电泳进一步去除。控制介电泳电压为 18V、流量为 0.2595mL/s，分别通过一级、二级、三级介电泳装置处理。

将单纯吸附、一级介电泳、二级介电泳、三级介电泳对 Pb^{2+} 的去除率比较如图 6-26 所示。由图可知，介电泳技术可以大大提高 Pb^{2+} 的去除率，且随着级数的增大，去除率提高。经过三级介电泳处理，去除率由单纯吸附的 45.59% 提高到 99.01%。如前所述，这是由于随着级数增加，悬浮液与电极的接触时间及接触面积增多，可使更多的皂土颗粒被捕获富集到丝网电极上，从而提高了 Pb^{2+} 的去除率。这与 Cd^{2+} 的处理结果类似。

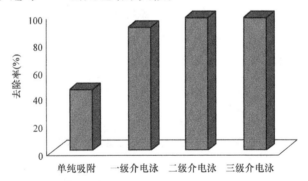

图 6-26　皂土单纯吸附与一级、二级、三级介电泳去除率比较

6.5.3　表征分析及机理的初探

6.5.3.1　吸附前后皂土形貌及表面成分变化

将吸附 Pb^{2+} 前后的皂土微粒进行 SEM 表征，如图 6-27 所示。由皂土吸附前后的表面结构表征可以看出，吸附 Pb^{2+} 后皂土颗粒的团聚程度降低，变得比较分散。

能谱分析的结果表明，吸附 Pb^{2+} 后的皂土表面铅元素的质量分数为 10.23%，与 6.4 节中镉离子的吸附后的 EDS 表征结果相比，皂土对铅离子有较强的吸附能力。这与 Inglezakis 等[15] 的研究结果一致。

a) 吸附前　　　　　　　　　　　　　　　　b) 吸附后

图 6-27　吸附 Pb^{2+} 前后的皂土微粒的 SEM 表征

6.5.3.2　吸附 - 介电泳前后皂土微粒的表征

在 500mL Pb^{2+} 浓度为 200mg/L 的溶液中，投加 0.25g 皂土，流量控制为 0.2595mL/s，在电压分别为 12V、16V 下经过介电泳两级装置处理，用 SEM 对经过吸附 - 介电泳作用后的皂土颗粒进行表征分析。结果如图 6-28 所示。

a) 12V　　　　　　　　　　　　　　　　b) 16V

图 6-28　介电泳对皂土形貌的影响

与图 6-27a 相比，介电泳后皂土微粒的形貌发生了明显的变化，呈现片状，颗粒变小。并且我们注意到电压越高，片状微粒越多，片越小。这一现象非常有意思，其机理有待于进一步探讨。在同一样品上用 SEM 对捕获在丝网电极上的皂土微粒进行 EDS 分析。

由 EDS 分析结果（见图 6-29）可知，经过介电泳作用后，皂土颗粒表面含铅量其质量分数由单纯吸附时的 10.23% 增加到 44.89%，表明介电泳作用使得 Pb^{2+} 被更多地捕获到皂土微粒的表面，这可能是介电泳使 Pb^{2+} 的去除率增加的原因。其机理尚不十分清楚。除了介电泳作用可使吸附剂颗粒变小，增加吸附剂的比表面积之外，在较强的电场强度下，吸附剂颗粒表面的荷电能力也可能会发生变化，从而改变了其对带电离子的吸附性能。

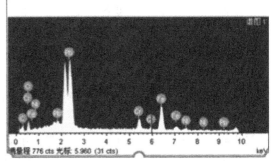

图 6-29　EDS 分析结果

6.6　皂土吸附－介电泳同时去除二元共存重金属离子

在 6.4 节和 6.5 节中，分别研究了皂土对水中的单一存在的重金属离子的吸附－介电泳去除。在实际生产中，冶炼、电解、医药、油漆、合金、电镀、纺织印染、造纸、陶瓷与无机颜料制造等多种工业废水中往往含有多种重金属离子[16]。当多种离子共同存在时，皂土对重金属离子的吸附有无影响和差异还不甚清楚，因此研究利用吸附－介电泳去除两种重金属离子共存的废水更有实际意义。本节[4]重点考察皂土的吸附－介电泳行为对水中 Cd^{2+}、Pb^{2+} 共存时的去除结果，初步探究了不同情况下以皂土为吸附材料利用吸附－介电泳对混合离子的去除机理，为该技术的实际应用奠定了工艺基础。

6.6.1　实验部分

实验所用的试剂主要包括：Cd（NO_3）$_2$·$4H_2O$（分析纯，天津市光复精细化工研究所）；Pb（NO_3）$_2$（分析纯，天津市大茂化学试剂厂）；皂土（化学纯，上海试四赫维化工有限公司）；硝酸（优级纯，北京化工厂）；超纯水（实验室自制）；$0.45\mu m$ 的微孔滤膜（上海市新亚净化器件厂）。

实验所用仪器包括：直流稳压电源（PS－305DM 型，北京双鸿电子公司）；恒流泵（BT100－2J 型，保定兰格恒流泵有限公司）；数显恒温多头磁力搅拌器（HJ－6A 型，江苏省金坛市荣华仪器制造有限公司）；原子吸收分光光度计（AA－6650 型，日本岛津公司）；SEM（S4800 型，株式会社日立制作所）；EDS（EMAX350，HORIBA）。实验所用的电极为不锈钢网状电极，筛网孔径为 80 目。实验装置的连接与图 6-9 相同。

6.6.2　实验方法

配制 Pb^{2+}、Cd^{2+} 浓度各为 200mg/L 的 Pb（NO₃）₂、Cd（NO₃）₂·4H₂O 混合溶液（比例为 1:1）[17]。投加不同质量的皂土作为吸附剂，于磁力搅拌器上搅拌至吸附平衡，抽滤，用原子吸收分光光度计检测两种离子的去除率，确定皂土的最佳投量。

在上述混合溶液中投加适量皂土，对两种离子进行吸附，吸附平衡后，经过介电泳装置进一步去除。通过改变直流电压、流量、介电泳装置的级数等条件，考察吸附-介电泳法对 Cd^{2+}、Pb^{2+} 的去除率。

将未吸附重金属离子的皂土微粒、吸附过重金属离子的皂土微粒、吸附后经过介电泳装置的皂土微粒分别进行 SEM 表征和 EDS 分析，分析三种情况下皂土所含重金属离子质量分数的变化，进而对吸附和介电泳去除重金属离子的原理进行初步探讨。

6.6.3　实验结果与讨论

6.6.3.1　皂土投加量对去除率的影响

控制 Pb^{2+}、Cd^{2+} 的初始浓度均为 200mg/L，皂土投加量分别为 1g/L、2g/L、3g/L、4g/L、5g/L。Cd^{2+}、Pb^{2+} 吸附去除率随皂土投加量变化，如图 6-30 所示。

由图可知，混合吸附时，随着吸附剂投加量的增加，两种离

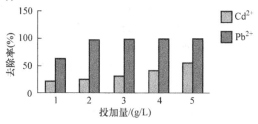

图 6-30　两种重金属离子去除率随投加量变化

子的去除率也在增加，Cd^{2+} 的去除率由 22% 提高到了 54.4%，而 Pb^{2+} 的去除率由 63.25% 提高到了 99.54%。在所有条件下，皂土对 Pb^{2+} 的去除率始终大于对 Cd^{2+} 的去除率。由前述实验可知，在结合介电泳技术时，选择合适的投加量，可以达到对两种离子的最佳去除效果。

6.6.3.2　电压的确定

控制 Pb^{2+}、Cd^{2+} 浓度均为 200mg/L，皂土投加量为 1g/L，吸附平衡后经过介电泳装置处理。控制流量为 0.2595mL/s，改变介电泳条件，不同条件下重金属离子去除率见表 6-4。

由表 6-4 可见，研究结果与单一离子的处理结果类似，对于 Cd^{2+} 来说，单纯吸附效率仅为 25.23%，而经过介电泳后去除率大大提高。比较第三、四组数据，第一级电压由 18V 升至 20V，Cd^{2+} 的去除率明显升高（89.73% 提高到了

94.90%。)。对于 Pb^{2+} 来说，单纯吸附效率为 59.20%，而经过介电泳装置后，去除率在二级均控制电压为 18V，去除率就已达到 99.52%。升高电压，并不利于 Pb^{2+} 离子的去除率的增加。

表 6-4　单纯吸附与吸附 - 介电泳去除率比较

条件	Cd^{2+} 去除率（%）	Pb^{2+} 去除率（%）
（1）单纯吸附	25.23	59.20
（2）第一级：18V，第二级：18V	90.50	99.52
（3）第一级：18V，第二级：20V	89.73	97.64
（4）第一级：20V，第二级：18V	94.06	98.92
（5）第一级：20V，第二级：20V	94.90	99.97

两级电压相同的情况下，两种离子的去除效果都较好。在两级均控制 20V 条件下，两种离子的剩余浓度分别为 Cd^{2+} 9.59mg/L、Pb^{2+} 0.0589mg/L。其中 Pb^{2+} 去除后已经达到国家排放标准。为了进一步提高 Cd^{2+} 的去除率，在之后的研究中，电压控制为 20V，考虑降低恒流泵转速，即减小流量，也可考虑在第一级后增加一次吸附过程。

6.6.3.3　流量对混合离子去除率的影响

控制 Pb^{2+}、Cd^{2+} 初始浓度分别为 200mg/L，皂土投量为 1g/L，吸附平衡后经过介电泳装置处理。

介电泳处理：分别经过二级、三级介电泳装置。电压：第一级 20V，第二级 20V；流量：0.2595mL/s，0.1553mL/s，0.0926mL/s。

经过两级介电泳装置，两种离子去除率随流量变化关系如图 6-31 所示。

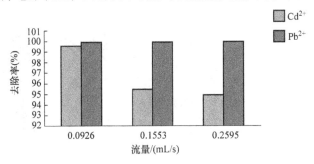

图 6-31　两级介电泳后两种离子去除率随流量变化

经过三级介电泳装置，两种离子去除率随流量变化如图 6-32 所示。

由图 6-31 与图 6-32 可见，研究结果与单一离子去除规律类似。经两级介电泳处理后，随着流量的减小，Cd^{2+} 的去除率在逐渐增大，流量为 0.0926mL/s 时去除率达到 99.46%。而 Pb^{2+} 去除率一直较高，上述流量范围内，去除率保持在 99.97%，剩余 Pb^{2+} 浓度均已达到国家排放标准。经三级介电泳处理后，随着流

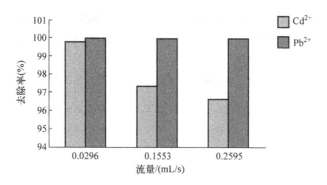

图 6-32　三级介电泳后两种离子去除率随流量变化

量的减小，Cd^{2+} 的去除率由 96.62% 提高到 99.85%，达到了较好的去除效果。由图可以直观地看出，流量变化对 Cd^{2+} 的去除率的影响大于对 Pb^{2+} 去除率的影响。

当多种离子混合存在时，我们可以通过增加级数或降低流量，使共存的重金属离子的残留量均达到排放标准。

6.6.3.4　表征分析及机理探究

将未吸附混合离子的皂土微粒、吸附了混合离子的皂土微粒、吸附后经过介电泳装置的皂土微粒用 SEM 扫描，观察表面结构的变化，并进行 EDS 分析。

与吸附单一离子类似，皂土吸附混合离子前，为卷边片状结构，吸附混合离子后片状结构更加分散，可能是随着吸附过程的进行，皂土片状结构逐渐被打开，吸附位点增加，使得吸附向更加有利的方向进行。

EDS 分析结果如图 6-33 所示。

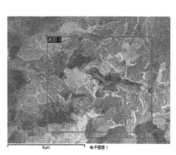 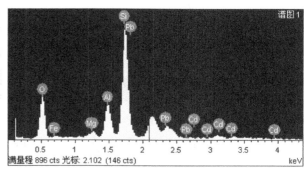

图 6-33　EDS 分析结果

吸附后皂土表面重金属含量见表 6-5。可见，吸附混合离子后，皂土表面成分中既有镉元素，又有铅元素，可以证明两种离子均被成功吸附。且铅元素含量大于镉元素，皂土对铅离子的吸附优于对镉离子的吸附。

表6-5　吸附后皂土表面重金属含量

元素	质量分数（%）	原子百分数（%）
镉	4.11	0.88
铅	9.60	1.11

在 Cd^{2+}、Pb^{2+} 浓度各为 200mg/L 的溶液中，投加皂土量为 1g/L，在不同电压和不同流量下经过介电泳两级装置处理，之后用 SEM 及 EDS 对皂土表面形貌及组成分析。结果如图 6-34 和图 6-35 所示。

a) 20V，0.0926mL/s　　　　　b) 20V，0.2595mL/s　　　　　c) 18V，0.2595mL/s

图6-34　两级处理后的皂土 SEM 表征

可以看出，在 Cd^{2+} 和 Pb^{2+} 同时存在的条件下，介电泳后的皂土微粒表面形态变化较大，且粒径变小，比表面积增大。

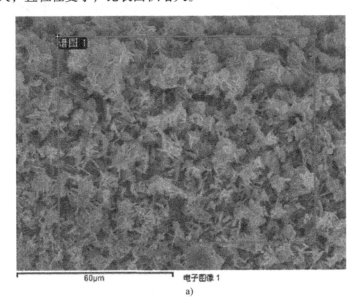

a)

图6-35　EDS 分析结果

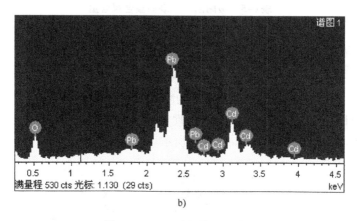

b)

图6-35 EDS分析结果（续）

介电泳后皂土表面重金属含量见表6-6。

表6-6 介电泳后皂土表面重金属含量

元素	质量分数（%）	原子百分数（%）
镉	28.72	13.71
铅	49.35	12.78

结合表6-6可见，介电泳后皂土表面的镉和铅元素的含量远大于单纯吸附时两种共存离子在皂土表面的含量。可见在介电泳的过程中，有更多的重金属元素被捕获到皂土表面，这也进一步证明了介电泳作用可以促进两种离子在吸附剂表面的捕获，提高去除率。

皂土对混合离子与单一离子的吸附行为比较分析，见表6-7。

表6-7 皂土对单一离子和混合离子的吸附去除率

投加量/(g/L)	Cd^{2+}去除率（%）	Pb^{2+}去除率（%）	混合	
			Cd^{2+}去除率（%）	Pb^{2+}去除率（%）
0.2	53.50	71.03	22.00	63.25
0.6	77.00	99.66	32.60	96.21

可以看出，Cd^{2+}和Pb^{2+}无论是单独存在还是混合存在于溶液中，皂土对Pb^{2+}的吸附能力总是大于对Cd^{2+}的吸附能力。Barbier等[18]用两种蒙脱土作为重金属离子的固定剂，发现Pb^{2+}的吸附量总是大于Cd^{2+}，与本研究结果类似。Missana等[19]用钠基蒙脱土吸附二价重金属离子，发现吸附机理主要是离子交换，皂土表面可能对不同的重金属离子有不同的吸附位，有些吸附位强，有些吸附位弱。在本研究中，可能是由于皂土对Pb^{2+}的吸附位较多，因而比Cd^{2+}吸附的效果要好。

但是在混合溶液中，皂土对两种离子的吸附能力均下降，投加量为 0.2g/L 时，单一的 Cd^{2+} 的吸附去除率为53.5%，而在混合溶液中 Cd^{2+} 的吸附去除率下降到22%，而单一的 Pb^{2+} 的吸附去除率为71.03%，混合溶液中 Pb^{2+} 的吸附去除率下降到63.25%。但两种离子合起来的去除率高于单一离子的去除率。投加量为 0.6g/L 时，单一的 Cd^{2+} 的吸附去除率为77%，混合溶液中 Cd^{2+} 的吸附去除率为32.6%，而单一的 Pb^{2+} 的吸附去除率为99.66%，混合溶液中 Pb^{2+} 的吸附去除率下降为96.21%。两种离子去除率的总和也高于任一离子单独存在时的去除率。这表明，两种离子之间既存在竞争吸附，也有一定的协同效应。但不论单一离子存在时，还是两种离子混合存在时，结合介电泳作用后，铅离子的去除率始终高于镉离子。

6.6.3.5 皂土对单一离子与混合离子的吸附介电泳行为比较

（1）单一离子与混合溶液中 Cd^{2+} 介电泳行为比较分析

配制 Cd^{2+} 浓度为 200mg/L 的 $Cd(NO_3)_2 \cdot 4H_2O$ 溶液与 Pb^{2+}、Cd^{2+} 浓度分别为 200mg/L 的 $Pb(NO_3)_2$、$Cd(NO_3)_2 \cdot 4H_2O$ 混合溶液（比例为 1:1），皂土投加量均为 1g/L，吸附平衡后经过介电泳装置加以去除。

控制电压为 20V，流量为 0.1553mL/s，将单一离子和混合离子的悬浮液经过两级介电泳装置，比较去除率，如图 6-36 所示。

由图 6-36 可见，不论是单一离子还是两种离子的混合溶液，介电泳后 Cd^{2+} 的去除率都要远远大于单纯吸附。单一的 Cd^{2+} 介电泳后的去除率比单纯吸附提高了 52.5

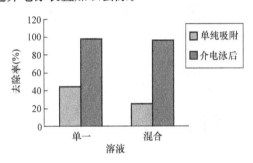

图 6-36 不同条件下 Cd^{2+} 去除率比较

个百分点，而混合溶液中介电泳后的去除率比单纯吸附提高了 70.22 个百分点。可见，介电泳作用对混合离子的去除率提高得更明显。这表明介电泳作用的引入更有利于处理两种离子共存的废水。

（2）单一离子溶液与混合溶液中 Pb^{2+} 介电泳行为比较分析

配制浓度为 200mg/L 的 $Pb(NO_3)_2$ 溶液与浓度分别为 200mg/L 的 $Pb(NO_3)_2$、$Cd(NO_3)_2 \cdot 4H_2O$ 混合溶液，固定皂土投加量均为 1g/L，吸附平衡后，控制电压为 18V，流量为 0.2595mL/s，经过两级介电泳装置处理后，去除率的比较如图 6-37 所示。由图可知，单纯吸附条件下，Pb^{2+} 的去除率与 Cd^{2+} 相似，混合溶液吸附去除率相对较低；单一 Pb^{2+} 溶液中，介电泳后的去除率比单纯吸附提高了29.48个百分点，混合溶液中，Pb^{2+}去除率提高了40.32个百分点。同样，介电泳作用对混合离子中铅离子的去除率提高更明显。而且经过介电泳装置后，混合溶液中Pb^{2+}的去除率比单一离子溶液略有提高，说明在混合溶液中不论吸附还是吸附－介电泳作用都利于铅离子的去除。

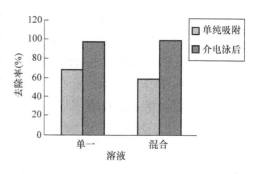

图6-37　不同条件下Pb^{2+}去除率比较图

6.6.3.6　皂土对混合离子与单一离子的 SEM 及 EDS 分析

从6.5节对于皂土单纯吸附Cd^{2+}、Pb^{2+}前后表面结构表征的分析可以看出，吸附后，皂土表面的结构略有变化，聚合度降低，但形貌变化不明显。

但单一和混合离子后的皂土微粒经过介电泳装置后，对其表面形貌进行SEM表征，结果如图6-38所示。

a) Cd^{2+}，介电泳后　　　　　　　　b) Pb^{2+}，介电泳后

c) 混合离子，介电泳后

图6-38　单一及混合离子吸附－介电泳后的形貌变化

由图可以看出，相同条件下吸附了Cd^{2+}离子以后，经过介电泳作用后的皂土表面形态为球簇状。而吸附了Pb^{2+}以后，经过介电泳后的皂土表面形态为断

裂的片状。吸附了两种混合离子的皂土，经过介电泳后表现为既有球状、又有断裂的片状，表明皂土携带两种离子经过介电泳装置时表面形态变化表现为处理单一的两种离子的综合形貌。这一现象也说明在两种离子混合存在的废水中，通过介电泳装置时，两种离子同时被吸附在皂土颗粒的表面，并被丝网电极捕获，从而达到同时去除混合离子的目的。

将皂土颗粒吸附重金属离子前、后及介电泳后重金属的质量分数对比见表 6-8。

表 6-8　不同作用下皂土表面重金属的质量分数

重金属元素	吸附前质量分数（%）	吸附后质量分数（%）	介电泳后质量分数（%）
镉	0	6.88	60.92
铅	0	10.23	44.89

可见，不论是 Cd^{2+} 还是 Pb^{2+}，被皂土吸附后再运用介电泳技术加以去除，可以大大提高重金属离子占皂土的质量分数，即达到更好的去除效果。虽然混合离子的吸附存在一定的竞争吸附，但吸附后控制合适的介电泳条件，仍然能够将两种离子的总去除率大大提高，达到很好的去除效果。介电泳技术不仅能提高重金属离子的去除率，而且将吸附后溶液中残留的皂土加以去除，进一步证明了吸附－介电泳技术的可行性。

皂土对 Cd^{2+}、Pb^{2+} 单一和混合溶液的吸附－介电泳捕获与单纯吸附法比较，吸附剂初始投加量相同，混合离子比单一离子的吸附率低。而相同条件下，吸附混合离子后，再经过介电泳装置捕获，两种离子的去除率均大大增加，两种离子混合介电泳后 Pb^{2+} 的去除效果比单一离子略好，Cd^{2+} 的去除率提高更明显，这与表面成分分析一致。

6.7　贝壳粉对模拟重金属工业废水的吸附－介电泳去除效果

根据参考文献 [20]，我们确定了模拟废水的成分和含量[3]，采用 $Cd(NO_3)_2 \cdot 4H_2O$、$Pb(NO_3)_2$ 和 $Zn(NO_3)_2 \cdot 6H_2O$ 溶解于超纯水中配制含 Cd^{2+}、Pb^{2+} 和 Zn^{2+} 质量浓度分别为 200mg/L、150mg/L 和 50mg/L 的重金属混合液，备用。

6.7.1　贝壳粉投加量对模拟重金属工业废水吸附去除效果的影响

图 6-39 显示了单纯吸附条件下贝壳粉投加量对模拟重金属工业废水去除效果。吸附实验中，控制温度为 25℃，吸附时间为 48h。由图可见，当贝壳粉投加

量为 4g/L 时，Pb^{2+} 去除率就已达 99.82%，Cd^{2+} 也相对较高，为 82.75%，而此时 Zn^{2+} 仅为 17.12%。随着贝壳粉投加量的升高，Cd^{2+} 和 Zn^{2+} 的去除率也随之升高，在 6g/L 时 Pb^{2+} 和 Cd^{2+} 的去除率已达 99% 以上，Zn^{2+} 去除率也由 4g/L 时的 17.12% 陡然升至 72.47%，提高了 55.35 个百分点。当贝壳粉投加量升至 8g/L 时，三种离子去除率均达 99% 以上。而不管贝壳粉投加量为多少，总是 Pb^{2+} 最先被吸附去除，其次是 Cd^{2+}，最后是 Zn^{2+}，由此可知，贝壳粉对多种离子共存时的去除效果为 Pb^{2+} > Cd^{2+} > Zn^{2+}。

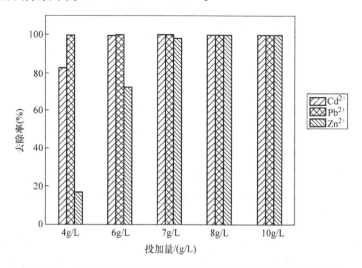

图 6-39　贝壳粉投加量对模拟重金属工业废水去除效果的影响

从上述实验结果看，增加贝壳粉吸附剂的用量，也能把重金属离子去除得比较完全。但吸附了重金属离子的贝壳粉如何从废水中去除，仍是个棘手的问题。

此外，当溶液中只有 Cd^{2+} 存在时，Cd^{2+} 去除率在 4g/L 投加量条件下已高达 96.64%。但当溶液中共存 Pb^{2+} 和 Zn^{2+} 时，Cd^{2+} 去除率由 96.64% 降至 82.75%。这是因为当溶液中存在 Pb^{2+} 和 Zn^{2+} 时，由于竞争吸附的关系，Pb^{2+} 和部分 Zn^{2+} 会占据吸附剂上的金属结合位点而导致 Cd^{2+} 去除率降低。

6.7.2　吸附-介电泳法对模拟重金属工业废水中的去除效果

在用吸附-介电泳法去除水体重金属离子的试验中发现，不论 Cd^{2+}、Pb^{2+} 还是混合重金属离子，经过介电泳处理后的悬浮液与处理前相比，悬浮液变得十分清澈。以吸附-介电泳法去除模拟重金属工业废水为例，在介电泳处理前（见图 6-40a），可以看到加入了贝壳粉微粒的溶液非常浑浊，而经过介电泳处理后（见图 6-40b），溶液变得十分清澈。此结果可以初步证明介电泳技术能够捕获吸附了重金属离子的贝壳粉微粒，防止贝壳粉悬浮微粒的污染，而将捕获后的贝壳粉微粒收集处理后还能防止重金属离子解吸造成的二次污染。

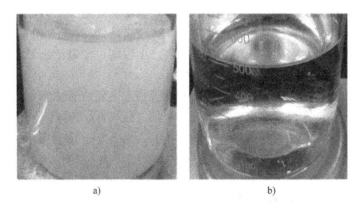

a)　　　　　　　　　　　　b)

图 6-40　介电泳处理前后悬浮液浑浊度对比

在上述自制的工业废水中（$[Cd^{2+}] = 200mg/L$，$[Pb^{2+}] = 150mg/L$，$[Zn^{2+}] = 50mg/L$），控制贝壳粉投加量为 4g/L，pH 值为 5，温度为 25℃，吸附时间为 24h，流量为 0.2595mL/s，在两级吸附 - 介电泳工艺装置中对模拟重金属工业废水进行去除，不同电压条件下 Cd^{2+}、Pb^{2+} 和 Zn^{2+} 三种离子的去除效果如图 6-41 所示。

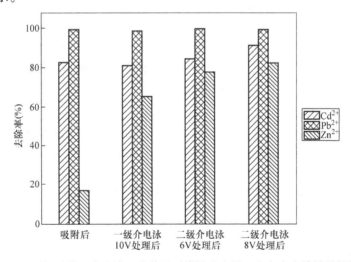

图 6-41　两级吸附 - 介电泳工艺装置对模拟重金属工业废水去除效果的影响

由图可见，在 4g/L 贝壳粉投加量条件下，单纯吸附达平衡后 Pb^{2+} 去除率就已达 99.82%，Cd^{2+} 去除率相对较低，为 82.75%，Zn^{2+} 去除率则非常低，仅为 17.12%。在不增加贝壳粉投加量条件下，当将吸附时间缩至 24h 后对悬浮液在

10V 电压条件下进行一级介电泳处理，Pb^{2+} 去除率依旧高于 99%，Cd^{2+} 去除率为 81.13%。而 Zn^{2+} 去除率为 65.43%，与单纯吸附达平衡相比提高了 48.31 个百分点。此结果表明，与单纯吸附相比，利用吸附 – 介电泳法治理模拟重金属工业废水一方面不仅可以缩短处理时间（单纯吸附的处理时间为 48h），另一方面还能同时提高三种重金属离子的去除率，与之前吸附 – 介电泳法对单一离子去除效果影响的结论相一致。

另外，由于经过一级介电泳处理后悬浮液中重金属离子浓度大大降低，考虑到能耗问题，故而在二级介电泳处理时所施加电压要低于 10V。悬浮液经过二级介电泳处理后，Pb^{2+} 去除率保持不变，但 Cd^{2+} 和 Zn^{2+} 去除率与一级介电泳处理后相比均有所提高。当二级介电泳处理池施加电压为 6V 时，Cd^{2+} 去除率提高 3.49 个百分点，Zn^{2+} 提高 12.43 个百分点；若二级介电泳处理池施加电压为 8V，Cd^{2+} 去除率则提高 6.91 个百分点，Zn^{2+} 提高 17.06 个百分点。此结果表明二级介电泳处理池施加电压越高，重金属离子的去除效果越好。但是不论施加电压为 6V 还是 8V，Cd^{2+} 和 Zn^{2+} 去除率提高不明显，分析可能是由于二级介电泳处理池对重金属离子的处理作用还未得以充分发挥。这可能是经过一级介电泳处理池处理后的悬浮液中贝壳粉微粒含量太低，导致介电捕获的贝壳粉微粒量减少，从而降低吸附 – 介电泳法对重金属离子的去除效果。

因此，为了充分发挥二级介电泳处理池对重金属离子的去除作用，提高重金属离子去除率，须对两级吸附 – 介电泳工艺装置进行改进，改进流程如下：将吸附过程改为两级吸附，即在两个介电泳工艺装置处理池之间加上一个悬浮液接收装置，对经过一级介电泳处理池处理后的悬浮液适当补充吸附剂，进行二级吸附，然后继续进行二级介电泳处理。即在吸附剂的总投加量不变的情况下，将吸附剂分批进行投加，第一批于一级吸附过程投加，另一批于二级吸附过程投加。连接方式如图 6-42 所示。

在改进的两级吸附 – 介电泳工艺装置中对模拟重金属工业废水进行处理，在两级吸附中投加不同量的贝壳粉，Cd^{2+}、Pb^{2+} 和 Zn^{2+} 三种离子的去除效果如图 6-43 所示。

在一级吸附过程中，投加 2g/L 贝壳粉并吸附 24h 后（见图 6-43 中的 a），Pb^{2+} 去除率就已达 99.19%，Cd^{2+} 去除率为 9.69%，Zn^{2+} 则没有去除，与之前研究的贝壳粉对三种离子去除程度结果一致。在 10V 条件下经过一级介电泳处理后（见图 6-43 中的 b），Pb^{2+} 去除率略微下降，Cd^{2+} 去除率陡升至 71.84%，提高了 62.15 个百分点，而 Zn^{2+} 去除率也提高了 68.89 个百分点，再次证实了介电泳技术能够大幅增加混合重金属离子的去除效果。

在相同的二级介电泳处理条件（8V）下，当二级吸附过程中贝壳粉投加量为 1g/L 时，吸附 3h（见图 6-43 中的 c）后，Cd^{2+}、Pb^{2+} 和 Zn^{2+} 三种离子去除

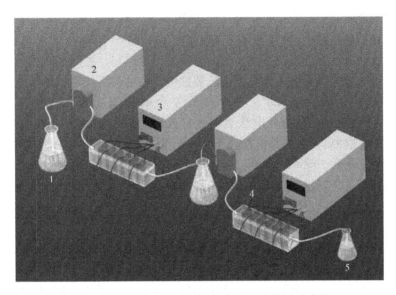

图 6-42　改进的两级吸附－介电泳工艺装置示意图

1—重金属离子悬浮液　2—恒流泵　3—电源　4—电极　5—废液收集瓶

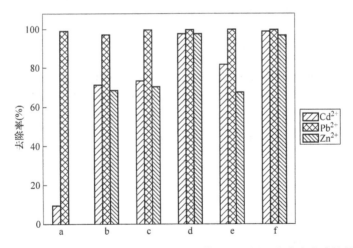

图 6-43　改进的两级吸附－介电泳工艺装置对模拟重金属工业废水去除效果的影响

率分别为 73.65%、99.75 和 70.77%，通过二级介电泳处理（见图 6-43 中的 d）后，Cd^{2+} 和 Zn^{2+} 去除率分别提升了 24.12 个百分点和 27.1 个百分点；若把二级吸附过程中贝壳粉投加量增至 2g/L，吸附 3h（见图 6-43 中的 e）后，Cd^{2+}、Pb^{2+} 和 Zn^{2+} 三种离子去除率分别为 82.17%、99.91 和 67.82%，通过二级介电泳处理（见图 6-43 中的 f）后，Cd^{2+} 和 Zn^{2+} 去除率则分别提升了 16.73 个百分点和 29.34 个百分点。此结果表明，在二级吸附过程中，贝壳粉投加量对二级介电泳去除重金属离子的效果影响不大（见图 6-43d 和 f），可能是由于经过一级介电泳处理后悬浮液中 Cd^{2+} 和 Zn^{2+} 浓度太低，而 Pb^{2+} 基本已经完全去除，因此经过二级介电泳处理后三种离子的去除效果接近饱和，去除率增加不明显。

在改进前的两级吸附-介电泳工艺装置中，经过两级处理（一级 10V，二级 8V）后，Cd^{2+}、Pb^{2+} 和 Zn^{2+} 三种离子去除率分别为 91.53%、99.88% 和 82.49%；而将两级吸附-介电泳工艺装置改进后，经过两级处理（一级 10V，二级 8V）后三种离子的去除率均高于 97%，说明改进后的工艺可显著提高三种共存重金属离子的去除率。此外，值得注意的是，在改进的两级吸附-介电泳工艺装置中，当贝壳粉投加总量为 3g/L 时，三种离子的去除率不仅比改进前要高，而且贝壳粉投加总量也减少了，即改进后的吸附-介电泳工艺装置还能减少吸附剂的使用量。

综上所述，吸附-介电泳法治理模拟重金属工业废水时，与单纯吸附相比，在三种离子去除率相近的情况下，单纯吸附所需的贝壳粉使用量更多；在贝壳粉投加量相同的条件下，吸附-介电泳法不仅能捕获吸附了重金属离子的贝壳粉，达到防止贝壳粉微粒悬浮污染和重金属离子解吸造成二次污染的目的，还能缩短重金属离子的处理时间，大幅提高重金属离子的去除率。此外，改进后的吸附-介电泳工艺装置还能进一步减少贝壳粉的使用量。

6.7.3　SEM 及 EDS 分析

将吸附重金属离子后及介电泳处理后的贝壳粉微粒自然风干，然后进行 SEM 表征和 EDS 测试，通过贝壳粉微粒表面形貌的变化及成分分析对吸附-介电泳法去除水体重金属离子的宏观机理进行初步探究。

6.7.3.1　电极对贝壳粉微粒捕获情况的分析

以贝壳粉吸附混合重金属离子（Cd^{2+}、Pb^{2+} 和 Zn^{2+}）为例，对贝壳粉微粒被电极捕获情况进行分析，图 6-44 为贝壳粉微粒吸附混合重金属离子后被电极

a) 正极　　　　　　　　　　　　　　b) 负极

图 6-44　电极捕获吸附了混合重金属离子后的贝壳粉微粒的 SEM 图

正负极捕获的 SEM 图，其条件为，$[Cd^{2+}] = 200mg/L$，$[Pb^{2+}] = 150mg/L$，$[Zn^{2+}] = 50mg/L$，pH 值为 5，温度为 25℃，投加量为 2g/L，吸附时间为 24h，电压为 10V，流量为 0.2595mL/s，一级介电泳处理后。

如图 6-44 所示，在正极和负极上均能观察到有贝壳粉微粒附着于电极条上，即不论是正极还是负极，贝壳粉微粒都能发生介电泳作用被捕获于电极条上，经过介电泳装置处理过的水清澈并且清洁，防止了贝壳粉悬浮微粒的污染。此结果与实验中观察到的介电泳处理前后水体变清澈的结果一致，进一步证实了介电泳技术能够捕获吸附了重金属离子的吸附剂，防止吸附剂悬浮微粒的污染，使水体清澈。

值得注意的是，在介电泳装置中，我们施加的是直流电。此前，我们一直在思考一个问题，吸附了重金属离子的微粒带正电荷，电泳作用也可以捕获这些粒子。那么究竟是发生了电泳作用，还是介电泳作用？如果发生了电泳作用，将被捕获到负极上，而不会被捕获到正极上。只有发生介电泳的情况下，才能在正、负极都捕获吸附剂颗粒。因此，我们将经过介电泳作用后丝网电极上的颗粒进行自然干燥后，进行 SEM 扫描（见图 6-44）。可以看出，吸附了重金属离子的吸附剂微粒在正、负丝网电极上都被明显地捕获，这一结果还说明了一个重要问题，即在粒子被捕获的过程中，不受粒子电荷的影响，说明确实发生的主要是介电泳作用。

6.7.3.2 吸附－介电泳法去除水中 Cd^{2+} 后贝壳粉微粒的表征分析

图 6-45 为吸附－介电泳法去除水中 Cd^{2+} 后贝壳粉微粒的 SEM 图，其条件为，$[Cd^{2+}] = 150mg/L$，pH 值为 5，温度为 25℃，投加量为 2g/L，吸附时间为 48h，流量为 0.2595mL/s，一级介电泳，电压为 10V。

对比图 6-45a 与图 6-45b 可知，吸附后贝壳粉微粒主要呈块状及颗粒状且表面平滑，通过介电泳处理后在池中的贝壳粉微粒的块状表面附着了许多细小颗粒，表面变得相对粗糙。而对比图 6-45a、图 6-45c 与图 6-45d 发现，正极和负极上的贝壳粉微粒表面形貌发生了较大变化，贝壳粉微粒由块状变成片层形貌，在薄片上还附着许多细小颗粒。这可能是因为通过介电泳处理后，原先的贝壳粉微粒块状与颗粒在介电泳作用下被打散成薄片与更为细小的颗粒。由于池中电场强度较弱，故池底收集的贝壳粉颗粒形貌变化不大，因此只有部分细小颗粒附着于块状表面上。而电极条上属于电场最强区域，贝壳粉的形貌变化很大。

表 6-9 为吸附－介电泳法去除水中 Cd^{2+} 后贝壳粉微粒 EDS 的测试结果。可见，通过介电泳处理后，不管是介电泳处理池中还是在电极上的贝壳粉微粒，其表面上的 Cd 元素含量均高于吸附后贝壳粉微粒表面上的 Cd 元素含量，说明通过介电泳处理后 Cd^{2+} 去除率有所提高，这与通过原子吸收分光光度法确定的去除率结果相一致。吸附法与介电泳技术相结合能提高 Cd^{2+} 的去除率，这可能与

a) 吸附后　　　　　　　　　　　b) 介电泳处理后
c) 正极　　　　　　　　　　　　d) 负极

图 6-45　吸附 – 介电泳法含 Cd^{2+} 贝壳粉 SEM 图

贝壳粉微粒表面形貌发生的变化有关。通过介电泳技术处理后，贝壳粉微粒被打散成薄片与更为细小的颗粒，暴露出更多的吸附位点，使更多的 Cd^{2+} 与吸附位点相结合，加快吸附过程并提高 Cd^{2+} 去除率。

表 6-9　吸附 – 介电泳法后含 Cd^{2+} 后贝壳粉表面成分

元素	吸附后		池中		正极		负极	
	质量分数（%）	原子百分数（%）	质量分数（%）	原子百分数（%）	质量分数（%）	原子百分数（%）	质量分数（%）	原子百分数（%）
C	12.00	20.38	16.93	28.44	11.33	22.00	15.02	28.68
O	47.58	60.67	44.83	56.54	38.76	56.48	35.45	50.83
Ca	35.45	18.05	25.14	12.66	29.83	17.36	28.20	16.14
Cd	4.97	0.90	13.11	2.35	20.09	4.16	21.33	4.35

　　在表 6-9 中，正极和负极上捕获的贝壳粉微粒表面镉的含量接近，负极上的略高。这说明在捕获微粒时，主要发生了介电泳作用，因为只有介电泳作用，才能在正极和负极同样发生。另外，也可能发生了少量的电泳作用，因为吸附了大量带正电荷的 Cd^{2+} 离子，微粒也将带正电，当粒子随水流，迁移至负极丝网电极附近，有少量粒子发生电泳作用被捕获，这与负极上贝壳粉表面的镉含量略高的结果一致。

6.7.3.3　吸附 - 介电泳法去除水中 Pb^{2+} 后贝壳粉微粒的表征分析

吸附 - 介电泳法去除水中 Pb^{2+} 后贝壳粉微粒的 SEM 表征如图 6-46 所示，其中，$[Pb^{2+}]=300mg/L$，pH 值为 5，温度为 25 ℃，投加量为 0.1g/L，吸附时间为 24h，流量为 0.2595mL/s，一级介电泳，电压为 8V。

a) 吸附后　　　　　　　　　　b) 介电泳处理后

c) 正极　　　　　　　　　　d) 负极

图 6-46　吸附 - 介电泳法后含 Pb^{2+} 的贝壳粉 SEM 图

与 Cd^{2+} 的结果相类似，介电泳处理后在池中的贝壳粉微粒的表面形貌与吸附后贝壳粉微粒的形貌差别不大，都主要呈长条块状、片状和颗粒状（见图 6-46a 与图 6-46b）。而在电极上的贝壳粉微粒的表面形貌发生了很大变化，在正极上贝壳粉微粒粒径变小，变成十分细小的颗粒（见图 6-46c）；在负极上贝壳粉微粒的长条块状和片状结构被打散成厚度更薄的薄片且部分叠加（见图 6-46d）。同理，由于池中电场强度较弱，故贝壳粉微粒的表面形貌变化不大，而电极条上属于电场最强区域，故贝壳粉微粒的表面形貌发生很大变化。

吸附 - 介电泳法去除水中 Pb^{2+} 后贝壳粉微粒 EDS 的测试结果见表 6-10。

从表 6-10 不难看出，由于介电泳处理后在池中的贝壳粉微粒的表面形貌与吸附后贝壳粉微粒的形貌差别不大，吸附后贝壳粉微粒表面上的 Pb 元素含量与池中贝壳粉微粒表面上的 Pb 元素含量相差不多；而由于通过介电泳处理后电极上贝壳粉微粒的表面形貌发生了很大变化，故电极上贝壳粉微粒表面上的 Pb 元素含量均高于吸附后贝壳粉微粒表面上的 Pb 元素含量。总的来说，通过介电泳处理后贝壳粉微粒表面上的 Pb 元素含量提高，Pb^{2+} 去除率升高，这也与通过原子吸收分光光度计检测后的结果相一致。进一步证实了，吸附 – 介电泳法能使重金属离子去除率提高是与贝壳粉微粒表面形貌发生的变化有关。

表 6-10　吸附 – 介电泳后含 Pb^{2+} 的贝壳粉表面成分

元素	吸附后		池中		正极		负极	
	质量分数（％）	原子百分数（％）	质量分数（％）	原子百分数（％）	质量分数（％）	原子百分数（％）	质量分数（％）	原子百分数（％）
C	11.80	40.36	10.77	35.28	9.76	42.01	8.67	41.84
O	17.56	45.07	19.66	48.33	11.73	37.90	9.65	34.97
Ca	0.70	0.72	4.01	3.94	0.48	0.62	0.28	0.41
Pb	69.94	13.85	65.56	12.45	78.03	19.47	81.40	22.78

6.7.3.4　吸附 – 介电泳法去除模拟重金属工业废水后贝壳粉微粒的表征分析

图 6-47 为吸附 – 介电泳法去除混合重金属离子（Cd^{2+}、Pb^{2+} 和 Zn^{2+}）后贝壳粉微粒的 SEM 表征结果。控制实验条件为：$[Cd^{2+}] = 200mg/L$，$[Pb^{2+}] = 150mg/L$，$[Zn^{2+}] = 50mg/L$，pH 值为 5，温度为 25℃，流量为 0.2595mL/s。

图 6-47　吸附 – 介电泳后含重金属离子的贝壳粉 SEM 图

由图 6-47 可知，介电泳处理池中的贝壳粉微粒表面形貌（见图 6-47b）与吸附后贝壳粉微粒的表面形貌（见图 6-47a）相比，可观察到块状表面附着了许多细小颗粒，表面变得粗糙，但由于池中电场强度较弱，贝壳粉微粒表面形貌只发生轻微变化。同样是经过一级处理，从正极上收集的贝壳粉（见图 6-47c），在电场强度较强的电极上，表面形貌发生了较大变化。正极上的贝壳粉微粒被打散成薄片和细小颗粒，薄片发生了有规则的叠加和团聚，细小颗粒附着于薄片上。负极上的贝壳粉微粒（见图 6-47d），除了被打成薄片和细小颗粒并叠加与团聚外，还能看到在薄片和颗粒表面上长出规则的纤维簇状。与后面的贝壳粉表面成分一起分析，可知在介电泳装置中，主要发生了介电泳，可能还发生了电泳作用。

表 6-11 为吸附－介电泳法去除混合重金属离子（Cd^{2+}、Pb^{2+} 和 Zn^{2+}）后贝壳粉微粒 EDS 的测试结果。

表 6-11　一级吸附－介电泳后贝壳粉微粒表面成分

元素	一级吸附后		一级介电泳后池中		一级介电泳后正极		一级介电泳后负极	
	质量分数（%）	原子百分数（%）	质量分数（%）	原子百分数（%）	质量分数（%）	原子百分数（%）	质量分数（%）	原子百分数（%）
C	14.03	24.55	20.20	31.82	9.80	19.84	10.44	21.99
O	45.06	59.21	47.18	55.79	33.49	50.91	39.4	62.32
Ca	28.09	14.72	22.70	10.71	45.16	27.40	7.28	4.6
Cd	2.51	0.47	7.74	1.30	2.38	0.51	29.97	6.75
Pb	10.31	1.05	1.31	0.12	8.16	0.96	2.49	0.3
Zn	—	—	0.87	0.25	1.01	0.37	10.42	4.04

一级吸附后贝壳粉微粒表面上没有出现 Zn 元素，Pb 元素含量较高，而经过一级介电泳处理后，贝壳粉微粒表面上的 Cd 和 Zn 元素含量大大提高，Pb 元素在贝壳粉表面增量不多，表明在一级吸附后 Pb^{2+} 基本已全被从水中去除。正因如此，经过二级吸附后贝壳粉微粒表面上的 Pb 元素含量极低，Cd 和 Zn 元素含量也较低，但经二级介电泳处理后，贝壳粉微粒表面上的 Cd 和 Zn 元素含量继续大大提升。

综上所述，经过一级吸附后 Pb^{2+} 基本已被完全去除，Zn^{2+} 则没被吸附，但经介电泳处理后 Cd^{2+} 和 Zn^{2+} 去除率大大提升，这与通过原子吸收分光光度计检测后的结果相一致。但经二级介电泳处理后[3]，贝壳粉微粒表面上的 Cd 和 Zn 元素含量继续大大提升。经介电泳使 Cd^{2+} 和 Zn^{2+} 去除率大大提升，这与通过原子吸收分光光度法确定的去除率结果相一致。

在本章中，对吸附－介电泳法去除水中重金属离子进行了系统的工艺研究，采用了多种吸附材料，考察了电压及吸附时间等对吸附－介电泳法去除 Cd^{2+} 及 Pb^{2+} 效果的影响，对吸附－介电泳工艺装置进行优化改进后用于模拟重金属工业废水的去除，最后结合 SEM 表征和 EDS 测试结果初步探究吸附－介电泳法去除水体重金属离子的宏观机理。工艺实验和表征分析表明：

1）吸附－介电泳法适用于多种吸附材料，在吸附后结合介电泳作用，均可提高重金属离子的去除效果；此法还适合去除不同的重金属离子，不仅能去除单一存在的离子，还可去除共存的离子。

2）吸附－介电泳法能够缩短重金属离子处理时间，减少吸附材料的使用量，在显著提高重金属离子的去除效率的同时，还可去除吸附材料的污染。

3）介电泳作用可使吸附材料微粒变小，比表面积增大，因而增加了重金属离子的去除率。介电泳作用使捕获于吸附材料表面的重金属含量比单纯吸附作用时显著增加，且正负极含量相近，表明外加电极上主要发生了介电泳作用。

参 考 文 献

［1］张鹤腾. 介电泳研究系统的建立及利用介电泳技术去除水体中重金属的研究［D］. 北京：中央民族大学，2009.

［2］于乐. 介电泳间接去除水中重金属离子及其去除效率的研究［D］. 北京：中央民族大学，2010.

［3］蓝碧浩. 吸附－介电泳法去除水中重金属工艺及机理研究［D］. 北京：中央民族大学，2014.

［4］吴晶. 吸附/介电泳法去除水中重金属离子［D］. 北京：中央民族大学，2013.

［5］HEE－WON SEO，C S HAN，DAE－GEUN CHOI，et al. Controlled assembly of single SWNTs bundle using dielectrophoresis［J］. Microelectronic Engineering，2005，81（1）：83－89.

［6］陈慧英. 油品中氧化物微粒的介电泳分离与操控研究［D］. 北京：北京航空航天大学，2011.

［7］谭苗苗，叶雄英，王晓浩，等. 利用 DEP 和流体驱动的碳纳米管组装研究［J］. 传感技术学报，2006，19（5）：2030－2033.

［8］彭荣华，陈丽娟，等. 改性粉煤灰吸附处理含重金属离子废水的研究［J］. 材料保护，2005，35（1）：48－50.

［9］环境保护部. 钢铁工业水污染物排放标准：GB 13456—2012［S］. 北京：中国环境科学出版社，2012.

［10］ABOLLINO O，ACETO M，et al. Adsorption of heavy metals on Na－montmorillonite：effect of pH and organic substances［J］. Water Research，2003，37（7）：1619－1627.

［11］马小隆，刘晓明，宋吉勇. 钙基膨润土的改性方法及对 Pb^{2+} 的吸附性能研究［J］. 有色矿冶，2005，21（4）：44－47.

［12］CHE－HSIN LIN，GOW－BIN LEE，et. al. Vertical Focusing Device Utilizing Dielectrophoretic Force and Its Application on Microflow Cytometer［J］. Journal of Microelectromechanical System，2004，13（6）：923－932.

［13］陈慧英，张鹤腾，于乐，等. 利用空心微球和介电泳去除水中 Pb^{2+}［J］. 环境科学学

报, 2010, 30 (4): 756 - 761.

[14] 国家环境保护总局. 城镇污水处理厂污染物排放标准: GB 18918—2002 [S]. 北京: 中国环境科学出版社, 2002.

[15] V J INGLEZAKIS, M A STYTIANOU, D GKANTZOU, et al. Removal of Pb (II) from aqueous solutions by using clinoptilolite and bentonite as adsorbents [J]. Desalination, 2007, 210 (1 - 3): 248 - 256.

[16] SAMEER AL - ASHEH, FAWZI BANAT, DEAYA' AL - ROUSAN. Beneficial reuse of chicken feathers in removal of heavy metals from wastewater [J]. Journal of Cleaner Production, 2003, 11 (3): 321 - 326.

[17] 陈国荣. CMB 改性大洋富钴结壳尾矿对重金属离子的选择性吸附 [J]. 有色金属, 2009, 61 (2): 125 - 128.

[18] F BARBIER, G DUC, M PETIT - RAMEL. Adsorption of lead and cadmium ions from aqueous solution to the montmorillonite/water interface [J]. Colloids and Surfaces A: Physicochemical and Engineering Aspects, 2000, 166 (1 - 3): 153 - 159.

[19] T MISSANA, M GARCIA - GUTIERREZ. Adsorption of bivalent ions (Ca (II), Sr (II) and Co (II)) onto FEBEX bentonite [J]. Physics and Chemistry of the Earth, 2007, (32): 559 - 567.

[20] 鲁春艳, 胡卫文, 夏兵伟, 等. 水口山铅冶炼污水处理工艺探索及优化 [J]. 湖南有色金属, 2012, 28 (3): 62 - 65.

第7章　吸附－介电泳治理水中其他离子态污染

前几章的研究表明，重金属离子可通过吸附与介电泳技术结合而被高效去除。接下来，我们思考，除了重金属污染物，水中还存在其他离子态的污染物，或者说可吸附的污染物，如氨氮、砷、磷酸根等。这些离子态的污染物是否也能通过吸附－介电泳作用而被高效去除呢？本章的研究将证明，用同样的装置，采用适当的吸附材料，可以同时去除氨氮、砷等可吸附的污染物。

7.1　水中氨氮的吸附－介电泳治理方法初探

氨氮废水来源甚广且排放量大，如化肥、焦化、石化、稀土冶炼及垃圾填埋场等均产生大量的氨氮废水。大量氨氮废水排入水体不仅会引起水体营养化、造成水体黑臭，而且将增加给水处理的难度和成本，甚至对人群及生物产生毒害作用。

由于废水中氨氮的大量存在，若将其排入江河湖泊，会造成水体富营养化，使得水中藻类及微生物大量繁殖。国家对于氨氮的排放标准日趋严苛。根据有关规定，在需要特别保护的地区，如环境承载力较弱、生态环境较为脆弱，水体环境容量较小，容易发生严重水环境污染问题的地区，应严格控制相关企业的污染物排放行为，国家规定在上述敏感区域内水中氨氮的排放限值为 8mg/L[1]。

虽然处理氨氮废水的方法有多种，但生物法周期长，膜法成本高。吸附法操作简单易行，一般适用于处理中低浓度氨氮废水。与重金属离子的去除存在相同的问题，单纯采用吸附法也会造成悬浮微粒二次污染。急需开发一种流程简单、投资省、技术成熟、控制方便并且无二次污染的新技术。

7.1.1　皂土吸附－介电泳法去除水中氨氮的初步探索

7.1.1.1　吸附－介电泳法去除氨氮的影响因素

在初步考察了皂土对氨氮的吸附作用，并确定了吸附剂投加量之后，我们尝试将吸附法与介电泳法结合起来，以提高对氨氮的去除率。将吸附了氨氮的皂土悬浮液，经过吸附－介电泳工艺装置（见图 6-2），通过考察不同因素对氨氮的去除率的影响，优化工艺条件。

（1）最佳电压的确定

向 8 组 200mL 氨氮浓度为 25mg/L 的氨氮废水模拟液中投入 0.6g 的皂土，

在同一温度和搅拌状态下放置 20min 后通过介电泳处理装置，进行介电泳捕获。固定恒流泵的转速为 7r/min，控制电压分别为 8V、9V、10V、11V、12V、13V 的条件下，分别进行一级介电泳捕获，用吸收分光光度法测定残留的氨氮含量，并计算氨氮的去除率，结果如图 7-1 所示。当施加电压小于 11V 时，随着电压的升高，氨氮的去除率逐渐升高；当施加电压大于或等于 11V 时，氨氮的去除率有所下降，所以确定氨氮的最佳介电泳去除电压为 11V。

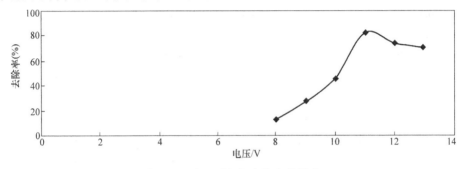

图 7-1　电压对氨氮去除率的影响

（2）流量对溶液中氨氮去除率的影响

向 8 组 200mL 氨氮浓度为 25mg/L 的氨氮废水模拟液中投入 0.6g 的皂土，在同一温度和搅拌状态下放置 20min 后进行介电泳处理。固定施加电压为 11V，控制流量分别为 0.5mL/min、1mL/min、1.5mL/min、2mL/min、2.5mL/min、3mL/min、3.5mL/min、4mL/min、4.5mL/min、5mL/min 的条件下进行一级介电泳捕获，分别检测在不同电压条件下残留的氨氮浓度，并计算氨氮的去除率，结果如图 7-2 所示。当设置的流量依次升高时氨氮捕获效果显著减弱，从所绘制的去除率 - 流量图可以看出，随流量的降低，去除率明显增加，在流量为 0.5mL/min 时去除率达到最大，因此在吸附 - 介电泳法去除氨氮的过程中，流量越小，去除率越高。

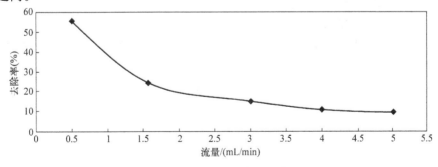

图 7-2　流量对氨氮去除率的影响

（3）介电泳池级数对捕获率的影响

首先配制了模拟水样，氨氮浓度为 150mg/L。在电压为 11V、流量为 0.5mL/min 的最佳捕获条件下，经过两级介电泳处理后氨氮去除近 98%，比单纯吸附提高了 38 个百分点。可见，随着捕获级数的增加，氨氮的捕获率明显增大；在两级捕获条件下氨氮的去除率明显提高。经介电泳捕获后，模拟废液中的氨氮剩余浓度为 3.6mg/L。我们高兴地发现，即使对于高浓度氨氮，也能处理降至 8.0mg/L 以下，达到了国家对敏感地区的排放标准。

7.1.1.2　实际含氨氮水样的吸附 – 介电泳处理

我们从内蒙古赤峰市农村的养牛场采集来养牛场排放的废水，进行检测，发现其中的氨氮含量较高，为 56mg/L，我们按照介电泳去除氨氮的最佳条件，进行了实际废水中氨氮去除的实验探索。

首先进行吸附去除氨氮的实验，用皂土作为吸附剂，在 25℃下对氨氮浓度为 56mg/L 的实际水样进行吸附实验，经吸收分光光度法测定，氨氮浓度降至 15mg/L。然后，控制在电压为 11V、流量为 0.5mL/min 条件下，使吸附后的废液通过介电泳池，进行介电泳捕获，测得处理后实际水样中的氨氮剩余浓度为 5.0mg/L，已降至 8.0mg/L 以下，达到了国家对敏感地区的排放标准。

我们还初步做了植物生长实验。将吸附了氨氮的皂土，施加到植物花盆的土壤中，结果发现，施加吸附了氨氮的皂土颗粒后，植物生长较快。为含氨氮的废水的资源化及深度利用提供了一种新的思路，并为建立高效、低成本的氨氮废水治理方法奠定了初步的实验基础。

7.1.2　贝壳粉吸附 – 介电泳去除水中氨氮

通过本节实验，旨在探索不同吸附材料是否都能通过与介电泳技术结合，提高对水中氨氮的去除率。另外，也尝试对较高浓度的氨氮尝试用吸附 – 介电泳法去除。

7.1.2.1　介电泳处理条件的优化

（1）最佳电压的确定

向 5 组 200mL 氨氮浓度为 150mg/L 的氨氮废水模拟液中投入 2.6g 的贝壳粉，在 25℃下振荡 5h 后进行介电泳捕获。固定恒流泵的转速为 5r/min，控制电压分别为 8V、9V、10V、11V、12V 的条件下，分别进行一级介电泳捕获，收集 50mL 处理后的水样，用纳氏试剂分光光度法测定氨氮浓度，并计算氨氮的去除率，结果如图 7-3 所示。

由图可知，当施加电压小于 11V 时，随着电压的升高，氨氮的去除率逐渐升高；当施加电压大于 11V 时，氨氮的去除率有所下降。可能是由于电压过高，电解作用和热运动加强，从而影响介电泳对吸附了氨氮的颗粒的捕获效果，使效果有所降低。也可能如前所述,存在一个特征捕获电压。所以可确定氨氮的最佳介电泳捕获电压为11V。

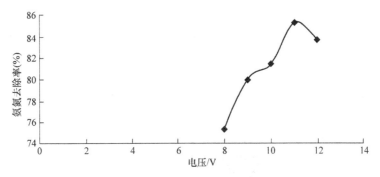

图7-3　电压对氨氮去除率的影响

（2）最佳流量的确定

向5组200mL氨氮浓度为150mg/L的氨氮废水模拟液中投入2.6g的贝壳粉,在25℃下振荡5h后进行介电泳捕获。固定施加电压为11V,控制恒流泵转速分别为1r/min、3r/min、5r/min、7r/min、9r/min的条件下进行一级介电泳捕获,分别收集50mL处理后的水样,检测在不同流量条件下流出液的吸光度,并计算氨氮的去除率,结果如图7-4所示,图中已将泵的转速折合为流量。

当设置的转速依次升高时氨氮捕获效果显著减弱,从所绘制的去除率－流量图可以看出,随流量的降低,去除率增加,最佳流量约为3mL/min。

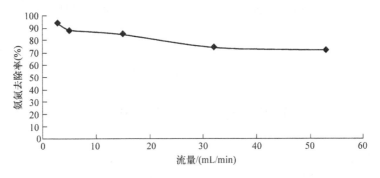

图7-4　流量对氨氮去除率的影响

（3）捕获级数对捕获率的影响

随着捕获级数的增加,氨氮的捕获率增大;一级介电泳处理后,氨氮的去除率为95%,剩余氨氮含量为5.6mg/L。两级捕获条件下氨氮的去除率可高达99%,剩余氨氮含量为1.5mg/L。但是考虑到两级相对于一级的最佳条件下的去除率提高不是很明显（从95%提高到99%）,且一级处理后氨氮含量已经降至

8mg/L 以下，在实际中，增加捕获级数也带来了能源的消耗，所以在实际运用中可以根据情况考虑需不需要两级捕获。

7.1.2.2　氮元素的循环利用

收集吸附了氨氮的贝壳粉，干燥后，当作氮肥继续使用，达到资源循环利用的目的。氮肥有利于绿叶的生长，故选择韭菜为实验对象。称取相同质量的韭菜种子，用相同的花盆填同质量的土，用同种方式种植，浇同质量的水。其中，一盆中从播种后就施加吸附了氨氮的贝壳粉，作为实验组；另一盆从播种后就施加没有吸附过氨氮的原始贝壳粉，作为对照组。待两盆均发芽后，每周一次记录其长势，生长过程中继续施肥。比较其生长效果，如图7-5所示。

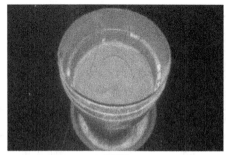

a) 对照组　　　　　　　　　　　　　　b) 实验组

图7-5　第四周生长情况对比

由图7-5可以看出，吸附了氨氮的贝壳粉作为氮肥施加给韭菜种子后，不仅大大提高了韭菜的发芽率，而且也对韭菜发芽后生长的状况带来了很大的影响。说明通过吸附－介电泳法可以很好地完成氮元素的回收及再利用。

上述实验初步表明，对于可吸附的氨氮，同样可以利用介电泳技术提高其去除率。那么，此时，我们的问题是其他吸附材料是否也可以做到？

7.2　炭化玉米芯吸附－介电泳法去除水中氨氮

在7.1节初步探索的基础上，本节[3]以炭化玉米芯作为吸附材料，对氨氮的吸附－介电泳法处理做系统的实验研究。首先进行了系统的吸附实验，将炭化玉米芯对氨氮吸附的热力学和动力学都进行了一系列试验探索。在此基础上，又将吸附了氨氮的炭化玉米芯通过介电泳池，使之发生介电泳捕获，从而提高氨氮的去除效果，并进一步探索其机理。

7.2.1　吸附时间对吸附－介电泳法去除氨氮效果的影响

在吸附－介电泳法去除水中重金属的研究中发现，在经过介电泳处理后，

Cd²⁺的吸附时间从48h降至12h仍能达到相同的去除效果。据此推测，吸附－介电泳法在缩短氨氮吸附时间的条件下也能同等提高去除率，从而达到缩短处理时间的目的。控制氨氮的质量浓度为100mg/L，投加量为10g/L，流量为0.26mL/s，电压为20V，停留时间为0min，考察吸附时间对吸附－介电泳法去除氨氮效果的影响，结果如图7-6所示。

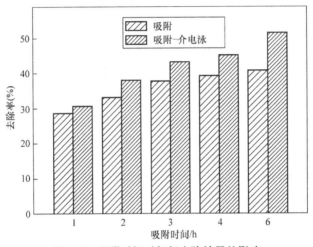

图7-6 吸附时间对氨氮去除效果的影响

由图7-6可知，在经过介电泳处理后，氨氮去除率均高于单纯吸附时的去除率。随着吸附时间的增加，经过介电泳处理后氨氮去除率的增量也随着增加。因此，氨氮吸附时间应选定为6h。在单纯吸附的实验中我们发现，炭化玉米芯对于氨氮的吸附为物理吸附与化学吸附共存，在吸附开始阶段，吸附主要为膜扩散且伴随着表面吸附，此时氨氮吸附量较低，因此去除率也较低，通过介电泳处理后，虽然氨氮去除率有所升高，但其增量不明显。随着吸附时间的延长，氨氮在炭化玉米芯上的吸附趋于平衡状态，此时捕获的炭化玉米芯上吸附了更多的氨氮，因此吸附时间越长，氨氮的去除率越高。

7.2.2 炭化玉米芯投加量对氨氮去除效果的影响

在吸附－介电泳法去除水中重金属的研究中发现，在经过介电泳处理后，吸附剂投加量减少仍能达到相同的去除效果。据此分析吸附－介电泳法减少吸附剂投加量也能同等提高去除率。控制氨氮的质量浓度为100mg/L，吸附时间为6h，流量为0.26mL/s，电压为20V，停留时间为0min，考察吸附剂投加量对吸附－介电泳法去除氨氮效果的影响结果如图7-7所示。

由图7-7可知，在不同的炭化玉米芯投加量下，经过介电泳处理后的氨氮去除率均高于单纯吸附时的氨氮去除率。氨氮去除率的增量也随着吸附剂投加量的

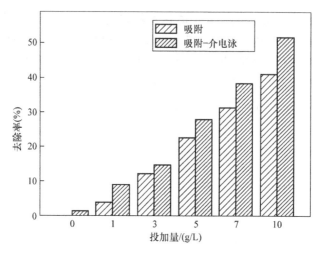

图 7-7　炭化玉米芯投加量对氨氮去除效果的影响

增大而增大。在投加量为 10g/L 时，单纯吸附的氨氮去除率为 40.81%，经过介电泳处理后的氨氮去除率为 51.54%。当炭化玉米芯吸附剂投加量较小时，由于吸附剂表面吸附位点有限，故而氨氮吸附总量并不高。在经过介电泳处理时，吸附了氨氮的炭化玉米芯被丝网电极捕获，由于炭化玉米芯量较少，导致溶液中被吸附的氨氮总量较少，因此氨氮去除率并不高。随着炭化玉米芯吸附剂投加量的增大，溶液中更多的氨氮被吸附到炭化玉米芯吸附剂上，在通过介电泳装置时被电极捕获，故而氨氮去除率也因此提高。因此，本研究选择 10g/L 为最佳炭化玉米芯吸附剂投加量。

7.2.3　电压对去除氨氮效果的影响

电场强度对吸附 – 介电泳法去除氨氮的效果至关重要，在实验中，电压的大小又决定着电场强度的大小，因此探究电压对吸附 – 介电泳法去除水中氨氮效果的影响是十分必要的。控制氨氮的质量浓度为 100mg/L，投加量为 10g/L，吸附时间为 6h，流量为 0.26mL/s，停留时间为 0min，考察电压对吸附 – 介电泳法去除氨氮效果影响，如图 7-8 所示。

由图 7-8 可见，当施加电压在 0 ~ 20V 之间时，氨氮的去除率随着电压的升高而升高，由 5V 时的 42.61% 升至 20V 时的 52.48%。当电压超过 20V 后，氨氮去除率变化不大，施加电压 25V 及 30V 时，氨氮去除率分别为 52.72% 及 52.97%。因此本节实验选用 20V 为吸附 – 介电泳法处理氨氮的最佳电压。当施加电压较低时，电极所产生的电场强度较小，吸附了氨氮的炭化玉米芯颗粒受到的介电泳力较小，不易被捕获，因此施加电压较小时氨氮去除效果提高不多。随着施加电压的升高，电场强度增大，炭化玉米芯所受到的介电泳力也随之增大，

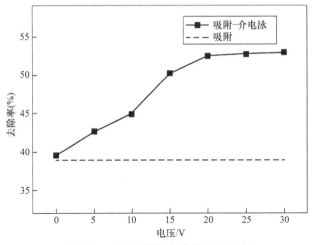

图 7-8 电压对氨氮去除效果的影响

更容易被捕获，因此施加电压越高，氨氮去除效果提高越多。当电压超过 20V 后，炭化玉米芯大部分已被捕获，且电极开始电解，其对炭化玉米芯的捕获效果也会受到影响，因此氨氮去除效果不会继续增大。

在不同电压条件下的吸附 – 介电泳法处理氨氮废水实验中，经过介电泳处理后的悬浮液均不同程度地变清，图 7-9 所示为在不同电压下经过介电泳处理后悬浮液变清的情况。由图可看出，与初始悬浮溶液相比，随着电压的升高，处理后的溶液逐渐变清，说明吸附了氨氮的炭化玉米芯颗粒的捕获率逐渐增加，在电压增加到一定程度时，变清程度基本相同，此结果与上述电压对氨氮去除效果的影响结果一致。因此，介电泳可以有效地捕获吸附了氨氮的吸附剂悬浮颗粒，不仅达到了去除水中氨氮的效果，同时还能解决悬浮颗粒的污染问题。

图 7-9 电压对悬浮液变清效果的影响

7.2.4　介电泳停留时间对吸附 - 介电泳法去除氨氮效果的影响

由于介电泳力为近程力，因此颗粒需迁移至距离电极较近的位置才能更加高效地发生介电泳捕获。在使用吸附 - 介电泳法处理水中氨氮时，该系统为动态装置，因此炭化玉米芯颗粒可能未与电极充分接触，为提高炭化玉米芯颗粒与电极的接触程度，可适当延长介电泳处理的停留时间。因此，探究介电泳处理的停留时间对吸附 - 介电泳法去除氨氮效果的影响十分必要。控制氨氮的质量浓度为100mg/L，投加量为10g/L，吸附时间为6h，电压为20V，流量为0.26mL/s，考察停留时间对氨氮去除效果的影响，如图 7-10 所示。

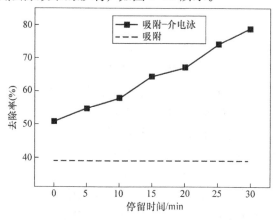

图 7-10　停留时间对氨氮去除效果的影响

由图 7-10 可知，通过吸附 - 介电泳法处理后的氨氮去除率随着介电泳处理的停留时间的延长而增大。在停留时间为 0min 时，氨氮去除率为 50.74%，当停留时间增至 30min 时，氨氮去除率也随之增加到 78.93%，相较于单纯吸附去除率提高了 40 个百分点。考虑到节能问题，因此本研究选择 30min 为最佳介电泳处理的停留时间。当介电泳处理的停留时间较短时，炭化玉米芯 - 氨氮悬浮液通过介电泳处理装置，吸附了氨氮的炭化玉米芯颗粒流经介电泳反应池，部分颗粒在迁移至离电极较近的距离时被介电泳力所捕获，部分颗粒随着溶液流经电极而未被捕获，因此较少的吸附了氨氮的炭化玉米芯颗粒被介电泳反应装置捕获，从而氨氮去除率并不高。随着停留时间的延长，在介电泳反应装置中的炭化玉米芯颗粒能够在悬浮溶液沉降过程中更充分与电极接触，从而提高了颗粒与电极的接触机会，被电极捕获的炭化玉米芯颗粒量也在增加，因此氨氮去除率也随之升高。

7.2.5　SEM 表征分析

将吸附氨氮后及吸附 - 介电泳处理后的炭化玉米芯颗粒及电极自然风干，进行 SEM 表征测试，通过电极捕获及炭化玉米芯表面形貌变化初步探究吸附 – 介电泳法去除水中氨氮的机理。

7.2.5.1　电极对炭化玉米芯颗粒捕获情况

在氨氮的质量浓度为 100mg/L，投加量为 10g/L，吸附时间为 6h，电压为 20V，流量为 0.26mL/s 的条件下，对正极和负极上吸附 – 介电泳捕获的炭化玉米芯进行 SEM 扫描，如图 7-11 所示。

a) 正极　　　　　　　　　　　b) 负极

图 7-11　电极捕获吸附了氨氮的炭化玉米芯 SEM 图

如图 7-11 所示，在正极及负极上均能够观察到炭化玉米芯颗粒附着于电极丝网上，说明无论是正极还是负极均可发生介电响应将炭化玉米芯颗粒捕获于电极丝网上。从另一方面表明，吸附 – 介电泳法达到了同时去除氨氮和炭化玉米芯颗粒的目的，有效地防止了悬浮颗粒物污染。此结果与图 7-9 中观测到的吸附 – 介电泳处理后悬浮液变清的结果相一致。

7.2.5.2　电压对电极捕获炭化玉米芯的影响

控制氨氮的质量浓度为 100mg/L，投加量为 10g/L，吸附时间为 6h，流量为 0.26mL/s，对经一级介电泳处理后的丝网进行 SEM 扫描，如图 7-12 所示。

如图 7-12 所示，在施加电压分别为 5V、20V、30V 时，电极正极及负极均有炭化玉米芯颗粒被捕获于其上，说明在该电压范围内，均可发生介电泳捕获现象。且当电压为 5V 时，电极捕获炭化玉米芯颗粒较少，当电压为 20V 及 30V 时，捕获颗粒均较多，说明随着电压升高，炭化玉米芯在电极上的捕获量也随之升高，与图 7-9 所观察的悬浮液随电压升高逐渐变清的结果相一致。

7.2.5.3　介电泳处理对炭化玉米芯形貌的影响

控制氨氮的质量浓度为 100mg/L，投加量为 10g/L，吸附时间为 6h，电压为 20V，流量为 0.26mL/s，一级介电泳处理，四种情况下的炭化玉米芯的 SEM 图如图 7-13 所示。

由图 7-13 可知，在经过吸附处理后，炭化玉米芯颗粒度变小，表面变得较

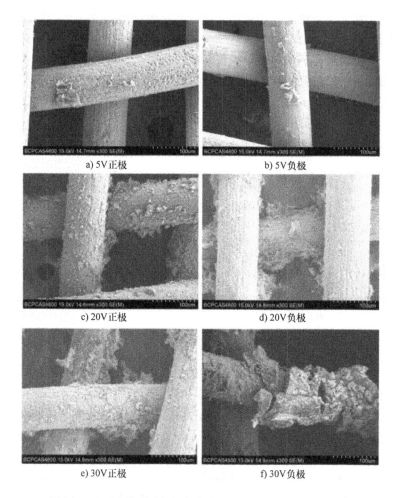

a) 5V正极　　　　　　　　　　　b) 5V负极

c) 20V正极　　　　　　　　　　d) 20V负极

e) 30V正极　　　　　　　　　　f) 30V负极

图 7-12　不同电压下介电泳捕获后电极丝网表面的 SEM 图

为粗糙。在经过吸附 – 介电泳处理后，炭化玉米芯颗粒形貌与吸附处理后形貌变化不大，因此炭化玉米芯在吸附 – 介电泳处理中并未发生形貌及性质的改变，仅被捕获于电极上。与皂土等其他吸附材料相比，结合介电泳作用后，氨氮的去除率提高得不明显，可能与炭化玉米芯经介电泳作用后形貌变化不大有关。

　　在此实验中，我们还使用了不同介电泳处理池及不同材质、规格电极所构成的介电泳处理装置处理氨氮废水。上述所有丝网排布均为截流式，我们也尝试了顺流式排布。实验证明，截流式介电泳池比顺流式介电泳池效果略好。不同电极比较的结果是，丝网电极较石墨电极处理效果更好，其中钛丝网电极处理效果最好，因此选用截流式以及钛丝网电极构成的介电泳处理装置进行后续研究。

　　通过对实验条件的优化，选定吸附时间为 6h，吸附剂投加量为 10g/L，确定

a) 未处理　　　　　　　　　　　　　b) 吸附后

c) 在正极上经介电泳捕获　　　　　　d) 经介电泳作用后，沉积在介电泳池中

图 7-13　不同处理后炭化玉米芯 SEM 图

20V 为最佳电压，介电泳停留时间为 30min。在确定的最佳条件下，氨氮去除率提高了 38.19 个百分点。同时悬浮液也逐渐变清，表明吸附了氨氮的炭化玉米芯颗粒已被捕获，解决了吸附后悬浮颗粒物的污染问题。SEM 表征显示吸附了氨氮的炭化玉米芯颗粒均可被捕获于正极及负极上，且捕获量随电压升高而增大，与吸附－介电泳处理后悬浮液变清的结果相一致。

7.3　沸石吸附－介电泳法去除水中氨氮

在前述实验的基础上，我们认识到吸附－介电泳法能去除低浓度的氨氮，使氨氮残留降到 8mg/L 以下。通过研究文献分析，发现沸石对氨氮的吸附去除效果良好。本节[4]利用沸石作吸附剂，进一步对氨氮用吸附－介电泳法去除进行系统的研究。

7.3.1　实验操作

考察吸附剂和电极种类的影响实验中，配制初始浓度为 30mg/L 的模拟氨氮废水，在一系列 1000mL 溶液中分别加入 2g 粉末状皂土和沸石，在室温下搅拌 20min 后，分别将混合溶液通过不同电极材料的介电泳反应池。初步设定直流电压为 11V，恒流泵流量为 0.26mL/s，停留 20min 后，由出水口收集流出液，使用 DWS-296 型氨氮测定仪测定剩余氨氮浓度。

考察投加量的影响实验中，在一系列 1000mL 氨氮浓度为 30mg/L 的模拟废水溶液中分别加入 1.0g、1.5g、2.0g、2.5g、3.0g、4.0g 粉末状沸石，在室温下搅拌 20min 后，将混合溶液通过介电泳反应池。电极为钛丝网，设定直流电压为 11V，恒流泵流量为 0.26mL/s，停留 20min 后，由出水口收集流出液，使用 DWS-296 型氨氮测定仪测定剩余氨氮浓度。

考察电压的影响实验中，条件与上述相同，施加直流电压分别为 9V、11V、13V、15V、20V、25V，测定出水口收集的流出液中剩余氨氮浓度。

考察处理时间对沸石吸附-介电泳法处理低浓度氨氮废水影响，设定直流电压为 15V，其他条件同前，改变停留时间分别为 5min、10min、15min、20min、25min、30min，测定出水口收集流出液剩余氨氮浓度。对介电泳前后沸石进行 SEM 表征，将直流电压分别为 11V、13V、15V、20V、25V 处理后的丝网电极，在室温下自然晾干，对丝网电极上捕获的沸石进行 SEM 表征分析。

本实验中采用的吸附-介电泳装置如第 6 章图 6-2 所示，电极分别采用 316 不锈钢、钛丝网。

7.3.2 实验结果与讨论

7.3.2.1 吸附剂和电极种类的筛选

分别以皂土和沸石作为吸附材料探究吸附-介电泳法对氨氮去除率的影响。不同材质的丝网电极会产生不同强度的电场场强梯度，而场强梯度是影响介电泳力大小的重要因素，本实验选择 316 型不锈钢丝网电极和钛丝网电极作为实验研究对象，探究电极材质对吸附-介电泳法去除氨氮的影响作用，实验结果如图 7-14 所示。

比较 1 和 4，沸石的吸附对氨氮的去除率显然高于皂土。分别比较 2、3 与 1，及 5、6 与 4，可以看出，介电泳提高了氨氮的去除率。分别比较 2、3 和 5、6，显然，用钛丝网的介电泳捕获效果更好。并且在 11V 电压下，不锈钢丝网容易发生电解。故后续实验选择沸石作为吸附剂，钛丝网作为电极。

7.3.2.2 沸石投加量的优化

人造沸石的投加量在一定程度上影响着吸附-介电泳法去除氨氮的效果。沸石投加量对氨氮去除率的影响如图 7-15 所示。可以看出，随投加量的增加，去除率逐渐提高，吸附-介电泳法的去除率均高于同组的单纯吸附法。特别令人感兴趣的是，当沸石投加量为 2g/L 时，吸附-介电泳法对氨氮去除率比单纯吸附

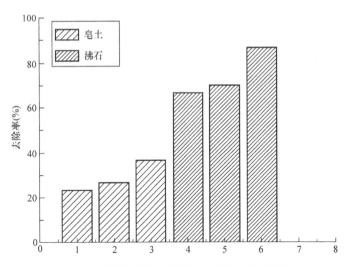

图 7-14　吸附材料及电极材料对氨氮去除率的影响

1—皂土吸附　2—皂土/不锈钢丝网，吸附－介电泳　3—皂土/钛丝网，吸附－介电泳
4—沸石吸附　5—沸石/不锈钢丝网，吸附－介电泳　6—沸石/钛丝网，吸附－介电泳

作用提高得最多。由单纯吸附的 66.67% 提高到 86.67%，这时氨氮的剩余浓度只有 4mg/L。因此，我们确定沸石投加量 2g/L 是吸附－介电泳法去除氨氮的最佳条件，与处理水中重金属离子的结果相似。介电泳技术的使用，可以减少吸附剂的投加量。

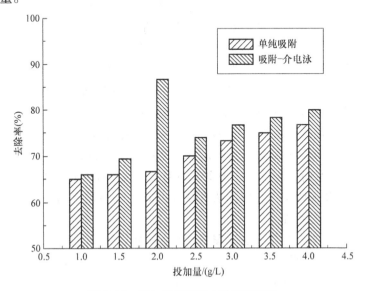

图 7-15　投加量对氨氮去除率的影响

7.3.2.3　沸石吸附－介电泳法处理低浓度氨氮废水的电压优化

电压的大小决定着电场强度的强弱，因而影响着介电泳力的大小，电压对吸附－介电泳法去除氨氮的效果至关重要。不同电压条件对吸附－介电泳法去除氨氮效果影响的结果如图 7-16 所示。

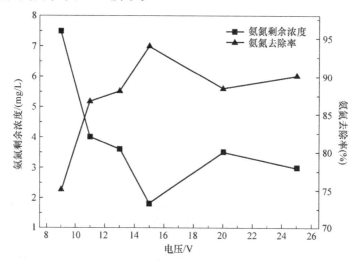

图 7-16　电压对吸附－介电泳去除氨氮效果的影响

可以看出，当施加到丝网电极片上的电压由 9V 增加到 15V 时，氨氮的去除率由 75% 提高到 94%，氨氮的剩余浓度由 7.5mg/L 降低到 1.8mg/L。再增加电压为 20V 和 25V 时，氨氮的去除率随着电压的升高反而略有降低。在介电泳实验过程中也发现过高的电压不利于颗粒的介电泳捕获的情况，这可能与该种微粒的特征迁移电压有关[4]。这可能是由于电压过高反倒降低了氨氮去除率。

由此可见，沸石作为吸附材料时，吸附－介电泳处理的过程中存在最合适的电压，过低或过高都不利于对溶液中氨氮的去除。综合考虑，选择 15V 为吸附－介电泳法处理低浓度氨氮的最佳电压。氨氮去除率比单纯吸附提高了 24 个百分点。胡婧[2]在研究以炭化玉米芯作为吸附剂材料处理初始浓度为 100mg/L 的中浓度氨氮废水时，发现电压为 20V 时对氨氮去除率可以提高 17 个百分点左右。Hu[3]等在研究吸附－介电泳法去除 Cd^{2+} 时，也发现吸附－介电泳法能将去除率提高 48 个百分点左右。

7.3.2.4　沸石吸附－介电泳法处理氨氮废水的处理时间的确定

设置施加在电极两端的电压为 15V，沸石吸附 20min，沸石投加量为 2g/L。改变停留时间分别为 5min、10min、15min、20min、25min、30min，图 7-17 显示了吸附－介电泳作用后的结果。

由图可以看出，当处理时间由 5min 增加到 20min 时，随着处理时间的增加，溶液中氨氮的剩余浓度急剧下降，在处理时间为 20min 时，氨氮的剩余浓度为 1.8mg/L，此时，氨氮去除率达到 94%。当处理时间为 20 ~ 30min 时，随着处理时间的增加，溶液中剩余氨氮的浓度缓慢下降。在处理时间为 30min 时，氨氮的剩余浓度只有 1.5mg/L，氨氮的去除率提高到 95%。但是，考虑到能源消耗及成本的问题，处理时间确定为 20min 较为适合。

综上，增加介电泳的处理时间能够提高吸附 - 介电泳法对氨氮的去除率，这可能是含有吸附了氨氮的人造沸石微粒的悬浮液流经介电泳反应池时，由于介电泳力是近程力，当悬浮液在介电泳装置中处理时间的增长，越来越多的沸石微粒能够逐渐与丝网电极接触，被电极捕获的沸石微粒量也在增加，因此氨氮去除率也随之升高。

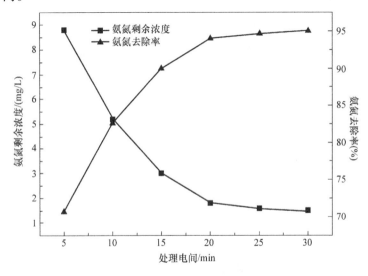

图 7-17 处理时间对吸附 - 介电泳去除氨氮效果的影响

7.3.2.5 初始浓度对吸附 - 介电泳法处理低浓度氨氮废水的影响

此前的实验中，我们已经注意到，吸附 - 介电泳法适用于低浓度氨氮的处理，为了探究不同初始浓度对吸附 - 介电泳法处理氨氮废水是否有一定的影响，进行了一些初始浓度条件下的吸附 - 介电泳实验，不同初始浓度下，沸石吸附 - 介电泳对氨氮的去除效果如图 7-18 所示。由图 7-18 可以看出，当模拟氨氮废水的初始浓度在 20 ~ 40mg/L 时，吸附 - 介电泳法对氨氮去除率的提高较为明显；当初始浓度增加到 45mg/L 以后，吸附 - 介电泳法对氨氮去除率的增加量反而有所降低。这表明吸附 - 介电泳法适合处理低浓度氨氮废水。

7.3.2.6 介电泳前后沸石的 SEM 表征

对不同电压下经吸附 - 介电泳处理后捕获了沸石颗粒的电极片进行自然风干，将未吸附氨氮的沸石以及捕获了沸石颗粒的电极片进行 SEM 表征测试。

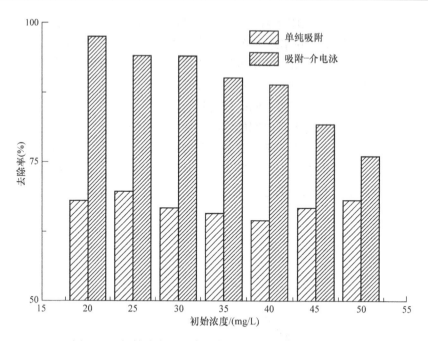

图7-18　初始浓度对吸附－介电泳去除氨氮效果的影响

图7-19为原始沸石微粒的 SEM 图。

图7-19　原始沸石微粒的 SEM 图

　　原始沸石的微观形貌为表面光滑的立方体结构，每个棱边均有两个向里凹陷边，增加了沸石微粒的表面积，这就说明了，在吸附剂的筛选实验中，沸石对氨氮的去除效果最好的原因。

　　在电压分别为 11V、13V、15V、20V、25V 条件下，正负电极表面捕获的沸石颗粒情况用 SEM 表征，选其中 13V、15V、20V 情况下的结果，如图 7-20 所示。

a) 13V正极　　　　　　　　　　　　b) 13V负极

c) 15V正极　　　　　　　　　　　　d) 15V负极

e) 20V正极　　　　　　　　　　　　f) 20V负极

图 7-20　不同电压下电极表面 SEM 图

　　由图可以看出，不同电压下正负丝网电极片均有沸石微粒被捕获，说明吸附了氨氮的沸石微粒在装置中发生了介电泳捕获。当施加的电压为 15V 时，正负电极丝网上被捕获沸石微粒最多。这从另一方面也说明了，为什么在 15V 电压下氨氮的去除率最高。即电极捕获沸石的多少与氨氮去除率存在着一定的联系。

　　将沸石微粒表面放大倍数为 1.5 万倍条件下扫描，从上至下分别为 13V、15V、20V 情况下的扫描结果，如图 7-21 所示。可见 15V 时沸石表面微粒尺寸最小，表面更粗糙。沸石微粒表面形貌的变化以及丝网电极表面微粒的捕获都与实际检测到的氨氮去除率的变化是一致的，这就解释了为什么在电压为 15V 时吸附–介电泳去除氨氮的效率最高。

a) 13V 正极　　　　　　　　　　　　　　b) 13V 负极

c) 15V 正极　　　　　　　　　　　　　　d) 15V 负极

e) 20V 正极　　　　　　　　　　　　　　f) 20V 负极

图 7-21　不同电压下介电泳处理后的沸石的 SEM 图

在 7.2 节和本节的实验中，我们也希望能通过 EDS 对吸附或吸附–介电泳后的沸石表面进行成分分析，特别是氨氮在不同处理条件下的表面含量变化。但因为氨氮的化学式量较小，无法通过 EDS 表征得到其含量。

本节对吸附－介电泳法去除低浓度模拟废水中的氨氮进行了系统研究，考察了吸附－介电泳法对氨氮去除效果的影响因素：吸附剂材料、丝网电极片材质、吸附材料投加量、施加电压、处理时间以及氨氮初始浓度，确定了最佳工艺条件。利用 SEM 表征技术对吸附－介电泳法去除低浓度模拟废水中氨氮的机理进行了初步分析。筛选出人造沸石作为吸附剂，钛丝网作为电极。确定了最佳实验条件，在沸石的最佳投加量为 2g/L，最佳电压为 15V 时，氨氮的去除率最高，为 94%，氨氮的剩余浓度最低，为 1.8mg/L。在介电泳处理时间为 20min 时，溶液中氨氮的去除率提高了 24 个百分点。

本节的实验研究发现，在低浓度（<50mg/L）范围内，吸附－介电泳法能明显提高氨氮的去除率。当氨氮的初始浓度超过 45mg/L 以后，吸附－介电泳法对氨氮去除率的增量变小。SEM 表征结果，不仅表明吸附了氨氮的沸石微粒发生了正介电泳，而且被捕获在电极上的沸石微粒表面形貌发生了很大的变化，沸石微粒变小，表面变得粗糙，这可能是介电泳提高氨氮去除率的原因。

7.4　吸附－介电泳法去除水中带负电荷的离子污染物

在前述实验中所处理的对象均为带正电荷的离子，水中也存在着带负电荷的离子态污染物，实验研究的结果表明，吸附法能够有效地去除带正电荷的离子污染物。那么，接下来的问题是，带负电荷的离子是否也可以通过吸附－介电泳法而去除？能被吸附剂吸附的阴离子，是否也能通过结合介电泳作用，即可通过吸附－介电泳法提高去除率。

7.4.1　吸附－介电泳法去除砷的研究

砷污染的来源包括自然反应、地球化学反应、生物活动、火山喷发和人类活动。砷化合物一般以 +5、+3、0、-3 四种价态存在。目前，全世界砷的年产量（以三氧化二砷计）约为 50000 吨，其中 97% 的产品应用甚广，多年来用作杀虫剂、除莠剂、杀菌剂、杀藻剂和干燥剂以及用于消灭绵羊与家畜的丝虫。

此外，它还可以用作肥料脱硫剂、木材防腐剂、玻璃工业上用砷作脱除硫的净化剂、氧化－还原剂和脱色剂，皮革工业用三硫化二砷作脱毛剂，化学工业使用砷及其化合物制造染料、涂料、农药等。上述工业不仅在生产过程排放大量的高浓度含砷废水，引起水体的污染，而且这些含砷物质的广泛应用也会引起周围水体的砷污染[6]。

砷是一种对人体及其他生物体有毒害作用的致癌物质，是五大有害重金属（类金属）之一[7]。砷及其化合物可通过水、大气和食物链等途径进入人体，有致畸、致突变、致癌危害。由于其对环境和人类危害严重，我国已将砷及其化合物列入"水中优先控制污染物黑名单"。我国工业排水规定砷含量不能高于0.5mg/L。

目前，比较系统的处理方法有化学沉淀法、物理法、微生物法等，传统的处理方法都存在一定的问题。如化学法，虽然在工程上有了一定的应用，处理效果也较明显，但由于化学药剂的添加，导致了产生大量的废渣，而这些废渣目前尚无较好的处置办法。物理法存在着处理费用较高，处理投资非常大，无法进行工程运作等问题。生物法虽然具有经济、无二次污染的优点，但对微生物的采集与培养较困难，工艺复杂。

吸附法去除砷是一种简便易行的方法，并且可回收废水中的砷。关于吸附去除砷的研究主要是探索各种吸附剂以及对吸附材料的改性，以提高去除率。但与吸附法去除重金属相似，吸附后，吸附剂的去除也是一个棘手的问题。

7.4.1.1　实验材料及实验步骤

在本节实验中[8]，用超纯水将分析纯砷酸钠配制成含砷量750mg/L的砷酸钠溶液。取5mL溶液加入砷化氢发生装置，加5mL硫酸，加水至50mL，加3mL 150g/L KI溶液，再加0.5mL酸性氯化亚锡，混匀，静置15min。加3g无砷锌粒，立即塞上装有乙酸铅棉花的导气管，尖端插入盛有4mL吸收液的吸收管液面下，常温下反应45min（受温度影响，温度过低时可视情况延长反应时间）。取下吸收管，加三氯甲烷补足4mL，用紫外光谱仪在波长520nm处测吸光度。

7.4.1.2　吸附材料的筛选

在查阅文献的基础上，我们选择了活性炭、炭化玉米芯、粉煤灰、草木灰作为吸附材料。通过相同投加量，相同实验条件，用国标法检测滤液中的砷浓度，计算不同吸附剂对砷的去除率的影响。结果如图7-22所示。

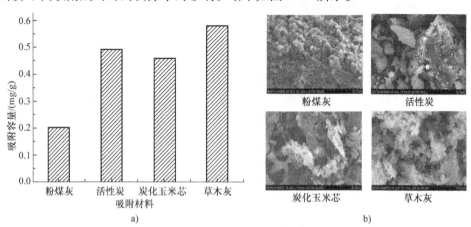

图7-22　四种吸附材料的吸附容量及形貌

可以看出，草木灰对砷的吸附容量最大。由四种吸附材料的 SEM 表征可以发现，草木灰的颗粒最小，看起来更具球形和多孔结构。这可显著增加草木灰的吸附性能。由实验确定草木灰为最佳吸附剂。有趣的是，实验中草木灰是学生由外婆家收集的，这一结果为砷的去除提供了一种廉价易得的天然吸附材料。

7.4.1.3　pH 的确定

分别滴加稀盐酸或氢氧化钠溶液调节 pH 值分别至 3、5、7、9（不调节时）、11。投加量为 0.5g 草木灰，用上述相同的条件进行吸附去除砷，计算不同 pH 值对砷的去除率的影响，见表 7-1。

表 7-1　pH 值对去除率的影响

组别	吸光度值	砷浓度/(mg/L)	去除率(%)
pH 值为 3	0.328	2.5145	66.47
pH 值为 5	0.339	2.5991	65.35
pH 值为 7	0.656	5.0367	32.84
pH 值为 9（不调节时）	0.220	1.6841	77.55
pH 值为 11	0.550	4.2216	43.71

由表 7-1 可以看出，pH 值为 9 时，即在不用酸碱调节的情况下，吸附去除率最好，故以后的实验用配制的砷酸钠溶液直接进行实验，这一结果很有意义，在处理废水时，不加化学试剂可以减少处理后的二次污染。

7.4.1.4　草木灰投加量的确定

在上述确定的 pH 值和砷酸钠初始浓度为 7.5mg/L 的条件下，考察草木灰的投加量的影响。结果如图 7-23 所示。由图 7-23 可见，随着草木灰投加量的增

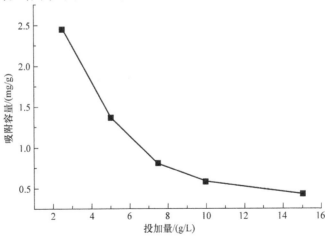

图 7-23　草木灰投加量对吸附容量的影响

加，吸附容量呈下降趋势。但是，草木灰投加量越大，砷的总去除率越大。当草木灰投加量为 5g/L 时，砷的总去除率达 91.4%。综合考虑吸附容量和砷的去除率，后续实验确定最佳投加量为 5g/L。

7.4.1.5 电压对砷吸附 – 介电泳去除率的影响

通过调查我们了解到，工业废水中砷含量在 15mg/L 左右，同时考虑到介电泳技术的使用，可以显著提高砷的去除率，故在后续的吸附 – 介电泳实验中，配制砷含量为 15mg/L 的砷酸钠溶液。吸附 1.5h 后通过介电泳工艺装置。初步考察电压的影响，确定外加电压 14V 效果最好。控制外加电压为 14V，流量为 0.074mL/s，通过介电泳装置，取一小部分过滤，用上述国标法检测滤液中的砷浓度。经一级吸附 – 介电泳后，再经二级吸附 – 介电泳作用，比较四次的处理效果，如图 7-24 所示。

可以看出，经过一次介电泳装置后，砷的去除率比单纯吸附作用提高了 35.38 个百分点。经两次吸附 – 介电泳后，砷的残留量为 0.34mg/L，达到了国家工业废水砷的排放浓度（0.5mg/L）。

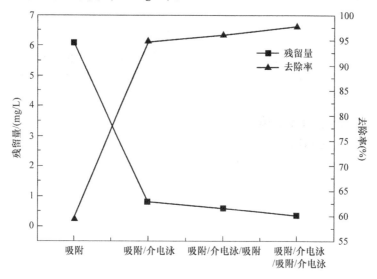

图 7-24　介电泳对砷去除率的影响

7.4.1.6 草木灰的表征及表面成分分析

将吸附前后，吸附 – 介电泳后的正极、负极上的草木灰进行 SEM 和 EDS 分析，如图 7-25 所示。可以看出，介电泳后，草木灰颗粒尺寸有明显的减小。

由 EDS 分析可知，草木灰表面的砷含量质量分数吸附前为零，吸附后为 0.50，吸附 – 介电泳后的负极为 0.96，正极上的为 0.72。由图 7-25 可见，施加了介电泳后草木灰表面的砷含量比单纯吸附明显增加，这与结合介电泳作用后砷的去除率提高的结果相一致。另外，我们也注意到，正极上的草木灰表面的砷含量反倒比负极上的多，由于砷酸根带负电荷，可能除主要发生了介电泳捕获之外，还有少量的电泳捕获发生。

a) 吸附前　　　　　　　　　　　　　　b) 吸附后

c) 吸附–介电泳后的正极　　　　　　　d) 吸附–介电泳后的负极

图 7-25　草木灰的 SEM 图

以往的关于从水中去除砷的研究，多用于地下水，砷的初始浓度较低，一般在 1mg/L 左右。我们所处理的砷的初始浓度可达 15mg/L，更接近实际工业废水中砷的浓度。另外我们选用的吸附剂为天然废弃物，吸附 – 介电泳过程快速简便，易于控制。吸附了砷的草木灰直接被丝网电极捕获，留在装置内，不会产生二次污染和悬浮微粒的污染。为含砷工业废水的处理，提供了一种高效快速且成本低的方法。

这一实验结果非常有意义，表明吸附 – 介电泳法不仅可以提高阳离子的去除率，而且可以用于高效去除带负电荷的阴离子。接下来，我们进一步以硝酸盐、磷酸盐为目标去除物，探索了用吸附 – 介电泳法的实验，证明了此法的普遍性。

7.4.2　吸附 – 介电泳法去除硝酸根离子的研究

水体富营养化是指含有氮、磷等元素的无机营养物大量输入湖泊、海湾、浅河道等环境封闭、流速缓慢的水体，导致浮游藻类生物量快速增长，溶解氧含量降低、浊度增加，水质恶化，鱼类及底栖生物大量死亡[9]。

近年来，随着工农业生产的快速发展，我国水体富营养化问题日趋严重。根据《2017 中国生态环境状况公报》[10]报告，全国 57 个监测营养状态的湖泊，27 个呈现不同程度富营养状态，主要污染指标为总磷（TP）、化学需氧量（COD）和高锰酸盐指数。

硝态氮指硝酸盐的氮元素，为地表水中无机氮的主要组成形式，一般是以硝酸盐的形式存在。水和土壤中的有机物分解生成铵盐，被氧化后也变为硝态氮。硝态氮可以被生物体快速吸收利用[11]。许多工业废水含有大量硝态氮；牲畜饲料厂使用硝酸盐或者亚硝酸盐作为抗氧化剂，也能产生含硝态氮的废水；炼油、铁合金等产生含有大量氨氮的废水经氧化或硝化后生成高浓度的硝态氮。不仅工业生产可以产生含硝态氮的废水，农业生产、雨水径流也可造成水体硝态氮的污染。王志荣等[12]通过研究发现，施加氮肥的油菜田在经历自然降雨后，降雨径流中硝态氮占总氮含量比例高达 40% ~ 80%。Bentje Brauns 等[13]针对白洋淀地区的研究结果表明，由河流深入浅层地下水中的硝酸盐浓度可以达到 6.8mg/L $NO_3^- - N$。

自然水体中的硝态氮，可以通过农业灌溉、畜牧养殖、生活饮用水等途径进入人体。硝态氮在人体内经过一系列化学反应转化为亚硝酸盐，后者可在人体内反应生成致癌物——亚硝胺类。与成年人相比，婴儿、儿童通过呼吸、饮水与饮食渠道暴露在硝酸盐污染中的可能更大，由于幼儿身体机能发育得不完善，长时间的硝酸盐高风险暴露极可能导致癌症、畸形与基因突变的发生[14]。

当用过量的硝态氮污染的水体灌溉时，植被、作物根系由于土壤中无机盐含量升高导致渗透压升高，可能对植物根系造成破坏，且吸收大量的硝态氮不利于植物的生长，影响农作物的产量。此外农作物在生长过程中积累的硝态氮，在加工制成食物后，会在一定条件下的反应中生成不利于人体健康的亚硝酸盐，导致严重的食品安全问题[15]。

硝态氮是引起富营养化的元凶之一。地表水体中如果含有高浓度的硝态氮，在适当的环境条件下，会迅速被浮游藻类利用，引起藻类生物的恶性繁殖，进而对水体浊度及气味产生影响。严重破坏水体生态环境，降低地表水的利用价值。硝态氮进入地表水体后，极易渗入地下水形成富集，农作物的转化作用与细菌的硝化和反硝化作用也使得在自然条件下控制硝态氮的产生、降低硝态氮的含量变得十分的困难[16]。因此，寻找一种减少硝态氮源头排放的技术就成为研究工作的重点。

硝态氮的处理技术可以分为物理法、化学法、生物法等，其中，吸附法因操作简便，常被使用。吸附法是通过投加吸附剂，使吸附剂表面的活性位点与污染物结合，将其与水体分离的方法。人们探索吸附法与其他方法相结合，并且筛选各种优良的吸附剂。康亚楠等[17]利用活性炭吸附和超滤的协同去除的方法，对浓度低于 25mg/L 的硝酸盐污水进行处理，结果表明，活性炭单纯吸附的去除率为 14.55%，协同去除率可达到 23.01%，郜玉楠等[18]研究了改性壳聚糖强化聚合氯化铝（PAC）对硝酸盐去除的最佳工艺。结论指出，水温为 20℃，PAC 投加量为 22.5mg/L 时，硝酸盐的去除率可以达到 42.5%。

单纯采用吸附法去除硝态氮，吸附剂投加量大，易引起二次污染。另外探索低成本的吸附材料也是人们关注点之一。

7.4.2.1 吸附剂投加量的确定

首先筛选最佳吸附材料[19]，然后探究吸附剂去除硝酸根的性能，根据实验数据结果拟合吸附动力学、热力学模型，计算吸附热力学参数。在前期实验研究的基础上，进一步将介电泳技术引入处理过程中，建立吸附－介电泳新方法，并探索吸附处理时间、吸附剂投加量、电压、流量等因素对低浓度硝酸根去除效果的影响，优化工艺条件，提高处理效率。

实验的主要材料包括：草木灰（山东）；超纯水（自产）；盐酸（优级纯，天津致远）；硝酸钾（分析纯，国药集团）；0.45μm 微孔滤膜（上海新亚）。

配置一系列体积为 100mL，$NO_3^- - N$ 浓度为 100mg/L 的模拟溶液，称取 10g 吸附剂投加于溶液中，置于恒温磁力搅拌器上搅拌 24h，使用滤膜抽滤后取出滤液，采用紫外分光光度法（GB/T 5750.5—2006）测定滤液中硝酸根的含量。

配置一系列 $NO_3^- - N$ 浓度为 30mg/L 的模拟溶液，分别投加 0.5g、1.5g、2.5g、3.5g、5g 的吸附剂，控制介电泳电压为 15V，流量为 0.503L/h，吸附处理时间为 1h，考察草木灰吸附剂投加量对硝酸根去除效果的影响。

将相同投加量下，单纯吸附与吸附－介电泳两种方法的去除率比较，如图 7-26 所示。

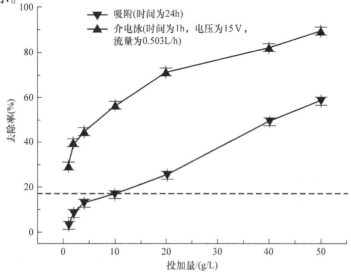

图 7-26 草木灰投加量在两种方法中对硝酸根去除率的影响

由图可见，在草木灰投加量相同的情况下，吸附－介电泳对硝酸根的处理效果明显优于单纯吸附，去除率最高可提高 46.15 个百分点，硝酸根去除量增加 13.85mg/L，且处理时间大大缩短；在硝酸根去除率相似的情况下，吸附－介电泳法使用的草木灰投加量仅为单纯吸附的一半。此结果证明，在草木灰投加量相同的情况下，吸附－介电泳法可以明显提高硝酸根的去除率，且大大缩减处理时间。综合考虑处理效果与成本因素，后续实验中草木灰吸附剂投加量确定为 10g/L。

7.4.2.2　吸附－介电泳法去除硝酸根最佳电压的确定

控制流量为 0.503L/h，吸附处理时间为 1h，草木灰投加量为 10g/L 的条件下，电压对吸附－介电泳法去除硝酸根的效果的影响，如图 7-27 所示。由图 7-27 可以看出，当电压由 3V 增加到 15V 时，硝酸根去除率呈现出先增加后降低的趋势，在 13V 时去除率达到最高，即存在一个最佳捕获电压。此时，硝酸根去除率为 83.15%，相比单纯吸附作用（投加量 10g/L，吸附时间 24h）时的去除率提高了 66.06 个百分点。

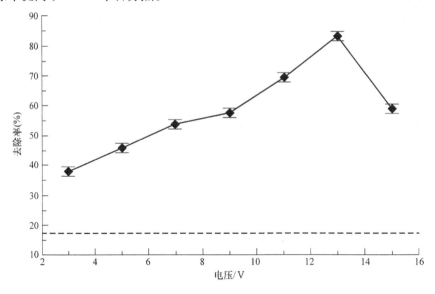

图 7-27　电压对吸附－介电泳去除硝酸根效果的影响

7.4.2.3　吸附－介电泳法去除硝酸根流量的确定

控制草木灰投加量为 10g/L，介电泳电压为 13V，吸附处理时间为 1h，考察流量对硝酸根去除效果的影响，实验结果如图 7-28 所示。由图可见，随着流量的增加，对硝酸根的去除率逐渐降低，在流量为 0.168L/h 时，硝酸根去除率达到最高（86.19%），比单纯吸附（投加量 10g/L，吸附时间 24h）时提高了 69.1 个百分点。流量低时，草木灰微粒可以更多地在介电泳处理池中停留，从而被介电泳力捕获在电极上，因而硝酸根去除率也随之升高。另外，比较处理时间可见，施加了介电泳作用，既提高了去除率，又缩短了处理时间。考虑到总体处理时间，流量确定为 0.335L/h 较为适合。

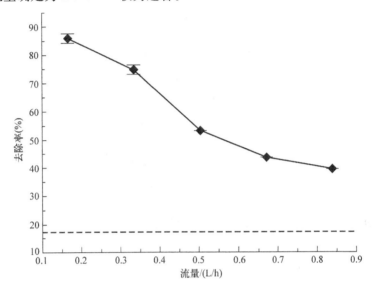

图 7-28 流量对吸附－介电泳去除硝酸根的影响

7.4.2.4 SEM、EDS 与 Zeta 电位表征结果

使用 FEI Quanta FEG650 场发射环境扫描电子显微镜对草木灰颗粒进行 SEM 表征，比较吸附前后以及经过介电泳作用后草木灰微粒表面形貌，结果如图 7-29 所示。

a) 吸附前   b) 吸附后   c) 吸附－介电泳处理后

图 7-29 吸附－介电泳法捕获的草木灰微粒 SEM 图

经过吸附作用，特别是介电泳作用后的草木灰颗粒变小，疏松多孔。比表面积增大，吸附位点增多，因此解释了吸附－介电泳处理后硝酸根去除率增加的现象。但 EDS 的测定并未检测到氮元素的增加，这是由于能谱目前对原子序数 11 （Na）以下的轻元素的探测能力较弱所致。

7.4.3　基于介电泳技术治理水中的磷酸根

磷酸盐是控制富营养水体爆发水华的限制性因子。降低地表水中的磷负荷，能够有效地降低水体富营养程度，避免水华爆发。在硝态氮去除研究的基础上，我们对废水中磷元素的去除开展相应的研究。

在本节研究中[19]，筛选最佳吸附材料，然后探究吸附剂去除磷酸根的条件，根据实验数据结果拟合吸附动力学、热力学模型，计算吸附热力学参数。在此基础上，进一步将介电泳技术引入处理过程中，建立吸附－介电泳新方法，并探索吸附处理时间、吸附剂投加量、电压、流量等因素对磷酸根去除效果的影响，优化工艺条件，提高处理效率。

7.4.3.1　吸附剂投加量对吸附－介电泳法去除磷酸根的影响

将单纯吸附与施加了介电泳作用后，不同吸附剂用量的去除率作图，如图 7-30 所示。可见，草木灰投加量为 1～20g/L 范围内，在草木灰投加量相同的情况下，吸附－介电泳对磷酸根的处理效果明显优于单纯吸附，吸附率最高可提高 30.40 个百分点。综合考虑处理效果与成本因素，后续实验中草木灰吸附剂投加量确定为 10g/L。由图还可以看出，施加了介电泳作用，使处理时间大大缩短。

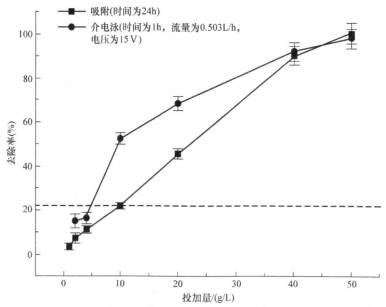

图 7-30　草木灰投加量在两种方法中对磷酸根去除率的影响

7.4.3.2　电压对吸附－介电泳法去除磷酸根效果的影响

控制流量为 0.503L/h，吸附处理时间为 1h，考察介电泳电压对磷酸根去除效果的影响。不同电压条件对吸附－介电泳法去除磷酸根效果影响的结果如图 7-31 所示。由图 7-31 可知，当施加的直流电压由 3V 增加到 13V 时，磷酸根去除率由 31.38% 提高至 65.20%。13V 为吸附－介电泳法去除磷酸根的最佳电压。施加介电泳后磷酸根去除率比单纯吸附（吸附剂投加量 10g/L，吸附时间 24h）提高了 43.04 个百分点。

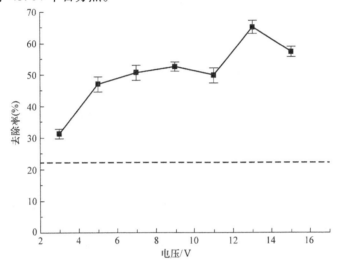

图 7-31 电压对吸附－介电泳去除磷酸根的影响

7.4.3.3 流量对吸附－介电泳法去除磷酸根的影响

控制介电泳电压为 13V，吸附处理时间为 1h，吸附剂投加量为 10g/L，考察流量对磷酸根去除效果的影响，实验结果如图 7-32 所示。

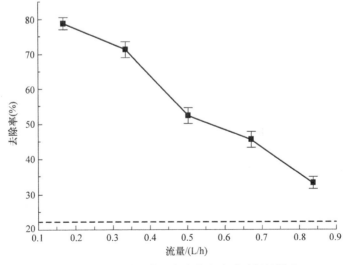

图 7-32 流量对吸附－介电泳去除磷酸根的影响

　　由图可以看出，蠕动泵流量由 0.168L/h 增加到 0.838L/h，随着流量的增加，对磷酸根的去除率逐渐降低，在蠕动泵流量为 0.168L/h 时，磷酸根去除率达到 78.79%。考虑到能源消耗及成本的问题，泵流量确定为 0.335L/h 较为适合。

参 考 文 献

[1] 环保部：稀土工业污染物排放标准门槛抬高八成企业恐难达标 [J]. 稀土信息，2011 (3)：11 - 12.

[2] 胡婧. 吸附 - 介电泳法去除水中氨氮的工艺及机理研究 [D]. 北京：中央民族大学，2015.

[3] HU J, CHEN H, LAN B, et al. A dielectrophoresis - assisted adsorption approach significantly facilitates the removal of cadmium species from wastewater [J]. Environmental Science：Water Research & Technology, 2015 (2)：199 - 203.

[4] 崔晨阳. 稀土冶炼高浓度氨氮废水的多模块处理工艺研究 [D]. 北京：中央民族大学，2016.

[5] 卫生部. 生活饮用水卫生标准：GB 5749—2006 [S]. 北京：中国标准出版社，2007.

[6] 王薇. 与吸附相结合处理高浓度含砷废水 [D]. 南京：南京工业大学，2006.

[7] MIN J H, HERING J G. Arsenate sorption by Fe（Ⅲ）- doped alginate gels [J]. Water Research, 1998, 32 (5)：1544 - 1552.

[8] JIN Q, CUI C, CHEN H, et al. Efficient removal of arsenic from water by dielectrophoresis - assisted adsorption [J]. Water Science & Technology Water Supply, 2019, 19 (4)：1066 - 1072.

[9] 刘培桐. 环境学导论 [M]. 北京：高等教育出版社，1985.

[10] 生态环境部. 2017 中国生态环境状况公报 [R]. 2017.

[11] 丁京涛，席北斗，许其功. 稳定同位素技术在地表水硝酸盐污染研究中的应用 [J]. 湖泊科学，2013，25 (5)：617 - 627.

[12] 王志荣，梁新强，隆云鹏，等. 化肥减量与秸秆还田对油菜地氮素地表径流的影响 [J]. 浙江农业科学，2019，60 (2)：193 - 200.

[13] BENTJE BRAUNS, POUL L BJERG, XIANFANG SONG, et al. Field scale interaction and nutrient exchange between surface water and shallow groundwater in the Baiyang Lake region, North China Plain [J]. Journal of Environmental Sciences, 2016, 45 (7)：60 - 75.

[14] MARTINELLI G, DADOMO A, DE LUCA D A, et al. Nitrate sources, accumulation and reduction in groundwater from Northern Italy：Insights provided by a nitrate and boron isotopic database [J]. Applied Geochemistry, 2018, 91：23 - 35.

[15] 袁玉英，李福林，陈学群，等. PRB 反应介质修复地下水中硝酸盐的试验研究 [C]. 全国农业环境科学学术研讨会，2011：37 - 39.

[16] 张晶，刘运德，周爱国，等. 硝酸盐污染地下水中溶解性有机质光谱特征及其指示意义——以鄂尔多斯盆地北部湖泊集中区为例 [J]. 地质科技情报，2019，38 (4)：

262 – 269.

［17］康亚楠，崔建国，李红艳，等. GAC – UF 一体化净水柱去除水中硝酸盐氮的研究 ［J］. 应用化工，2018，47（12）：2696 – 2700.

［18］郜玉楠，周历涛，茹雅芳，等. 壳聚糖改性 4A 沸石分子筛颗粒去除低温水中硝酸盐的机理研究 ［J］. 环境科学研究，2019，32（3）：523 – 531.

［19］金庆豪. 基于介电泳技术治理水体富营养化的研究 ［D］. 北京：中央民族大学，2019.

第8章　水中生物污染物的介电泳治理

在探索了吸附－介电泳法对离子态污染物去除的实际效果后，我们设想，水中的其他污染物，特别是水中生物污染物，能否用介电泳的方法去除呢？实际上，在介电泳研究的早期，科学家更多地选择生物微粒作为研究对象，通过介电泳捕获或浓缩，实现生物微粒的分离、纯化和去除。回顾我们早期的介电泳研究，比较我们用介电泳对细胞和无机微粒的研究结果也发现，介电泳对生物粒子更容易捕获。

根据前几章的实验结果，在实际操作中，我们首先要考察水中生物污染物在非均匀电场中能否被收集到一定的电场区域内。这里生物污染物包括细菌、病毒、真菌以及一些小型的原生生物、微型藻类等在内的生物粒子。

8.1　用介电泳法去除水中生物污染物的可能性

8.1.1　微生物的介电泳检测

介电泳技术在食品中有害菌的快速检测方面显示出极大的潜力。首先，介电泳能够快速浓缩细胞。可通过控制电场条件、缓冲溶液的浓度等因素，使细胞发生正介电泳或负介电泳。然后根据浓缩到一定区域的细胞的介电泳响应的条件，可以定性检出细胞。根据浓缩细胞的数量与某个物理性质的定量关系，如正介电泳－阻抗技术，可实现细菌的定量检测。

为了检测细胞，首先要对待检测的细胞进行富集或浓缩。由前述可见，介电泳在操控微粒方面有独特的优势。浓缩稀少的细胞，在肿瘤细胞、干细胞等领域都是十分重要的技术。Chun－Ping Jen 等[1]设计了介电泳微装置，实现了对细胞的预浓缩。Blanca H 等[2]利用绝缘介电泳，选择性地捕获细菌细胞、孢子、病毒等。利用该装置，在很宽的外加直流电压范围内，都能观察到生物微粒的介电泳捕获。

除了预浓缩细胞，在样品中，往往不同细胞混在一起，所以分离样品中的细胞也是检测的一个必要条件。利用介电泳技术，能够很容易地将所待检测的细胞与其他细胞分离。因为不同细胞的极化能力不同，控制电压、频率、溶液电导率等条件，可使待测定的细胞与其他细胞分离。例如，我们在研究鸡血红细胞与酵母菌的介电响应时[3]，在一定条件下，鸡血红细胞发生正介电泳，酵母菌发生负介电泳。如果在动态流体体系中，可以容易地实现两种细胞的分离。

在确认了介电泳可分离和富集细胞等生物粒子后，Junya Suehiro 等[4]探索了利用正介电泳将悬浮液中的细菌捕获到交叉指状电极芯片上。预先将抗体分子首先固定到芯片上，在正介电泳的作用下，细菌被吸引到一对电极的间隙，然后利用介电泳－阻抗（DEPIM）法对特殊细菌进行选择性检测。具体过程如图 8-1 所示。

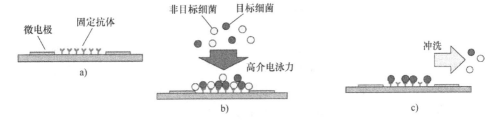

图 8-1　介电泳－阻抗法选择性检测细菌

第一步，将抗体固定在微电极中间的区域。第二步，利用正介电泳将混合细菌捕获到芯片上，目标细菌与抗体结合。第三步，把非目标微生物冲洗掉。经过反复的介电泳捕获作用和冲洗作用，残留细菌的电导稳定增加。最后，经过三次冲洗，与没有使用抗体的实验相比，使用抗体时电导测量值比没有抗体的高三倍，灵敏度大大提高。该课题组的实验表明，电导随着固定细菌的数目的增加几乎呈线性增加。介电泳－阻抗理论认为电导与固定的细菌有关，如图 8-2 所示。

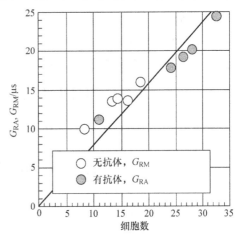

图 8-2　固定大肠杆菌细胞数与剩余电导的关系

Junya Suehiro 等[5]还通过将优化电脉冲形状的电渗透与传统的介电泳－阻抗检测相结合，建立了一种对微米级细菌的高灵敏度检测方法。对酵母细胞来说，电渗透辅助介电泳－阻抗（EPA－DEPIM）的敏感性比常规介电泳－阻抗高，使得酵母菌的检测灵敏度提高了两个数量级。该课题组通过改进了极压脉冲波形，抑制了金属电极释放电解离子所引起的电导增加。这使得较小的大肠杆菌的检出限由 10^4 CFU/mL 降到 10^2 CFU/mL，检测时间仅为 3h，缩短了检测时间。

Xiaoxiao He 等[6]在微流体通道中利用正介电泳在线富集和荧光纳米球标记

的方法建立了对沙门菌检测方法，该方法方便且灵敏。首先对鼠伤寒沙门菌与鼠伤寒沙门菌的抗体孵育，该抗体结合了荧光纳米粒子。孵化后，将鼠伤寒沙门菌与鼠伤寒沙门菌抗体荧光纳米粒子反应混合物直接导入正介电泳微流控系统。当在正介电泳频率区的电极上施加交流电压时，荧光纳米粒子标记了的鼠伤寒沙门菌捕获到电极上并在电极间隙中积累，而游离的鼠伤寒沙门菌抗体荧光纳米粒子则被排出。用荧光显微镜对富集的荧光粒子标记的鼠伤寒沙门菌进行了检测。利用正介电泳在线富集和荧光纳米粒子标记产生的信号放大效应，对水中鼠伤寒沙门菌的检测限达每毫升 56 个菌落形成单位（CFU/mL）。

为了满足样品制备的需要，人们将介电泳应用于疟疾寄生细胞的分离。Peter Gascoyne 等[7]首次提出利用介电泳场流动分馏法，实现了疟疾样品制备。该课题组和其他人的研究已经证明红细胞成为疟疾寄生虫的宿主时它们膜的导电性急剧增加。这种方法如果成功，也可用于其他疟原虫物种的检测。这里涉及的场流分馏（FFF），是一种将力场施加到颗粒上，使其特征性地定位在流体速度剖面内的方法。含有混合细胞的样本可以被引入场流分馏装置的一端，当样品穿过微通道时，不同类型的细胞被场流分离。

上述利用介电泳芯片的分析装置属于微全分析的一种。微全分析系统不仅在医疗定点看护、诊断方面有着重要应用，在一些设施不完善的环境监测中也很重要。一旦使用了微全分析系统，人们就能根据生物粒子特征快速做出诊断。

8.1.2　介电泳去除水中微生物的优势

通过 8.1.1 节的叙述，我们不难看出，介电泳能够很好地定位或者捕获生物粒子，从而达到快速分离或浓缩的目的。而且与其他操控粒子的技术相比，介电泳具有独特的优势。首先，介电泳是捕获纳米、微米以及毫米级的可极化粒子的强大技术，其捕获的粒子粒径范围很广，从纳米级、微米级，甚至到毫米级，是任何一种技术都不能与之相比的。其次，与其他控制粒子的技术相比，介电泳可同时控制（捕获）大量粒子。相比之下，光镊技术一次只能移动一个粒子，而且移动的粒子的尺寸范围也比较窄。从我们的研究可以看出，介电泳捕获粒子后，粒子在非均匀电场中被极化，又形成新的非均匀电场，可以继续捕获其他粒子，即我们前面提到的粒子间的相互介电泳作用。所以在我们的研究中，介电泳可以持续捕获大量粒子。

另外，利用介电泳去除水中生物粒子，比去除无机微粒更容易。从我们对介电泳的研究可以看出，细胞等生物微粒比前几章中我们所述的无机吸附材料更容易在非均匀电场中被捕获。主要有以下原因：一是细胞等生物微粒的极化能力比无机粒子大，同样以水为介质的体系中，生物粒子的极化能力远强于水，可在比较低的外加电压下被捕获到电极上；二是生物粒子的尺寸也比较大，在第 2 章的介电泳原理介绍中，我们可以容易地看到，越大的微粒越容易被非均匀电场捕获；三是生物微粒的密度小，重力、阻力小，也是生物微粒易于被介电泳作用捕获的一个原因。

8.1.3　介电泳去除水中微生物的可行性

我们已有的研究已经为利用介电泳技术去除水中的微生物，甚至是藻类奠定了实验基础。首先，我们研发了一整套实验室介电泳工艺装置，并且对装置的核心部分——电极，进行了不同形状、不同材料和不同组装方式的大量实验探索。其次，我们利用显微技术观察探索了不同无机微粒、细胞的介电泳响应的条件及规律。第三，我们探索了多种无机吸附剂微粒吸附各种阳离子、阴离子前后在非均匀电场的介电响应情况。

从我们的实验研究可知，介电泳与吸附作用结合，不仅可以去除阳离子[8-10]，也可去除阴离子[11]。我们可以进一步推论，凡是可吸附的污染物，比如一些染料、小分子的有机污染物，都可以通过吸附法去除，那么是否也可以通过结合介电泳作用，提高其去除效果呢？另外，天然水体中含有的悬浮颗粒，通过介电泳也可以直接捕获在电极上。由此可以看出，介电泳是一种普适的方法，可以通过调节介电泳捕获条件，设计多个模块，串联在一起，同时解决多种污染物的去除问题。而且在整个处理过程中，不需要添加其他化学试剂，只需要添加少量的天然矿物或废弃物作吸附材料即可。如果水中有悬浮微粒，可以考虑直接用水中原有的悬浮微粒作吸附材料。因此采用介电泳技术，不仅是一种普适的污染处理技术，而且是绿色的无二次污染的新技术。

在水体中还存在各种藻类、有害细菌等各种生物污染物。从本节的讨论中，可以看出，生物细胞或者说生物污染物更容易被介电泳作用捕获，我们的实验将证明介电泳将是去除水中有害生物的一种新方法。

8.2　介电泳直接去除饮水中大肠杆菌的应用研究

8.2.1　介电泳去除饮水中大肠杆菌的意义

对于城市生活的人们，饮水由大型自来水厂提供，饮水中基本不存在大肠杆菌污染的问题。但在偏远农村地区或山区缺少集中式水处理系统，无法对其饮用水进行消毒处理。例如，在山区饮用水是由山泉水引至各家各户的储水池中，并没有进行消毒等处理。山泉水不仅可能存在某些离子超标的问题，而且在储存的过程中，也可能存在水中的大肠杆菌等有害微生物超标的问题，给人们身体健康造成了极大的安全隐患。本节[12]采用自己组装的介电泳装置，通过介电泳技术直接去除饮用水中的大肠杆菌，为小型饮用水的处理建立了高效、易安装、低成本的介电泳装置系统。

本节采用介电泳法直接对饮用水中大肠菌群进行处理，探究不同的外加电压、介电泳处理时间、初始浓度等条件对介电泳法处理模拟饮用水中大肠菌群的影响，优化处理条件，并初步探究其机理。

8.2.2　介电泳去除饮水中大肠杆菌的实验

8.2.2.1　实验试剂及仪器

实验中的主要试剂/材料见表 8-1。

表 8-1　主要实验试剂/材料

试剂/材料	化学式/符号	纯度	来源
大肠菌群	DH5α 型	—	实验用菌株为中央民族大学生物实验中心保存
实际大肠菌群超标饮用水	—	—	独龙江
去离子水	—	—	中央民族大学理工楼直饮水
大肠菌群测试片	—	—	美国明尼苏达州 3M 公司
316 不锈钢丝网	—	—	—

实验中使用的仪器见表 8-2。

表 8-2　主要实验仪器

仪器名称	型号	生产厂家
紫外分光光度计	TU – 1901	北京普析通用仪器公司
磁力搅拌器	JB – 1B	上海雷磁仪器厂
直流稳压电源	PS – 305DM	香港龙威仪器仪表有限公司
恒流泵	YZ1515x	保定兰格恒流泵有限公司

8.2.2.2　实验方法

本章的实验装置与第 6 章类似，如图 6-2 所示。介电泳作用可将水中的大肠杆菌捕获到丝网电极上，从而直接去除饮用水中的大肠菌群，使得装置及操作更加简单。

首先配制不同浓度大肠菌群，采用分光光度法进行测定。

（1）菌悬液的制备

在 100mL 无菌三角瓶内加入适量无菌液体培养基，使用接种环在无菌操作台将大肠菌群菌种接种在三角瓶中。固定在 1200r/min、37℃ 培养箱中培养 8h 后取出。

（2）活菌数测定

标准曲线实验采用平板菌落计数法。①使用无菌生理盐水大肠菌群悬液进行适度稀释，用 TU－1901 型分光光度计测量在 600nm 处的吸光值 OD_{600}。②对大肠菌群悬液进行 10 倍梯度的稀释，共五组稀释浓度。选用其中估测的浓度在 $10^2 \sim 10^3 CFU/mL$ 之间的稀释液。从中取 0.1mL 菌液涂布平板。涂布时不断涂抹均匀，使其表面无水珠形成，每组重复处理 3 个。③接种后的培养皿倒置于 37℃ 培养箱中培养，12h 后计数平板中的菌落，再根据稀释的浓度计算菌悬液浓度。

（3）标准曲线绘制

根据实验所得原菌悬液浓度的对数，对 600nm 处的吸光值 OD_{600} 做拟合曲线，实验所得标准曲线如图 8-3 所示。

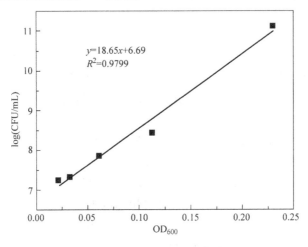

图 8-3　大肠菌群标准曲线

（4）不同浓度大肠菌群的配置

计算实验使用大肠菌群浓度相对应的 OD_{600} 值。取前述配制的大肠菌群原液，使用无菌水将其稀释到计算的 OD_{600} 值，再用容量瓶配制实验使用模拟大肠菌群超标饮用水。此方法只能大致配制出大肠菌群溶液的浓度，因此每组实验开始前还要再测量大肠菌群的浓度。

采用计数法测定大肠杆菌的浓度。使用移液枪将待测液取 1mL，缓慢滴在大肠菌群测试片上。盖上膜片，待其凝固后，放入 37℃ 培养箱中培养 12h。取出统计测试片上大肠菌群总数，计算浓度。

8.2.2.3　电压对介电泳去除饮用水中大肠菌群影响的实验

配制大肠菌群初始浓度数量级为 10^3 CFU/mL 的模拟饮用水，在室温下不断搅拌使其混合均匀，将其通过介电泳反应器。调节直流电压分别为 3V、4V、5V、6V、7V、14V，调节恒流泵使流量为 0.1429mL/s，停留时间为 20min，从出水口取处理后的液体，使用大肠菌群测试片测量菌的总浓度。

8.2.2.4　处理时间对介电泳处理饮用水中大肠菌群影响的实验

配制大肠菌群初始浓度数量级为 10^3 CFU/mL 的模拟饮用水，在室温下不断搅拌使其混合均匀，将其通过介电泳装置。设定直流电压为 6V，恒流泵流量为 0.1429mL/s，改变停留时间分别为 5min、10min、15min、20min，从出水口取处理后的液体，使用大肠菌群测试片测量菌的总浓度。

8.2.2.5　初始浓度对介电泳去除饮用水中大肠菌群影响的实验

配制大肠菌群初始浓度数量级为 10^3 CFU/mL、10^2 CFU/mL、10^1 CFU/mL 的模拟饮用水，在室温下不断搅拌使其混合均匀，将其通过介电泳装置。设定直流电压为 6V，恒流泵流量为 0.1429mL/s，停留时间为 20min，从出水口取处理后的液体，使用大肠菌群测试片测量菌的总浓度。

8.2.2.6　实际饮用水中大肠菌群处理效果的实验

取独龙江水样，先沉淀去除含大肠菌群的饮用水中的固体颗粒杂质，在室温下不断搅拌并将其通过介电泳装置。设定直流电压为 6V，恒流泵流量为 0.1429mL/s，停留时间为 20min，从出水口取出处理后的液体，使用大肠菌群测试片测量菌的总浓度。

8.2.2.7　不同电压介电泳后大肠菌群活性的影响实验

配制大肠菌群初始浓度数量级为 10^6 CFU/mL 的模拟水，在室温下不断搅拌使其混合均匀，将其通过介电泳装置。设定直流电压分别为 6V、15V，恒流泵流量为 0.1429mL/s，反应 20min 后轻轻且快速取出丝网电极。在 500mL 烧杯中加入 50mL 去离子水，将介电泳反应器中取出的丝网电极放入烧杯中充分洗刷振荡。从 50mL 水中取样，使用大肠菌群测试片测量菌的总浓度。

8.2.3　介电泳去除饮水中大肠杆菌的实验结果

8.2.3.1　电压对介电泳法处理饮用水中大肠菌群的影响

如前所述，外加电压后，可以在丝网电极上产生非均匀电场，非均匀电场能直接极化大肠菌群，并通过介电泳作用将其捕获。而外加电压的大小决定着非均匀电场强度的大小，电场强度是影响介电泳力大小的重要因素之一，因此外加电压的大小对介电泳法去除饮用水中大肠菌群的效果至关重要。不同的电压条件对介电泳法去除饮用水中大肠菌群的效果影响如图 8-4 所示。

从图 8-4 中可以看出，与第 6、7 章的无机微粒的介电泳捕获电压相比，较低的外加电压就可以对大肠菌群有一个非常显著的去除率。这与我们对介电泳法去除生物污染物的预期是一致的。当大肠菌群的浓度为 10^3 CFU/mL 时，在 3V 外加电压处理 20min 后去除率即可以达到 79.45%。当电压为 6V 时，大肠菌群的去除率可以达到 87.60%。当外加电压升高至 15V 时，大肠菌群的去除率可以几乎达到 100%。在持续的高电压下，丝网电极可能会有被电解的风险，进而缩短装置的使用寿命[13]，所以可以考虑在 6V 条件下处理。

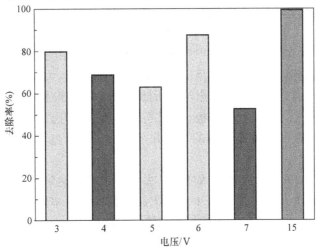

图 8-4　电压对介电泳法去除大肠菌群效果的影响

　　另外我们考虑一个问题，在 6V 与 15V 的外加电压下，大肠菌群的去除率都比较高，这可能是由于在高电压下，大肠菌群被电死导致的，也可能是被捕获到丝网电极上。究竟大肠杆菌是被捕获到丝网电极上而去除的，还是被电死的？在 8.2.4 节，我们设计了实验来探究不同电压下的大肠菌群活性。

8.2.3.2　处理时间对介电泳法处理饮用水中大肠菌群的影响

　　设置施加在电极两端的电压为 6V，改变停留时间分别为 5min、10min、15min、20min，图 8-5 为介电泳作用处理后的结果。

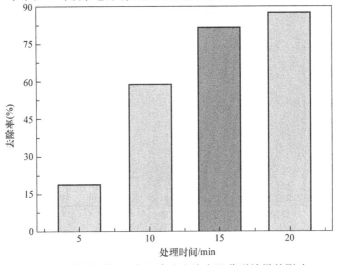

图 8-5　接触时间对介电泳法去除大肠菌群效果的影响

从图8-5中可以看出，随着介电泳接触时间的增加，去除率在刚开始会迅速升高，但是在处理15min后去除率的增速开始降低，说明介电泳装置趋于稳定状态。在20min时，去除率可以达到87.60%。

反应时间对大肠菌群的去除率影响的结果，可能是由于介电泳力是近程力，含有大肠菌群的液体流过介电泳反应器中的丝网电极时，大肠菌群在迁移至距丝网电极较近的位置时才可以被介电泳力所捕获。随着处理时间的增长，越来越多的大肠菌群能够充分接触丝网电极，其去除率也就会提升。在本实验条件下，处理时间达20min时，含大肠菌群的水样几乎通过了所有丝网电极，去除率趋于稳定。

处理时间为20min，在较高浓度下，去除率也可以达到87.60%。值得注意的是，如果采用光催化方法[14]，60min大肠菌群的去除率仅为50%。而且在实际应用中，20min也是小型饮水池易于被使用者接受的水处理时间，并且同时能满足饮水卫生的要求。

8.2.3.3　初始浓度对介电泳法处理饮用水中大肠菌群的影响

上述条件探索大肠菌群是在较高浓度范围内进行的，而实际情况中，即便在偏远山区处理前的饮水中所含的大肠杆菌浓度也不高。我们希望探索在较低初始浓度下，介电泳法对大肠菌群具有较高的处理效率。固定处理电压为6V，处理时间为20min，在不同初始浓度大肠菌群的饮用水中，大肠菌群初始浓度为2000CFU/mL、618CFU/mL和21CFU/mL，利用介电泳法直接捕获大肠杆菌的去除效果，如图8-6所示。

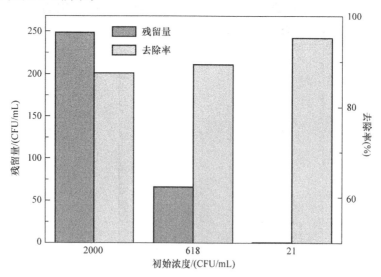

图8-6　初始浓度对介电泳法去除大肠菌群效果的影响

由图可以看出，去除率就像预期的那样随着初始浓度的降低而增高。有意思的是，尽管在一个较高的大肠菌群初始浓度（2000CFU/mL），介电泳法去除率仍能达到 87.60%。这个结果表明，本研究中的介电泳法去除饮用水中的大肠菌群不仅适合于低浓度，同样也适合于较高浓度。当大肠菌群的初始浓度降低到与河流还有井水中相同的正常浓度水平（21CFU/mL）时，介电泳法去除率可以达到 95.25%，并且外加电压不高，用时仅为 20min。

8.2.3.4　实际大肠菌群超标饮用水的处理效果

Lapizco‐Encinas 等[2] 研究报道了一种基于绝缘体材料的介电泳装置无损富集水中微生物。这项研究展示了使用微型绝缘体材料的介电泳装置浓缩和去除水中细菌、孢子和病毒的能力。但是，由于这一结果是通过使用微小通道的小型介电泳装置获得的，因此它仅有可能用于实验室筛选和分析，而不能满足较大量的饮用水中有害微生物的去除。Syed 等[15] 报道了通过纳米微电极微通道矩阵排列介电泳法捕获大肠菌群。同样地，该研究使用的是光刻法制备的纳米装置和微流控通道来引导大肠菌群的流动，所以它仅仅适用于捕获细菌来进行实验室中的检测和分析，同样不适用于较大规模去除水中大肠杆菌。

与这些微型通道的研究不同，我们的工作旨在从一定量的饮用水中去除大肠菌群。在实际水样中，可能会含有其他的电解质、悬浮物等杂质，因此本研究同样需要探究在实际水样中介电泳法对大肠菌群的去除效果。如图 8-7a 所示，从独龙江采集的生活饮用水中含大肠菌群的浓度数量级为 10^2CFU/mL，已经威胁到当地居民的身体健康。使用 15V 介电泳处理 5min 后，水中已经没有活的大肠菌群存在，去除率达到 100%，如图 8-7b 所示。

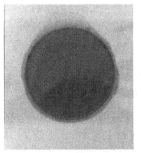

a) 处理前　　　　　　　　b) 处理后

图 8-7　独龙江采集的含大肠菌群水样在 15V 介电泳处理后的效果

到目前为止，本研究已经可以做到处理液体的平均流动体积约为 520mL/h，且去除率也能达到上述研究中的水平。由于本研究的介电泳装置可以根据不同的实际情况、相同的组装原理进行适当放大，因此它有可能用于处理家用储水池中大肠菌群的去除。如前所述，介电泳是操控微/纳米粒子的强大工具，如果实际饮水中同时含有超标的离子和悬浮微粒，通过调节电压，改变电极构型和尺寸，在介电泳处理系统中可以同时去除饮用水中的有害离子、其他悬浮微粒及有害微生物离子，为偏远地区家庭提供安全的饮用水。

8.2.4 电压对大肠菌群活性的影响

研究中发现，在较高电压下（14～16V）处理20min后，不同初始浓度的大肠菌群均能被完全去除（见表8-3）。

表8-3 不同电压介电泳处理后大肠菌群剩余浓度 （单位：CFU/mL）

	14V	15V	16V
0min	92	379	131
5min	34	237	10
10min	1	21	0
15min	0	4	0
20min	0	0	0

分别将6V和15V条件下在丝网上捕获的大肠杆菌进行培养，以考察电压对丝网电极捕获的大肠菌群活性的影响。结果如图8-8所示。由图可见，在6V时丝网电极捕获得到的大肠菌群中大部分是具有活性的，说明在外加电压为6V时，大肠杆菌的去除主要靠电极的捕获。而15V下丝网电极捕获的大肠菌群只有极少数具有

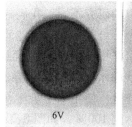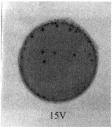

图8-8 不同电压下被捕获在丝网电极上大肠菌群的活性

活性，说明大肠杆菌被捕获到丝网电极上，绝大部分被电死了。通过实验测得，在15V外加电压情况下，电流密度为114mA/cm²。Jeong等[16]研究了通过铂阳极电化学的方法，探究阳极电流密度对消毒过程中大肠杆菌失活的影响。该研究的结果指出，当电极上电流密度达到100mA/cm²时，水中的大肠菌群就可能被灭活。Jeong等[16]的研究中，在0.2mol/L KH₂PO₄溶液中，大肠菌群的灭活率在180min时为90%。因此，我们分析大肠菌群在15V电压下的失活可能是由于丝网电极的电流密度较高将其电死所致，这一解释是合理的。相比之下，本研究的实验表明，在不添加KH₂PO₄等电解质的情况下，介电泳处理不仅在更短的时间（20min）内提高了大肠菌群的去除率，而且由于不添加任何化学试剂，更适合饮用水的处理。

大肠杆菌的去除机理如图8-9所示。初步认为，在比较低的电压（6V）下，

即可通过介电泳作用将大量的大肠杆菌捕获在丝网电极丝上，而流出的水中大肠杆菌基本被去除。而在较高电压（15V）下，大肠菌群首先被捕获聚集在丝网电极上，进而被丝网电极上的电流灭活。在实际饮水处理时，可控制外加电压为6V，通过增加介电泳池的长度而提高去除率。

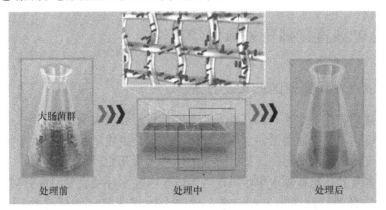

大肠菌群　　　处理前　　　　　　　处理中　　　　　　　处理后

图 8-9　介电泳处理大肠菌群示意图

8.2.5　初步结论

用介电泳法去除饮用水中有害菌——大肠菌群的实验探索表明，介电泳法去除饮用水中的大肠菌群是可行性。主要结论如下：

1）本研究中所用的介电泳装置是可行的，并且根据水样中大肠杆菌的实际浓度，可以很方便地调节电压、流量（处理时间）等因素，控制大肠杆菌的去除率。在 6V 外加电压介电泳情况下，20min 时，含高浓度大肠菌群的水样的去除率可以达到 87.60%，低浓度时可达到 95% 以上。介电泳法不仅提高了去除效果，并且还大大缩短了处理时间。在 15V 条件下，对实际水样的大肠杆菌去除率可以短时间达到 100%。

2）通过考察大肠菌群初始浓度不同的水样的介电泳处理效果，介电泳法对低浓度的大肠杆菌处理效果更好。即便是含高浓度大肠杆菌的水样，用介电泳法也能得到较高的去除率，这表明介电泳对较宽浓度范围的大肠菌群均有较高的去除率。在实际处理时，可通过二级或三级装置对于高浓度的大肠杆菌实现高效去除，以满足饮水卫生的要求。

3）本研究中的装置安装简易，操作简单，且能耗低，并可持续不断处理生活饮用水。通过适当放大装置，很容易在偏远地区实现家庭饮用水的处理。而且本装置能同时去除水中悬浮微粒和超标的有害离子，可为偏远地区家用储水池提供一种理想的处理方法和设备，以确保那里的人们在日常生活中都能够获得干净的生活饮用水。

4）介电泳法用的电极尺寸小，可以在较低的电压下，达到较理想的处理效果。15V 外加电压下，处理后大肠菌群去除率能达到 100%，即介电泳法能大大提高大肠菌群的去除率。

8.3　介电泳直接捕获去除水华蓝藻

8.3.1　治理水华蓝藻的意义及方法

水体富营养化是指含有氮、磷等元素的无机营养物大量输入湖泊、海湾、浅河道等环境封闭、流速缓慢的水体，导致浮游藻类生物量快速增长，溶解氧含量降低、浊度增加，水质恶化，鱼类及底栖生物大量死亡现象[17]。

水体富营养化与蓝藻水华污染作为影响国内外水环境质量的重要问题，得到了全世界学者的广泛关注。近年来，我国水体富营养化问题日趋严重，根据《2017 中国生态环境状况公报》[18]，全国 57 个监测营养状态的湖泊，27 个呈现不同程度富营养状态，主要污染指标为总磷（TP）、化学需氧量（COD）和高锰酸盐指数。其中太湖与巢湖全湖平均为轻度富营养状态，滇池全湖平均为中度富营养状态，总磷、化学需氧量等严重超标。

蓝藻的快速繁殖会形成有害的水华，消耗水中的溶解氧，抑制有益的浮游植物的生长繁殖，破坏生态系统。此外，一些蓝藻类也释放出有毒的肽和生物碱，威胁到饮用水和渔业的安全。通过食物链摄入蓝藻毒素会对人体造成严重的健康威胁。蓝藻在水系统中的肆虐还会造成严重的经济和社会后果，因为它会阻碍内陆水域重要的生态系统服务，包括娱乐用途、水产养殖、灌溉用水和饮用水的使用，因而探索快速有效的蓝藻治理技术成为当前水环境治理的热点。

水华的治理方法通常分为物理方法、化学方法和生物方法。常用的物理方法，如打捞、过滤和浮选，又如人工循环[19]和调水稀释或冲刷方法[20]。超声波是最近发展起来的一种方法，朱宸等[21]在 68 ~ 120kHz、59.1 ~ 186.44W/L 的条件下，通过 10 ~ 15s 静态超声波进行混凝沉淀，藻类去除率达 98% 以上。Tang 等[22]和 Chen 等[23]研究超声波对铜绿微囊藻细胞膜透性的影响，发现超声波会对藻细胞膜结构造成破坏，使铜绿微囊藻细胞膜通透性增强。

生物治理水华的方法，包括寄生、分解、竞争营养物和日照、释放化感物质、捕食等。Lin 等[24]优化培养抑藻菌 Alteromonas sp. DH46，利用海藻酸钠 - 微孔淀粉复合包埋法对其进行固定化，应用于抑藻实验。周月霞[25]将聚氨酯泡沫剪成立方体，灭菌后与杀藻菌 SP48 进行共培养，加入到培养至指数生长期的塔玛亚历山大藻培养液中，与空白对照，培养 24h 后，最高杀藻率达 96.2%

以上。

在水华水体修复过程中也可以采用微生物方法，该方法具有良好的生态安全性，但大规模应用于大型水域仍需要解决一系列实际问题，且此法处理周期长，受自然条件影响大，不能满足突发水华水体的修复需要。

化学方法是控制水华的经济有效的方法，包括化学药剂法、电化学氧化法、光化学氧化法等措施，其中最常用的是化学药剂法。孙霄[26]利用硫酸铜对微囊藻进行去除，在水华爆发初期投加 1.5mg/L 的硫酸铜可以在 72h 内降低藻密度 50%。拟柱孢藻是蓝藻的一种，是水华的优势种之一。李绍秀等[27]利用二氧化氯（ClO_2）杀灭拟柱孢藻，结果表明 ClO_2 投加量增大，拟柱孢藻的去除率提高。但随着 ClO_2 投加量的增大，藻细胞结构的破坏程度加剧。

电化学氧化法去除水华蓝藻也取得了一定的进展。向平等[28]使用活性炭纤维作为阴极材料，利用电芬顿反应破坏藻类结构，Fe^{2+} 投加浓度为 0.05mmol/L，初始 pH 值为 6.0 的条件下，电化学处理 15min，藻细胞的去除率为 93%。光化学氧化法也是常用的高级氧化方式之一，刘玲静等[29]通过 UV - C/H_2O_2 联用去除水华藻体，发现该方法具有联动效应，可以在 6h 内快速杀藻 85%。

总体而言，化学方法去除水华藻类污染的去除时间短，去除率高，但是化学试剂消耗量大，大水域应用有一定难度，且会对藻类细胞结构造成直接破坏，会产生藻毒素。由于环境安全问题，化学方法的应用频率较低。

本节[30]旨在利用介电泳方法，这种操控微/纳米粒子的强大工具，在丝网电极上直接捕获蓝藻细胞，去除水体中的蓝藻。并且通过实验研究确定捕获藻类细胞的最佳条件，希望建立一种快速、高效、低成本的水华污染修复方法，为介电泳法直接处理水华水体的工业应用奠定基础。由于介电泳直接捕获生物粒子是一种非损伤的技术，不会破坏细胞的生物结构，可有效地避免藻细胞破裂导致的藻毒素释放，能够有效减少二次污染的产生。

8.3.2 实验操作

8.3.2.1 藻类细胞培养和浓度测定

湖泊、河流、水库和其他水域的富营养化加强可能导致蓝藻在水体中占优势地位。蓝藻门中念珠藻科，鱼腥藻属的水华鱼腥藻（Anabaena flos - aguas）、螺旋鱼腥藻（Anabaena spiroides）及卷曲鱼腥藻（Anabaena circinalis）因为能进行较强的固氮作用，是形成蓝藻水华的主要藻类生物。

故本节选取的水华鱼腥藻（Anabaena flos - aguas FACHB - 245，购自中国科学院水生生物学研究所淡水藻种库）作为研究对象，图 8-10 为生物显微镜拍摄的图片。并在（25 ± 1）℃条件下，光照 16h，黑暗 8h（16L：8D）在 BG11 培养基中培养。采用分光光度法（HJ 897—2017）测定溶液中叶绿素 a 浓度，以确定鱼腥藻的浓度。

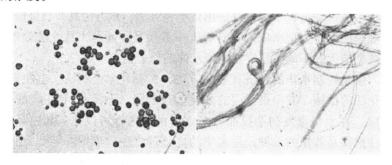

图 8-10　水华鱼腥藻的显微照片（400 倍）

首先将捕获在丝网电极上的鱼腥藻，采用显微摄像机拍照；并在实验过程中，拍摄视频记录，以确定介电泳法直接捕获去除水华鱼腥藻的可行性。在此基础上，改进了介电泳的电极组装，然后探索交流电压、频率、流量、初始浓度等因素的影响，以优化处理条件。

8.3.2.2　介电泳实验

在自己组装的介电泳装置（见图 6-2，介电泳池的总体积为 192mL）中进行介电泳实验。利用恒流泵将藻类悬浮液从储液瓶经过介电泳池，最后输送至接收瓶中。金属丝网电极固定在介电泳池两侧的槽中。每对电极之间的距离为 10mm。在每对电极间施加交流电压，调节电压由 3V 到 18V，观察在非均匀电场下，鱼腥藻被捕获在电极上的情况，可拍下视频。观察到接收瓶中的水变得清洁透明。

8.3.3　实验结果与讨论

8.3.3.1　介电泳法直接捕获藻类及丝网电极尺寸的影响

施加电压为 15V 交流，频率为 10kHz，流量为 0.503L/h，使用 30 目不锈钢丝网电极，处理较低浓度的藻华水样，探索利用介电泳法直接捕获水华鱼腥藻的可能性。

如图 8-11 所示，将介电泳直接处理藻华模拟溶液后，取下 30 目不锈钢丝网电极，在显微镜下使用数码摄像机拍摄，可以发现丝网上直接捕获了大块的丝状、念珠状的藻类物质。通过照片可以看到，捕获的块状藻类集团体积明显小于丝网空隙，捕获位置均处于不锈钢丝上或丝网交叉的部位，且在阴极与阳极均可观察到。这表明藻细胞的去除是通过介电泳直接捕获到丝网上，而且在捕获的过程中，发生了正介电泳。

将已经被 30 目不锈钢丝网电极处理过的水样，在同样条件下（电压为 15V 交流，频率为 10kHz，流量为 0.503L/h），使用 80 目不锈钢丝网电极，利用介

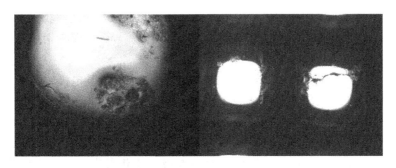

图 8-11　30 目不锈钢丝网电极捕获水华鱼腥藻显微照片

电泳直接捕获水华鱼腥藻，使用显微摄像机拍摄丝网电极上鱼腥藻的捕获情况，结果如图 8-12 所示。与图 8-11 相比，丝网变细，可以在不锈钢丝网以及丝网的交叉处，观察到了被直接捕获的水华鱼腥藻小簇以及单根的珠串状的水华鱼腥藻。在使用两种目数的丝网电极时，得到一致的结果，相同条件下，均可捕获鱼腥藻，说明介电泳法可用于水华鱼腥藻的去除。

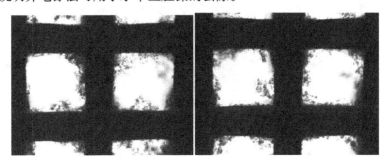

图 8-12　80 目不锈钢丝网电极捕获水华鱼腥藻显微照片

　　注意，前后的实验条件相同，唯一的区别是丝网的目数由 30 目变为 80 目。30 目的丝网（电极粗）捕获聚集（体积大）的藻类，80 目的丝网（电极细）捕获分散（体积小）的藻类。这一现象可用第 2 章的介电泳力公式解释。采用30 目丝网时，网丝比较粗，在相同电压下，产生的电场强度梯度 ∇E_{rms} 相对较小，此时只有颗粒大的藻簇，受到足够的介电泳力，因而此时体积较大的片状、簇状藻体更容易被丝网电极所捕获。当电极更换为 80 目丝网时，网丝比较细，在相同的电压下，电场强度梯度 ∇E_{rms} 比较大，此时半径 R 相对较小的单根藻丝也可以被丝网电极所捕获。

　　如图 8-12 所示，在显微图片中观察到，实验中捕获到丝网上的鱼腥藻形态完整。与图 8-10 左图相比较，介电泳捕获前后，水华鱼腥藻细胞形态没有明显变化，细胞形态饱满，结构完整。李绍秀等[27]、向平等[28]的研究中发现，用他们的方法处理后，藻细胞形态发生了显著变化，细胞表面出现凹陷，甚至破裂，细胞周围有大量物质溶出。因此，初步可以认定介电泳法捕获后水华鱼腥藻不会破坏其细胞结构，能够避免因为细胞内物质外流导致的藻毒素释放。

8.3.3.2 介电泳装置改进及其实验结果

基于 8.3.3.1 节的实验结果，目数较大的丝网电极，其电极丝较粗，可以捕获呈片状、团状的水华鱼腥藻，而目数较小的丝网电极，其电极丝较细，可对小的、单一的水华鱼腥藻细胞有较好的捕获效果。根据水华鱼腥藻的尺寸变化较大这一特点，可对多级介电泳装置处理池进行工艺改进。如图 8-13 所示，在第一级介电泳处理池中，使用目数较低的丝网电极，捕获聚集成团（大体积）的鱼腥藻，在后一级采用目数较低的丝网电极，捕获体积较小的单一藻丝（小体积）。各级可以灵活地分别控制电压。

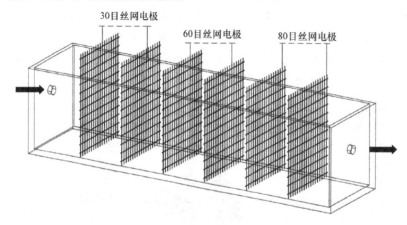

图 8-13 改进的介电泳处理池示意图

在实验研究中发现，可以在同一电压下，利用丝网的目数大小，分别捕获不同体积的鱼腥藻，因此可以将多级装置整合在一级处理池中，如图 8-13 所示。在靠近入水口的位置，刚进来的水样中，大的藻团比较多，使用空隙较大、电极丝较粗的 30 目不锈钢丝网电极，即可捕获体积较大的片状、团状藻类，又可避免捕获的水华鱼腥藻堵塞丝网空隙。中间部位装置 60 目的丝网电极，捕获尺寸介于中间的藻团。以此类推，在出水口处安装目数大、电极丝较细的丝网电极。

使用改进后的介电泳装置对较高浓度的模拟藻华溶液进行处理，图 8-14 为直接捕获去除水华鱼腥藻视频的第 47 秒截图。可以看到，当藻华模拟溶液泵入改进后的介电泳处理池中时，靠近入口处的丝网直接捕获了体积较大的藻类聚集团，而相对分散的藻类随水流向介电泳池的后半部分继续移动，逐渐被较细的80 目丝网捕获。

图 8-15 为视频第 249 秒的截图，此时可以明显看出，靠近泵入端的 30 目丝网将大部分片状、团状藻类聚簇直接捕获，少量较细的藻类被靠近泵出端的丝网

图 8-14　介电泳直接捕获去除水华鱼腥藻实验视频截图（47s）

继续捕获在丝网上。右端经过介电泳处理后的溶液藻簇明显减少，出水中肉眼观察已无明显藻类生物存在，证明介电泳直接捕获水华鱼腥藻的实验方法具有可行性。在后续实验中使用改进后的介电泳处理装置，进一步考察电压、频率、流量等因素对于鱼腥藻去除率的影响。

图 8-15　介电泳直接捕获去除水华鱼腥藻实验视频截图（249s）

8.3.3.3　交流电压和频率的确定

　　如前所述，电压的大小决定着电场强度的强弱，而电场强度直接影响着介电泳力的大小，电压对直接去除水华鱼腥藻的效果至关重要。配制模拟溶液初始浓度为 $756\mu g/L$，考察电压对直接去除水华鱼腥藻的影响的结果，如图 8-16 所示。

　　控制频率为 10kHz，流量为 0.503L/h。可以看出，对于当施加到不锈钢丝网电极上的交流电压由 3V 增加到 15V 时，叶绿素 a 的去除率由 68.37% 提高到 89.79%，叶绿素 a 的剩余浓度由 $239\mu g/L$ 降低到 $77\mu g/L$。说明交流电压的大小对于处理效果产生了明显的影响。在实验范围内，电压越高，水华鱼腥藻的去除效果越好。施加 15V 介电泳后，水华鱼腥藻的去除率比单纯通过丝网过滤提高了 20 个百分点以上。故电压确定为 15V。频率低时，处理效果好，考虑到供电多为 50Hz，故采用 50Hz。

8.3.3.4　鱼腥藻初始浓度对去除率的影响

　　初始浓度的高低对于介电泳法直接去除水华鱼腥藻的效果也可能存在一定的影响。将叶绿素 a 浓度为 $2373\mu g/L$ 的水华鱼腥藻培养溶液与培养基按照 1:4、

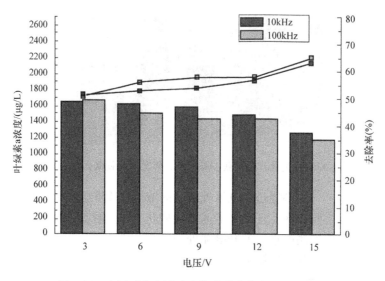

图 8-16   电压对介电泳法直接去除水华鱼腥藻的影响

2∶3、3∶2、4∶1、5∶0 的体积比例配置出叶绿素 a 浓度为 475μg/L、949μg/L、1424μg/L、1899μg/L、2373μg/L 的初始溶液。不同初始浓度对直接去除水华鱼腥藻效率的影响的结果如图 8-17 所示。

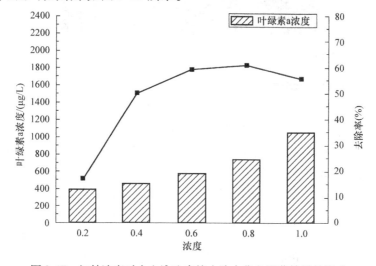

图 8-17   初始浓度对介电泳法直接去除水华鱼腥藻效果的影响

由图 8-17 可以看出，在施加最优电压与频率（15V，100kHz，0.503L/h）的条件下，当模拟溶液的叶绿素 a 初始浓度由 475μg/L 增加到 2373μg/L，分别为原浓度的 0.2、0.4、0.6、0.8 和 1.0 倍。介电泳法对水华鱼腥藻的去除率呈现出先增加后下降的趋势。叶绿素 a 在 475~1899μg/L 范围内，初始浓度越高，去除率越高，水华鱼腥藻的去除率由 17.05% 上升到 60.95%，叶绿素 a 的实际去除量由 80.91μg/L 增加至 1157μg/L。当水华鱼腥藻模拟溶液的叶绿素 a 浓度增高至 2373μg/L 时，去除率由 60.95% 下降至 55.75%，而叶绿素 a 的实际去除量反而有所增加，达到 1323μg/L，与最低初始浓度相比较，在初始浓度最高的条件下，水华鱼腥藻的初始浓度提高了 5 倍，叶绿素 a 的实际去除量提升了 16 倍（见图 8-18）。说明介电泳法对于高浓度的藻华–富营养化模拟溶液具有更好的去除量。高浓度的条件下，可以通过串联两级或多级介电泳池的方式，也可将介电泳池的长度增加，以进一步提高其去除率与去除量。

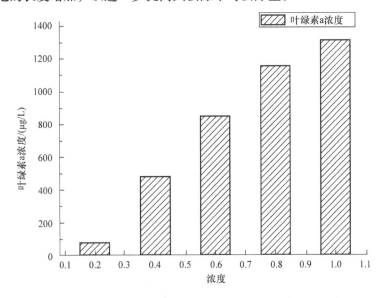

图 8-18　不同初始浓度条件下叶绿素 a 实际去除量的比较

8.3.3.5　流量对鱼腥藻去除率的影响

　　流量的大小决定着水华鱼腥藻模拟溶液与不锈钢丝网电极之间的接触时间，由前期的介电泳法治理水污染的实验中，已经发现流量大小对于丝网电极捕获的影响。在已优化的电压、频率条件下（交流电压为 15V，频率为 100kHz），考察流量对去除率的影响。由图 8-19 可以看出，对于初始浓度为 615μg/L 的水华鱼腥藻模拟溶液，流量由 0.838L/h 降至 0.168L/h，水华鱼腥藻的去除率由 38.76% 提高至 80.18%（近 40 个百分点），叶绿素 a 的剩余浓度由 319μg/L 降至 122μg/L，说明流量的大小对处理效果产生了明显的影响。由此可见，介电泳法直接去除水华鱼腥藻的过程中，可通过降低溶液的流量，提高水华鱼腥藻的去除效果。

　　结果表明，介电泳法是一种去除富营养化水体中鱼腥藻的有效方法。本节的实验研究结果可得到以下结论：

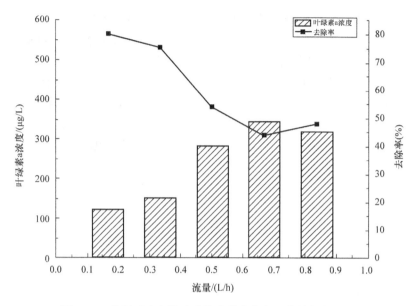

图 8-19 流量对介电泳法直接去除水华鱼腥藻效果的影响

1）介电泳技术可以直接捕获水华鱼腥藻，其间不需要添加任何试剂，不破坏藻类细胞结构完整，未发现有细胞内物质外流。

2）在水华鱼腥藻浓度一定的条件下，交流电压、频率越高，水华鱼腥藻的去除率也越高，调整电压、频率等条件，可以提高水华鱼腥藻去除率 20 个百分点。

3）在电压、频率与流量等条件相同的情况下，介电泳法对于高浓度的藻华 - 富营养化模拟溶液具有更好的去除率，介电泳法适合处理严重富营养化的水体。

4）在其他条件相同的情况下，可通过降低藻华水样的流量，提高水华鱼腥藻的去除效果。通过增加处理级数，可使水华鱼腥藻的去除率进一步提高。

参 考 文 献

[1] CHUN - PING JEN, CHING - TE HUANG, HO - HSIEN CHANG. A cellular preconcentrator utilizing dielectrophoresis generated by curvy electrodes in stepping electric fields [J]. Microelectronic Engineering, 2011, 88 (8): 1764 - 1767.

[2] BLANCA H LAPIZCO - ENCINAS, RAFAEL V DAVALOS, BLAKE A SIMMONS, et al. An insulator - based (electrodeless) dielectrophoretic concentrator for microbes in water [J]. Journal of Microbiological Methods, 2005, 62 (3): 317 - 326.

[3] CHEN HUI - YING, HAN PING, WANG BIN, et al. Preparation of Chips for Dielectrophoresis (DEP) and Application in Separation of Different Cell Types by DEP [J]. Chinese Journal of

Sensors and Actuators, 2010, 23 (6): 757 –763.

[4] JUNYA SUEHIRO, AKIO OHTSUBO, TETSUJI HATANO, et al. Selective detection of bacteria by a dielectrophoretic impedance measurement method using an antibody – immobilized electrode chip [J]. Sensors and Actuators B, 2006, 119 (1): 319 –326.

[5] JUNYA SUEHIRO, TETSUJI HATANO, MASANORI SHUTOU, et al. Improvement of electric pulse shape for electropermeabilizationassisted dielectrophoretic impedance measurement for high sensitive bacteria detection [J]. Sensors and Actuators B, 2005, 109 (2): 209 –215.

[6] XIAOXIAO HE, CHONG HU, QIAN GUO, et al. Rapid and ultrasensitive Salmonella Typhimurium quantification using positive dielectrophoresis driven on – line enrichment and fluorescent nanoparticleslabel [J]. Biosensors and Bioelectronics, 2013, 42 (15:) 460 –466.

[7] PETER GASCOYNE, JUTAMAAD SATAYAVIVAD, MATHUROS RUCHIRAWAT GASCOYNE, et al. Microfluidic approaches to malaria detection [J]. Acta Tropica, 2004, 89 (3): 357 –369.

[8] JING HU, HUIYING CHEN, BIHAO LAN, et al. A dielectrophoresis – assisted adsorption approach significantly facilitates the removal of cadmium species from wastewater [J]. Published in Environmental Science: Water Research & Technology, 2015, (1): 199 –203.

[9] JIN Q , CUI C , CHEN H , et al. Effective removal of Cd^{2+} and Pb^{2+} pollutants from wastewater by dielectrophoresis – assisted adsorption [J]. Frontiers of Environmental Science & Engineering, 2019, 13 (2): 20 –26.

[10] LIU DONGYANG, CUI CHENYANG, WU YANHONG, et al. Highly efficient removal of ammonia nitrogen from wastewater by dielectrophoresis – enhanced adsorption [J]. PeerJ, 2018, 6: 6e5001.

[11] JIN Q , CUI C , CHEN H , et al. Efficient removal of arsenic from water by dielectrophoresis – assisted adsorption [J]. Water Science & Technology Water Supply, 2019, 19 (4): 1066 – 1072.

[12] 刘东阳. 基于介电泳技术处理水中两种典型污染物的机理与应用研究 [D]. 北京: 中央民族大学, 2019.

[13] MARTINEZ – DUARTE R. Microfabrication technologies in dielectrophoresis applications—A review [J]. Electrophoresis, 2012, 33 (21): 3110 –3132.

[14] DUNLOP PSM, BYRNE JA, MANGA N, et al. The photocatalytic removal of bacterial pollutants from drinking water [J]. Journal of Photochemistry & Photobiology A Chemistry, 2002, 148 (1 –3): 355 –363.

[15] SYED LU, LIU J, PRICE AK, et al. Dielectrophoretic capture of E. coli cells at micropatterned nanoelectrode arrays [J]. Electrophoresis, 2011, 32 (17): 2358 –2365.

[16] JEONG J, KIM JY, MIN C, et al. Inactivation of Escherichia coli in the electrochemical disinfection process using a Pt anode [J]. Chemosphere, 2007, 67 (4): 652 –659.

[17] 刘培桐. 环境学导论 [M]. 北京: 高等教育出版社, 1985.

[18] 生态环境部. 2017 中国生态环境状况公报 [R]. 2017.

[19] VISSER P，IBELINGS B，VEER B V D，et al. Artificial mixing prevents nuisance blooms of the cyanobacterium Microcystis in Lake Nieuwe Meer，the Netherlands [J]. Freshwater Biology，1996，36（2）：435 –450.

[20] VERSPAGEN JM，PASSARGE J，JÖHNK KD，et al. Water Management Strategies against Toxic Microcystis Blooms in the Dutch Delta [J]. Ecological Applications，2006，16（1）：313 –327.

[21] 朱宸，丁凯耘，丛海兵，等. 水质安全的动态超声波强化混凝除藻水处理试验研究 [J]. 环境科学学报，2015，35（8）：2429 –2434.

[22] TANG J W，WU Q Y，HAO H W，et al. Effect of 1. 7 MHz ultrasound on a gas – vacuolate cyanobacterium and a gas – vacuole negative cyanobacterium. [J]. Colloids Surf B Biointerfaces，2004，36（2）：115 –121.

[23] CHEN B，HUANG J，WANG J，et al. Ultrasound effects on the antioxidative defense systems of Porphyridium cruentum [J]. Colloids & Surfaces B Biointerfaces，2008，61（1）：88 –92.

[24] LIN J，ZHENG W，TIAN Y，et al. Optimization of culture conditions and medium composition for the marine algicidal bacterium Alteromonas sp. DH46 by uniform design [J]. Journal of Ocean University of China，2013，12（3）：385 –391

[25] 周月霞. 高效杀藻菌 Pseudo alteromonas sp. SP48 的发酵条件优化及固定化研究 [D]. 厦门：厦门大学，2010.

[26] 孙霄. 化学除藻过程中微囊藻藻毒素（MC – LR）的产生与去除特性研究 [D]. 天津：天津大学，2016.

[27] 李绍秀，杨阳，朱璐瑶，等. ClO₂ 杀灭拟柱孢藻过程中毒素释放行为与释放机理 [J]. 安全与环境学报，2017，17（03）：1106 –1111.

[28] 向平，连慧兰，王韬，等. 活性炭纤维/泡沫镍阴极的电化学工艺除藻效能 [J]. 哈尔滨工业大学学报，2019，51（8）：46 –53.

[29] 刘玲静，陶益，韦德权，等. 低剂量 UV – C/H₂O₂ 联用灭活铜绿微囊藻及影响因素 [J]. 中国给水排水，2015，31（21）：9 –15.

[30] 金庆豪. 基于介电泳技术治理水体富营养化的研究 [D]. 北京：中央民族大学，2019.

第9章　介电泳法可控制备纳米催化剂

随着环境污染正日趋恶化，环境污染的控制与治理已成为 21 世纪人类亟需解决的重大问题。光催化材料是具有环境净化和自洁的重要材料，以半导体材料为催化剂，光催化氧化水中有机污染物是一种很有效的方法。

TiO_2 是一种重要的过渡金属氧化物，因而在工业上有许多重要应用[1]。近几十年来，人们不仅在生物粒子灭活[2]，而且在染料敏化太阳能电池[3,4]、光催化剂[5,6]和传感器材料[7,8]方面对 TiO_2 纳米颗粒的研究进行了深入的研究。研究表明，颗粒尺寸、晶体结构和表面形貌对 TiO_2 纳米粒子的性能有显著影响[9-11]。

9.1　利用溶胶 – 凝胶法与介电泳结合可控制备 TiO_2

纳米 TiO_2 因无毒、低成本、高化学稳定性及强光催化活性等优点而在光催化及环境治理等方面有巨大的应用价值。TiO_2 的光催化活性取决于晶体的结构、晶粒的尺度、表面的形态、薄膜的厚度及孔隙率。人们采用各种方法并不断改进已有的制备方法，实现对各种催化剂进行可控制备。由于纳米半导体的粒径小，光生载流子更容易通过扩散从粒子内迁移到表面，促进氧化和还原反应的发生，因此合成比表面积高，并且形貌可控的纳米结构二氧化钛对改善其光催化性能有重要意义。

TiO_2 的传统制备方法中，溶胶 – 凝胶技术相对简单，已得到广泛应用[12]。然而，溶胶 – 凝胶法还存在一些不足，如煅烧过程中颗粒团聚，晶粒长大可能导致相变[13]。我们在介电泳对无机粒子的操控和分离研究中，注意到，当粒子的尺寸小到一定程度时，粒径越小的粒子越容易被介电泳力迁移。因此，我们设想在溶胶 – 凝胶体系刚形成时，微小的溶胶粒子可被非均匀电场捕获，即发生介电泳捕获到电极上。首先被捕获的粒子，被非均匀电场极化，产生次生的非均匀电场。由于溶胶粒子很小，其产生的非均匀电场强度较大。继而，由于粒子间的相互介电泳作用[14]，附近的粒子在最初被捕获到电极上，粒子进行排列、生长。因此，介电泳作用可促进纳米粒子的生长。因此，我们设计了介电泳制备装置，将溶胶凝胶法和介电泳法结合起来，建立一种纳米材料可控制备的新方法。SEM 表征结果表明，通过介电泳作用，在丝网电极上 TiO_2 晶粒长大，电压、频率对晶体结构和粒径及晶型有一定影响。在可见光条件下测试其光催化性能，发现所制备的 TiO_2 纳米颗粒在可见光的催化活性提高。

9.1.1　实验操作

本实验研究中所用材料全部为分析试剂级，无需进一步纯化。按 Ti（OBu）$_4$、EtOH、H$_2$O 和 CH$_3$COOH 不同摩尔配比制备 TiO$_2$ 溶胶，当摩尔比为 1:10:4:1 称为方案 1，当摩尔比为 1:15:4:2 称为方案 2。

在方案 1 中通过以下步骤制备 TiO$_2$ 溶胶：（1）先将 26mL 乙醇和 6mL CH$_3$COOH 混合，然后加入 22.7mL Ti(OBu)$_4$。用磁力搅拌器搅拌混合物 30min；（2）将 12.8mL 乙醇加入 4.8mL 去离子水中，溶液用 0.5mL HNO$_3$ 调节至 pH 值为 1；（3）将步骤（2）所得的溶液以 12 滴/min 的速率加入到步骤（1）所得的溶液中，搅拌 3h。

在方案 2 中，TiO$_2$ 溶胶按下述步骤制备：（1）将 24mL Ti（OBu）$_4$ 加入到 32mL EtOH 中，搅拌 10min，然后加入 7.2mL CH$_3$COOH，搅拌 2h；（2）将 5.2mL 去离子水与 32mL EtOH 混合，然后将 0.6mL HNO$_3$ 加入，将所得的溶液搅拌 2h；（3）将步骤（2）所得的溶液逐滴加入到步骤（1）所制得的溶液中，搅拌 6h。

将制得的 TiO$_2$ 溶胶立即注入到介电泳池中（见图 9-1），在一定的外加电压下处理 12h，得到 TiO$_2$ 凝胶。对电极的和电极间的 TiO$_2$ 凝胶于 110℃烘干 24h。将电极上的 TiO$_2$ 凝胶直接进行 SEM 表征。电极间收集的 TiO$_2$ 凝胶在 500℃煅烧，然后进行 X 射线衍射（XRD）表征。用德国产的 XD-3 衍射仪进行测试，得到样品的粉末 XRD 图。测试条件为：工作电压为 36kV，工作电流为 20mA，步速扫描，步距为 0.02，扫描范围 $\theta = 20° \sim 80°$，采用 Cu 靶 K$_1$ 辐射（$\lambda = 0.1546$nm），石墨单色器。

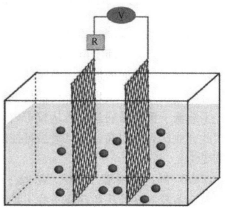

图 9-1　介电泳制备池示意图[15]

用株式会社日立制作所 S4800 型冷场发射扫描电镜进行形貌分析。最大放大倍数为 80 万倍，分辨率为 15kV/1.0nm，5kV/1.5nm。测试之前在样品表面不需要喷金。

用甲基橙为模型化合物，在可见光下对其光催化活性进行了评价。

9.1.2　实验结果与讨论

9.1.2.1　介电泳促进 TiO$_2$ 晶体生长

将采用方案 1 制备的 TiO$_2$ 溶胶注入介电泳池中，考察介电泳作用是否可以促进 TiO$_2$ 晶体在电极表面的生长。施加介电泳作用前后所制备的凝胶的 SEM 表征图像如图 9-2 所示。图 9-2a 为没有在丝网电极上施加外加电压时，在丝网上获得的 TiO_2 凝胶的 SEM 图像，没有观察到晶体的生成，可能是由于晶粒较小被凝胶覆盖所致。而在施加了 7V、200Hz 的外加电压时，同样的作用时间，我们在电极上观察到大量尺寸均一的晶体颗粒（见图 9-2b）。这明显表明，介电泳作用在一定外加电场情况下，确实促进了 TiO_2 的生长。

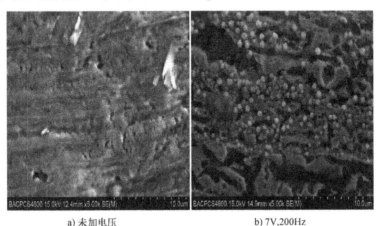

a) 未加电压　　　　　　　　　　　　b) 7V,200Hz

图 9-2　在电极表面生长的 TiO_2 的 SEM 图像[15]

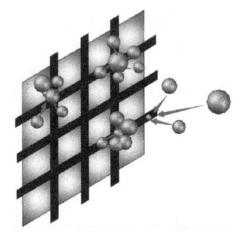

介电泳能够促进晶体生长的机理可由图 9-3 得到解释。将新制备 TiO_2 溶胶倒入介电泳制备装置中，施加外加电压，丝网电极上产生非均匀电场。靠近丝网电极表面最初形成的小溶胶粒子首先被介电泳力捕获到丝网电极上。在电极上，这些微小的粒子被电场极化，产生了次生的非均匀电场，粒子表面的非均匀电场对附近的溶胶粒子产生诱导极化作用，附近更多的粒子进一步被极化，通过相互介电泳作用[14]，因而沉积到最初已被捕获到丝网的粒子上[16]。按照这个方式，越来越多的粒子被吸引到电极表面附近而被捕获沉积，因而晶体长大。

图 9-3　介电泳过程中 TiO_2 纳米粒子生长机理示意图[15]

在上述控制交流电电压为 7V、频率为 200Hz 条件下，用方案 1 所制备的凝胶，将电极附近 TiO_2 凝胶收集，经过烘干煅烧后，进行 XRD 表征，结果如

图9-4所示。此 XRD 谱图与 TiO_2 标准谱图中的 PDF#21 - 1276 卡片完全吻合，谱图出现了金红石相 TiO_2 （110） 面的衍射峰 $2\theta = 27.4°$、金红石相 TiO_2 （101） 面的衍射峰 $2\theta = 36.1°$、金红石相 TiO_2 （211） 面的衍射峰 $2\theta = 54.3°$。只有金红石相的特征衍射峰，所以此晶型为纯金红石矿。

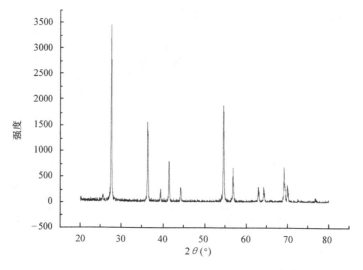

图9-4　丝网电极上 TiO_2 粉体的 XRD 谱图[15]

9.1.2.2　直流电对 TiO_2 晶体结构的影响

既然交流电能促进晶体的生长，我们进一步探索了直流电压对 TiO_2 纳米粒子晶体结构的作用。将按照方案 2 制备的 TiO_2 溶胶倒入介电泳装置中，分别控制直流电压为 3V、5V，作用 12h，使晶体生长，考察电压对晶体结构的影响。将在不同电压下得到的 TiO_2 凝胶进行煅烧，之后对两种情况下得到的产品进行 XRD 表征。图 9-5 显示了两种电压下样品的 XRD 图谱，图中标示为 A、R 的峰分别对应锐钛矿和金红石两种晶型的特征峰。从图 9-5a 中可以看出，此 XRD 谱图与 TiO_2 标准谱图中的 PDF#65 - 1118、PDF#65 - 5714 卡片完全吻合，谱图不仅出现金红石所有的特征衍射峰 $2\theta = 27.4°$、$2\theta = 36.1°$、$2\theta = 54.3°$，还出现了锐钛矿相 TiO_2 （101） 面的衍射峰 $2\theta = 25.3°$，因此我们可以得出，在直流电压 3V 下制备的样品为金红石矿和锐钛矿的混晶，以金红石矿为主。相比之下，由图 9-5b 可见，在直流电压 5V 情况下，样品 XRD 谱图与 TiO_2 标准谱图中的 PDF#21 - 1272、PDF#21 - 1276 卡片完全吻合，谱图出现了锐钛矿相 TiO_2 （101） 面的衍射峰 $2\theta = 25.3°$和锐钛矿相 TiO_2 （200） 面的衍射峰 $2\theta = 48.1°$，还有金红石相 TiO_2 （110） 面的衍射峰 $2\theta = 27.4°$的特征衍射峰，并且此晶型为金红石矿和锐钛矿的混晶，以锐钛矿为主。这意味着在不同电压下制备不同的晶型，换句话说，通过介电泳方法的使用，可能利用调节体系的外加电压，控制 TiO_2 两种晶型的比例。

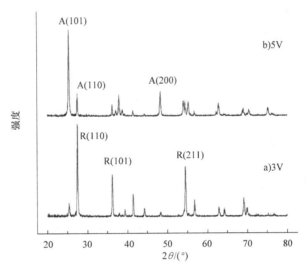

图 9-5　直流电压对晶体结构的影响[15]

9.1.2.3　交流电对 TiO_2 晶粒尺寸的影响

为了研究介电泳作用中交流电压与频率对凝胶－溶胶法制备 TiO_2 晶粒尺寸的影响，将按方案 2 所制备的 TiO_2 溶胶注入介电泳制备装置中，在装置上施加不同频率和电压的交流电场。收集电极间的 TiO_2 溶胶，对煅烧后的样品进行 XRD 表征。通过 Jade 5 软件，对方案 2 所制备的溶胶，在施加不同电压、不同频率条件下，对所制得的 TiO_2 晶粒尺寸进行分析，通过扣除背景值和 $K\alpha2$，平滑图谱及全谱拟合，结果见表 9-1，这里 D_c 是粒子的直径。

表 9-1　频率和电压对 TiO_2 晶粒尺寸的影响[15]

电压/V	频率/Hz	D_c/nm
7	100	32.6
10	100	40.0
15	100	50.8
15	200	42.3
20	200	56.5
20	300	44.4

分析表中数据可以得出，交流电的电压和频率对 TiO_2 晶粒的尺寸具有一定的影响。比较前三组数据，频率均为 100Hz，随着电压的增加，晶粒依次增加。

可见，在本节实验条件下，当固定频率不变时，TiO_2 晶粒的平均尺寸随着电压的升高而逐渐增大。分别比较第 3、4 组，以及第 5、6 组数据，当电压相同时，TiO_2 晶粒的尺寸随着频率的升高而减小。这意味着利用介电泳作用，可通过改变外加电压和频率控制晶粒的大小。

9.1.2.4　光催化活性分析

在可见光下利用不同条件制备的 TiO_2 催化甲基橙降解，结果如图 9-6 所示。选择仅通过溶胶 – 凝胶法制备的 TiO_2 样品和在直流电压 8V 下利用溶胶 – 凝胶/介电泳法制备的 TiO_2 样品，进行可见光条件下的催化活性测试，结果如图 9-6 所示。图中 C_0 为甲基橙的初始浓度，C 为一定时间测试的甲基橙浓度。由图可见，利用溶胶 – 凝胶/介电泳法制备的 TiO_2 粒子在可见光条件下对甲基橙的降解效果更好。但在紫外光区域，用溶胶 – 凝胶/介电泳法制备的 TiO_2 粒子并没有催化优势，这可能与介电泳促进晶粒生长有关，粒径大将促使 TiO_2 粒子的吸收红移效应。因此，可以得出，介电泳不仅促进了纳米粒子的生长，也改善了其在可见光的催化活性。

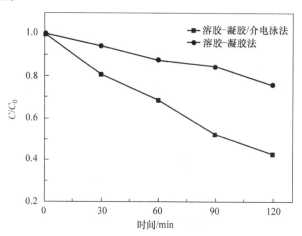

图 9-6　不同方法制备的 TiO_2 对甲基橙的可见光催化活性[15]

从以上的实验结果，我们可以初步得出以下结论：我们建立的介电泳制备装置，可用于纳米材料的可控制备。介电泳和溶胶 – 凝胶法结合，可促进 TiO_2 晶体的生长，并且通过调节不同的电压和频率，我们可以控制晶型的比例和晶粒尺寸的大小。

9.2　利用基底/溶胶 – 凝胶/介电泳法结合可控制备 TiO_2

通过 9.1 节的实验结果，初步获得了介电泳可促进溶胶中粒子生长的结论

（见图9-7）。我们设想，一些常见的生物模板粒子是否可以通过介电泳作用固定到介电泳制备装置的丝网上。然后施加电压，捕获生物模板粒子，继续在非均匀电场作用下，使模板颗粒极化，通过生物颗粒产生的次生非均匀电场，在模板上复制生物模板的结构。首先，通过晶粒在模板粒子上生长，是否可得到比模板更大的材料颗粒？为此我们首先用活性炭或竹炭颗粒等生物模板进行了实验研究。本节的实验结果表明，活性炭和竹炭微粒没有起到模板的作用，所以我们本节称这些微粒为基底材料，而不是模板。

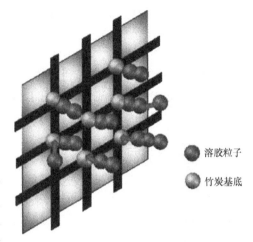

图9-7　基底/介电泳促进纳米棒生长的机理示意图[17]

9.2.1　实验部分

本节将介电泳技术与溶胶-凝胶法结合，探索可控制备纳米 TiO_2 粉体。我们通过调节直流电压大小及电极正负极探究其对电极表面纳米 TiO_2 颗粒的影响，并选取直流2V、3V、4V、7V的电压条件；同时，我们调节交流电压大小以探究其对电极表面纳米 TiO_2 颗粒的影响，并选取交流2V、4V、8V、13V（100Hz）的电压条件。此外，我们还探究了加入活性炭或者煅烧的竹炭微粒能否改变丝网电极上纳米 TiO_2 的颗粒生长。该实验具体步骤如下：

1）将24mL钛酸四丁酯加入到32mL无水乙醇中，搅拌10min，加入7.2mL冰醋酸，在30℃条件下搅拌2h，得到溶液1。

2）将5.2mL去离子水加入32mL无水乙醇中，再加入0.6mL硝酸，在30℃条件下搅拌2h，得到溶液2。

3）在30℃水浴条件下将溶液2缓慢滴入溶液1中，控制滴速使其3h滴完，再继续搅拌3h，得到 TiO_2 溶胶（如需加入活性炭，在该步骤中加入）。

4）将制备好的 TiO_2 溶胶迅速加入到介电泳装置中，并将该装置置于30℃水浴中，施加不同的外加电场，静置陈化12h。

5）干燥：将电极及电极两侧陈化好的凝胶置于大表面皿上，将其放入鼓风干燥箱中在110℃干燥24h。

6）将电极直接拿出，电极表面的凝胶待表征。

7）烧结：将烘干后的固体研磨成粉末并置于马弗炉中，在250℃下煅烧1h，再在500℃下煅烧1h，得到TiO₂粉体，待表征。（如需将丝网电极煅烧，同样在上述条件下进行。）

基底材料微粒的制备，将植物材料用蒸馏水洗净，放置于鼓风干燥箱中，在110℃条件下脱水干燥48h，再利用粉磨机粉碎烘干后的植物材料，得到植物粉末样品，将粉末经100目筛子筛选出小粒径的粉体微粒，用无水乙醇洗涤粉末样品，然后反复洗涤抽滤，直至滤液为无色，最后烘干得到植物粉末微粒，待用。

9.2.2　实验结果与讨论

9.2.2.1　制备的 TiO₂ 纳米颗粒的晶体结构

XRD分析表明，制备的TiO₂纳米颗粒均为锐钛矿相。在图9-8中示出了基底/溶胶－凝胶/介电泳法与溶胶－凝胶/介电泳法得到的试样的XRD图。锐钛矿相的特征峰出现在$2\theta = 25.37°$、$2\theta = 37.88°$、$2\theta = 48.12°$、$2\theta = 53.97°$及$2\theta = 55.10°$分别对应于（101）、（004）、（200）、（105）和（211）晶面的反射。

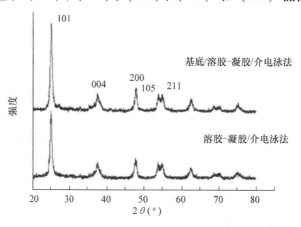

图9-8　不同方法的 TiO₂ 的 XRD 图谱[17]

9.2.2.2　不同制备方法对 TiO₂ 纳米晶体生长的影响

图9-9显示了不同制备方法得到的TiO₂纳米颗粒的SEM图像。图中a为仅溶胶－凝胶法制得的粉体，图b为溶胶－凝胶法/介电泳法制得的粉体，图c为溶胶－凝胶/模板法所制得的TiO₂粉体，图d为基底/介电泳/溶胶－凝胶法制得的材料。从图d粉体的SEM图像可以看出，不仅晶体生长均匀，而且得到了棒状材料。这说明基底/介电泳/溶胶－凝胶法明显促进了TiO₂纳米粒子的生长。9.1节的实验研究结果已证实了介电泳方法能有效地促进TiO₂纳米晶体的生长[15]。从图9-9c中可以看出，由于子基底微粒可以用作晶体核，因此也可以促进TiO₂纳米晶体的生长。

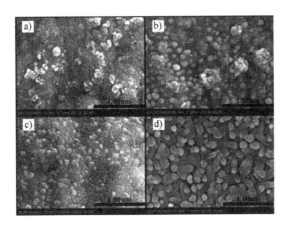

图 9-9　不同方法制备的 TiO_2 纳米粉体的 SEM 图[17]

用基底/介电泳/溶胶-凝胶法制得的纳米棒的形成机理，正如我们设想的那样（见图 9-7）。颜色代表电场的强度。电极表面及缝隙附近的红色区域的电子场比间隙中的黄色区域强。竹炭基底微粒（3D）首先被捕获在电极丝上。这些被捕获的竹炭基底微粒，在非均匀电场的作用下，由于极化而形成次生的非均匀电场，这吸引了溶胶中的附近粒子。极化的竹炭微粒在垂直于丝网电极的方向上产生较强的电场。因此，溶胶颗粒沿垂直于丝网电极的方向上生长更快。所捕获的溶胶颗粒也能产生感应电场，同样，该电场在垂直于丝网电极的一侧更强，因此介电泳作用促进了 TiO_2 纳米棒的生长。纳米棒是由于粒子-粒子相互介电泳作用而形成的[14]。

9.2.2.3　电压对 TiO_2 纳米棒形貌的影响

图 9-10 中的 SEM 图像是在施加直流电压 0V、7V、11V 和 13V 时从基底/介电泳/溶胶-凝胶过程获得的 TiO_2 颗粒，没有施加电场（见图 9-10a），TiO_2 颗

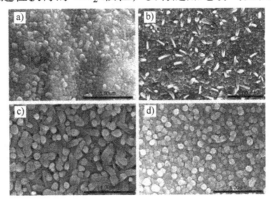

图 9-10　不同电压下获得的 TiO_2 的 SEM 图像[17]

粒很小，没有观察到纳米棒的生成。通过施加电压 7V，可以获得纳米棒（见图 9-10b）。随着电压的增加（11V 和 13V）可以观察到更多的 TiO_2 纳米棒（见图 9-10c、d），并且随着电压的增加，它们趋向于排列得更紧凑和规则。

如前所述，首先非均匀电场将池中的竹炭颗粒捕获在网状电极上，竹炭颗粒被极化后，产生次生的非均匀电场，然后将附近的溶胶颗粒捕获到竹炭颗粒的表面。由于在垂直于丝网的方向电场强度较大，溶胶粒子逐渐被捕获，沿着垂直于电极的方向生长，形成了纳米棒。更高的电压提供了更强的电场场强，增强了 TiO_2 颗粒在竹炭颗粒表面的定向生长，因此纳米棒将更加紧凑和规则。

采用能量色散 X 射线（EDX）光谱分析方法，对基底/介电泳/溶胶－凝胶法所制备的样品进行了化学成分和原子百分数的分析。每个样品进行 5 次测试以确定元素组成。当电极上的电压为 11V 时，Ti 和 O 的原子百分数分别为 33.56% 和 64.42%（Ti：O 为 1∶2），在 13V 时分别为 33.19% 和 61.81%（Ti：O 为 1∶2）。

9.2.2.4　光催化活性分析

图 9-11 显示了甲基橙在可见光下的降解结果，在催化降解过程中，分别选溶胶－凝胶法、介电泳/溶胶－凝胶法和基底/介电泳/溶胶－凝胶法得到的 TiO_2 作催化剂。结果表明，介电泳/溶胶－凝胶法和基底/介电泳/溶胶－凝胶法得到锐钛矿型样品的活性高于单纯溶胶－凝胶法，其中，基底/介电泳/溶胶－凝胶法制得的 TiO_2 在可见光下的催化效果最好。

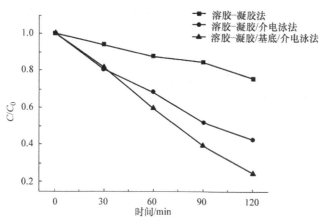

图 9-11　不同方法制得的 TiO_2 对甲基橙的可见光催化活性[17]

催化活性的增强应归因于 TiO_2 中可见光吸收的增加和电子－空穴对复合的减少[18]。基底/介电泳/溶胶－凝胶法制得的 TiO_2 在可见光下的催化活性增强，一方面介电泳作用促进晶粒的长大[16]，较大的颗粒对应于在可见光（红移）下更强的氧化还原能力[19]。

此外，当 TiO_2 被照射时，产生电子和空穴。由于晶体变大，空穴/电子复合降低了[20,21]。足够的电子和空穴有助于提高光催化活性。因此，通过使用基底材料/介电泳/溶胶－凝胶和介电泳/溶胶－凝胶方法可以提高制备的 TiO_2 纳米颗粒的可见光催化活性。

9.3　各向同性的模板筛选及介电泳促进 3D 结构生长

在上述实验中，我们注意到，将介电泳结合进来，希望介电泳的促进作用，使纳米材料按照模板的形貌增长，没有达到目的。虽然没有复制和按照模板的形貌增长，但我们注意到，晶粒的生长有沿着与丝网电极垂直的方向增长的趋势。我们又尝试了其他的模板材料，希望晶粒能沿着某一方向向外生长。

9.3.1　蜂窝基底材料

我们首先想到了蜂窝，蜂窝有着特殊的结构，图 9-12a 为蜂窝的实际图片，图 9-12b 为将蜂窝干燥研碎处理后，进行 SEM 扫描得到的蜂窝的微观结构。我们尝试采用蜂窝作模板，利用介电泳作用，将其定位到丝网电极上，然后施加非均匀电场，即利用介电泳力，使溶胶粒子在蜂窝表面向外生长，复制出蜂窝的结构，生长出五边形的中空纳米棒。并且通过进一步控制介电泳作用的时间，使复制的蜂窝结构长大。

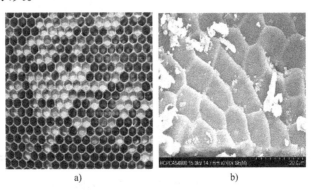

a)　　　　　　　　　　b)

图 9-12　蜂窝的结构和 SEM 扫描结果

将购买的蜂巢，用蒸馏水洗净，放置于鼓风干燥箱中，在 110℃ 条件下脱水干燥 48h。再利用粉磨机粉碎烘干后的蜂窝材料，得到粉末样品；将粉末经 100 目筛过筛后得到蜂窝粉末，用无水乙醇超声洗涤粉末样品，然后反复洗涤抽滤，直至滤液为无色，最后烘干得到蜂窝微米级的微粒样品。

利用溶胶－凝胶法结合介电泳法，将蜂窝粉末置于介电泳池中，控制电压为

9V，最后在阴极电极片上得到 TiO_2 粉体，其 SEM 照片如图 9-13 所示。

图 9-13　蜂窝基底材料/溶胶 – 凝胶/介电泳法所得 TiO_2 的 SEM 图

令人奇怪的是，从图 9-13 中，我们没有得到预期的蜂窝结构，而是得到了类似海胆的结构。上述海胆状的 TiO_2 是在 50mm 的小装置中制备的，池中只有两片丝网电极。有趣的是，在相同实验条件下，同样控制电压为 9V，用大装置中（见第 6 章图 6-1）制备的纳米 TiO_2 虽然也呈球状，能看出一些针状凸起，但长得不太明显（见图 9-14）。

与在小介电泳池中得到的形貌相比，可能由于在大介电泳池中，有 10 片丝网电极串联，且电回路加长，在总电压不变的情况下，每一对电极实际电压小于 9V，受到的介电泳力小，针状凸起生长得不如小介电泳池中充分。

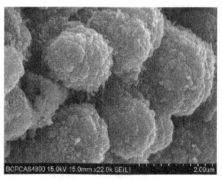

图 9-14　大介电泳池中获得的丝网上的样品 SEM 图

我们分析，在我们上述的机理分析中，把基底材料视作球形，即各向同性的。但实际上，蜂窝的结构不是各向同性的，当蜂窝微粒被定位到丝网上时，不能保证把蜂窝的具有特殊形貌的面（见图 9-12b），恰好固定到朝向丝网的外侧。

接下来，我们筛选各向同性的生物模板，这里各向同性指的是，微粒近似呈球形，各个面的结构相同。这样的微粒在被固定到丝网电极上时，不论哪个面向外，形貌都相同，如图 9-15 所示。在施加介电泳作用时，各向同性的模板，无论哪一面固定到丝网电极上，朝向外侧的形状相同，就能很好地起到模板的作用。

9.3.2 花粉模板的筛选及3D复制

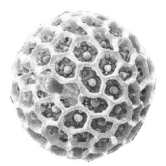

选取五味子、荷花、茶花三种经济易得的生物材料，处理方法：①分别用蒸馏水洗净，放置于鼓风干燥箱中，在110℃条件下脱水干燥48h；②分别用蒸馏水洗净，放置于鼓风干燥箱中，在60℃条件下脱水干燥24h。再利用粉磨机粉碎烘干后的材料，得到粉末样品；将粉末经100目筛过筛后筛选出小粒径的粉末，用无水乙醇超声洗涤粉末样品，然后反复洗涤滤渣，直至滤液为无色，最后烘干得到植物粉末样品，待用。

图9-15 花粉示意图

将0.1g模板粉末加入50mL石油醚中，超声10min，使模板材料在石油醚中分散均匀。将分散有模板粉末的石油醚倒入介电泳装置中，在不同电压下通电3h，利用介电泳作用，预先将模板粉末固定到丝网电极上。石油醚挥发，模板粉末保留在丝网电极上。再将刚制备好的$LaNiO_3$溶胶迅速加入到介电泳装置中，调节直流电压（0V、7V、9V、11V、13V），通电条件下，陈化48h。

9.3.2.1 溶胶－凝胶/模板法筛选

将溶胶－凝胶法与模板法结合，分别加入不同的模板材料，制备出一系列的钙钛矿型纳米$LaNiO_3$粉体，将其进行XRD表征（见图9-16）。通过溶胶－凝胶法与模板法结合所制得的纳米$LaNiO_3$都呈现钙钛矿型。通过Jade 5.0软件的分析，按荷花、茶花、五味子花粉顺序，其平均粒径呈现逐渐增大的趋势，茶花和五味子花粉作为基底材料时制备出的$LaNiO_3$平均粒径均大于未使用基底材料的$LaNiO_3$（15.3nm），表明模板的加入促进了晶粒的生长。其中使用五味子花粉作为基底材料，$LaNiO_3$粒径达到最大，为23.7nm。

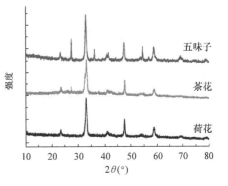

图9-16 不同模板材料制备所得
$LaNiO_3$的XRD图谱

SEM测试结果如图9-17所示。经过处理的五味子花粉、荷花花粉、茶花花粉具有不同的微观结构，将其加入到制备的$LaNiO_3$溶胶中，分别得到具有特殊形貌的纳米$LaNiO_3$颗粒。

图的左列为花粉的SEM图，右列均为以相应的模板制备的$LaNiO_3$的SEM

图 9-17　不同基底材料制备所得 $LaNiO_3$ 的 SEM 图

图。从上到下，模板材料依次是荷花粉、茶花粉、五味子花粉。可以看出，荷花花粉的尺寸较大，以荷花花粉为模板时得到的样品的粒径较大且颗粒不均匀，可能会使比表面积降低；且荷花花粉、茶花花粉各面形状有较大差异，各向同性较差，制得的样品不能很好地复制模板的形貌。五味子花粉的尺寸适中，各面形状差异较小，易于附着在基底材料上，且颗粒较均匀。

　　由溶胶－凝胶/模板法得到的 $LaNiO_3$ 粉体的 SEM 表征结果与花粉的表征结

果可见，直接采用模板法与溶胶－凝胶法结合，虽然也复制了花粉的形貌，但得到的颗粒较小，孔隙少而不均匀。

测定以三种花粉为模板得到的 $LaNiO_3$ 粉体对偶氮蓝的催化效果，如图 9-18 所示。五味子花粉和茶花粉为模板所制得的 $LaNiO_3$ 粉体催化效果相近，以五味子花粉为模板制得的 $LaNiO_3$ 对偶氮蓝的降解效果最好，光反应结束后对偶氮蓝的降解率可达 67.38%。因此筛选出五味子花粉为较理想的模板材料，在后续的结合介电泳作用后的制备实验中，也以五味子花粉为模板，进一步考察电压等条件的影响，优化制备条件。

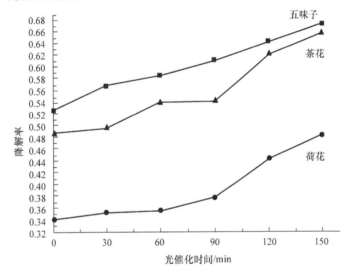

图 9-18 不同模板材料对 $LaNiO_3$ 光催化性能的影响

9.3.2.2 溶胶－凝胶/模板/介电泳法煅烧温度的优化

溶胶－凝胶/模板/介电泳法与前面溶胶－凝胶/模板法的制备的区别是，反应在介电泳池中进行，并且预先将花粉固定到丝网电极上，溶胶倒入介电泳池的同时，施加外加电压。考虑到制备方法的改变，会影响到 $LaNiO_3$ 的粒径，从而会影响到其煅烧温度，故考察煅烧温度对 $LaNiO_3$ 粒径的影响，以确定最佳的煅烧温度。以五味子花粉为模板，外加 11V 直流电压，采用溶胶－凝胶/模板/介电泳法制备得到浅绿色 $LaNiO_3$ 凝胶。煅烧温度分别控制为 500℃、600℃、650℃、700℃、750℃、780℃，烧结得到一系列纳米 $LaNiO_3$ 粉体，并通过 XRD 等手段进行表征。

对不同煅烧温度下制得的纳米 $LaNiO_3$ 进行 X 射线衍射分析，结果如图 9-19 所示。由图可知，使用溶胶－凝胶/模板/介电泳法，五味子花粉作为基底材料所制得的样品在 650～750℃ 的温度下均形成了钙钛矿结构，在温度为 550℃、

600℃以及780℃煅烧温度下，无法制得所期望的钙钛矿粉体结构。值得注意的是，烧结温度为700℃时，2θ 为32.8°处的峰最为尖锐，$LaNiO_3$ 晶型呈钙钛矿型更突出。

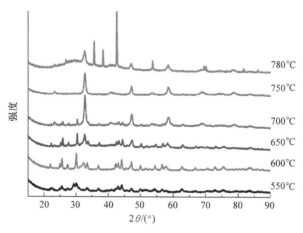

图 9-19　煅烧温度对 $LaNiO_3$ 的 XRD 表征结果的影响

通过 Jade 5.0 软件的分析，从图 9-20 可知，$LaNiO_3$ 均形成了纳米级钙钛矿结构，使用溶胶－凝胶/介电泳/模板法，在控制不同焙烧温度（550℃、600℃、700℃、750℃、780℃）下制备出的 $LaNiO_3$，随着煅烧温度的升高，其平均粒径基本呈先下降后上升再下降的趋势，并在焙烧温度为700℃时达到粒径极小值之后继续增大的趋势。在煅烧温度为700℃时，其平均粒径为最小值12.6nm。

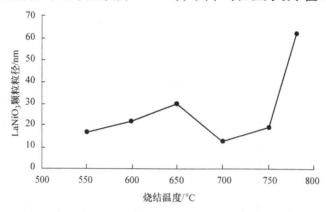

图 9-20　烧结温度对可控制备所得 $LaNiO_3$ 粒径的影响

根据已经探索出的最佳条件，以五味子花粉为模板，在11V 直流电压下通电48h，焙烧温度为700℃，在最优条件下可控制备出复制出花粉特殊形貌的纳米级钙钛矿型 $LaNiO_3$，与溶胶－凝胶/模板法制备出的 $LaNiO_3$ 进行对比。

图 9-21 中上面三个分图为溶胶－凝胶/模板法得到的 $LaNiO_3$ 粉体的形貌，下面三个分图为溶胶－凝胶/模板/介电泳法得到的 $LaNiO_3$ 粉体的形貌，分别与上面对应的图的放大比例相同。可以看出，在以五味子花粉作为模板材料，通电电压为 11V、焙烧温度为 700℃ 可控制备出的 $LaNiO_3$ 为直径约 $10\mu m$ 的球形颗粒，分布较广、排布较紧密且粒径大小均一；通过不断放大倍数可观察到，施加了介电泳作用后，$LaNiO_3$ 较好地复制了五味子花粉的结构，呈现出疏松多孔的结构。而单纯使用模板法制备出的纳米 $LaNiO_3$ 颗粒，虽然也复制出了模板材料的大致形貌，但对模板表面疏松多孔的二级结构的复制不够完整，出现塌陷，孔隙少。且该法制备出的 $LaNiO_3$ 颗粒粒径差别较大，尺寸不均匀。而介电泳作用确实促进了纳米 $LaNiO_3$ 颗粒更均匀地生长，更好地复制模板疏松多孔的二级结构，促进了其 3D 结构的生长。

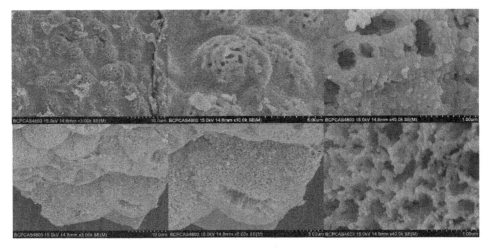

图 9-21　介电泳对 $LaNiO_3$ 三维结构生长的影响

将溶胶－凝胶/模板/介电泳法与溶胶－凝胶/模板法制备出的具有特殊形貌的纳米 $LaNiO_3$ 催化剂进行氮气等温吸附脱附测试，再运用 BET 公式计算出两种 $LaNiO_3$ 的比表面积。由图 9-22 可以看出，溶胶－凝胶/模板/介电泳法制备得到的纳米 $LaNiO_3$ 比溶胶－凝胶/模板法制备的 $LaNiO_3$ 的比表面积增大 78%。这是因为结合介电泳法后，$LaNiO_3$ 完整复制了模板表面疏松多孔的结构，且粒径更为均匀。BET 结果证实了根据前面 SEM 图像得出的结论。

将溶胶－凝胶/模板法与溶胶－凝胶/模板/介电泳法制得的纳米 $LaNiO_3$，以氙灯为紫外光源、10mg/L 偶氮蓝溶液为模拟有机染料废水，进行光催化性能测试。

由图 9-23 可以看出，溶胶－凝胶/模板/介电泳法制得的纳米 $LaNiO_3$ 暗反应

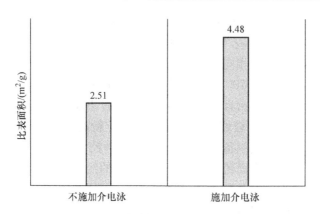

图 9-22　介电泳对 LaNiO$_3$ 比表面积的影响

的吸附效果与光反应下的催化效果都远优于溶胶－凝胶/模板法制得的 LaNiO$_3$，施加介电泳使 LaNiO$_3$ 的光催化效率提高 17%，与 SEM 和 BET 表征结果一致。

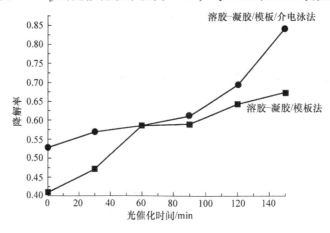

图 9-23　介电泳对 LaNiO$_3$ 光催化性能的影响

综上所述，溶胶－凝胶/介电泳/模板法可控制备 LaNiO$_3$，以五味子花粉为模板可成功复制其形貌，实现二级结构的成功复制，在三维空间的可控生长，即实现 LaNiO$_3$ 纳米粒径、形貌的可控制备，使 LaNiO$_3$ 的比表面积与光催化降解效率明显提高。这为催化剂及材料的可控制备探索了一个新的方法。

参 考 文 献

[1] X M YAN, D Y PAN, Z LI, et al. Controllable synthesis and photocatalytic activities of water - soluble TiO$_2$ nanoparticles [J]. Materials Letters, 2010, 64 (16): 1833 -1835.

[2] A MARKOWSKA - SZCZUPAK, K ULFIG, A W MORAWSKI. The application of titanium dioxide for deactivation of bioparticulates: an overview [J]. Catalysis Today, 2011, 169 (1):

249 – 257.

[3] B LIU, E S AYDIL. Growth of oriented single – crystalline rutile TiO_2 nanorods on transparent conducting substrates for dye – sensitized solar cells [J]. Journal of Materials Science Materials in Electronics, 2009, 131 (11): 3985 – 3990.

[4] S R GAJJELA, K ANANTHANARAYANAN, C YAP, et al. Synthesis of mesoporous titanium dioxide by soft template based approach: characterization and application in dye – sensitized solar cells [J]. Energy & Environmental Science, 2010, 3 (6): 838 – 845.

[5] A G KONTOS, A KATSANAKI, T MAGGOS, et al. Photocatalytic degradation of gas pollutants on self – assembled titania nanotubes [J]. Chemical Physics Letters, 2010, 490 (1): 58 – 62.

[6] T A KANDIEL, A FELDHOFF, L ROBBEN, et al. Tailored titanium dioxide nanomaterials: anatase nanoparticles and brookite nanorods as highly active photocatalysts [J] . Chemistry of Materials, 2010, 22 (6): 2050 – 2060.

[7] M BOEHME, F VOELKLEIN, W ENSINGER. Low cost chemical sensor device for supersensitive pentaerythritol tetranitrate (PETN) explosives detection based on titanium dioxide nanotubes [J]. Sensors & Actuators B Chemical, 2011, 158 (1): 286 – 291.

[8] R ANEESH, S K KHIJWANIA. Titanium dioxide nanoparticle based optical fiber humidity sensor with linear response and enhanced sensitivity [J]. Applied Optics, 2012, 51 (12): 2164 – 2171.

[9] WOLD A. Photocatalytic properties of titanium dioxide (TiO_2) [J]. Chemistry of Materials, 1993, 5 (3): 280 – 283.

[10] X CHEN, S S MAO. Titanium dioxide nanomaterials: synthesis, properties, modifications, and applications [J]. Chemical Reviews, 2007, 107 (7): 2891 – 2959.

[11] C BURDA, X CHEN, R NARAYANAN, et al. Chemistry and properties of nanocrystals of different shapes [J]. Chemical Reviews, 2005, 105 (4): 1025 – 1102.

[12] C SU, B Y HONG, C M TSENG. Sol – gel preparation and photocatalysis of titanium dioxide [J]. Catalysis Today, 2004, 96 (3): 119 – 126.

[13] E I SECK, J M DOÑA – RODRÍGUEZ, E PULIDO MELIÁN, et al. Comparative study of nanocrystalline titanium dioxide obtained through sol – gel and sol – gel – hydrothermal synthesis [J]. Journal of Colloid and Interface Science, 2013, 400 (1): 31 – 40.

[14] M R HOSSAN, R DILLON, A K ROY. Modeling and simulation of dielectrophoretic particle – particle interactions and assembly [J]. Journal of Colloid and Interface Science, 2013, 394 (1): 619 – 629.

[15] CUI CHENYANG, CHEN HUIYING, LAN BIHAO, et al. Controlled Synthesis of TiO_2 Using a Combined Sol Gel and Dielectrophoresis Method [J]. Crystengcomm, 2015, 17 (20): 3763 – 3767.

[16] Y AI, S QIAN. DC dielectrophoretic particle – particle interactions and their relative motions [J] . Journal of Colloid and Interface Science, 2010, 346 (2): 448 – 454.

[17] CHENYANG CUI, HUIYING CHEN, et. al. Controllable synthesis of TiO_2 nanoparticles employing substrate/dielectrophoresis/sol – gel [J]. Crystal Research & Technology , 2016, 51 (1): 94 – 98

[18] W YU, X J LIU, L K PAN, et al. Enhanced visible light photocatalytic degradation of methylene blue by F – doped TiO_2 [J]. Applied Surface Science, 2014, 319: 107 – 112.

[19] Q Z YAN, X T SU, Y P ZHOU, et al. Controlled synthesis of TiO_2 nanometer powders by sol – gel auto – igniting process and their structural property [J]. Acta Physico – Chimica Sinica, 2005, 21 (1): 57 – 62.

[20] SVAVA DAVISDOTTIR R SHABADI, A C GALCA, et al. Investigation of DC magnetron – sputtered TiO_2 coatings: Effect of coating thickness, structure, and morphology on photocatalytic activity [J]. Applied Surface Science, 2014, 313: 677 – 686.

[21] K Y JUNG, S BIN PARK, S K IHM. Linear relationship between the crystallite size and the photoactivity of non – porous titania ranging from nanometer to micrometer size [J]. Applied Catalysis A General, 2002, 224 (1): 229 – 237.